黄河下游滩区洪水淹没风险实时动态仿真技术

罗秋实 崔振华 沈 洁 李荣容 何刘鹏 等著

黄河水利出版社
·郑州·

图书在版编目(CIP)数据

黄河下游滩区洪水淹没风险实时动态仿真技术/罗秋实等著.—郑州:黄河水利出版社,2019.1

ISBN 978-7-5509-2263-1

Ⅰ.①黄…　Ⅱ.①罗…　Ⅲ.①黄河-下游-防洪-研究

Ⅳ.①TV882.1

中国版本图书馆 CIP 数据核字(2019)第 021650 号

出　版　社:黄河水利出版社　　　　　　　网址:www.yrcp.com

　　　　地址:河南省郑州市顺河路黄委会综合楼14层　　邮政编码:450003

发行单位:黄河水利出版社

　　　　发行部电话:0371-66026940、66020550、66028024、66022620(传真)

　　　　E-mail:hhslcbs@ 126.com

承印单位:虎彩印艺股份有限公司

开本:787 mm×1 092 mm　1/16

印张:18.25

字数:422 千字　　　　　　　　　　　印数:1—1 000

版次:2019 年 1 月第 1 版　　　　　　　印次:2019 年 1 月第 1 次印刷

定价:68.00 元

前　言

　　黄河下游河道是举世闻名的地上悬河,尤以"善淤、善冲、善徙"闻名于世,洪水灾害威胁最为严重。下游河道为典型复式河道,除主河槽外,两岸大堤之间有着广阔的滩地,下游滩区一方面承担着行洪、滞洪、滞沙的功能作用,另一方面长期居住着189.5万人口,是群众赖以生存的家园。滩区是洪水的重要通道,是河道的重要组成部分,历史上洪水灾害频繁。一般情况下,大洪水时全部或大部分滩区漫滩,滩区受灾严重,中常洪水时部分滩区也会漫滩受灾,给人民生命财产带来了巨大损失,给社会稳定带来了巨大影响。

　　人民治黄以来,黄河下游已初步形成了以中游干支流水库、下游堤防、河道整治、分滞洪等工程为主体的"上拦下排,两岸分滞"的防洪工程体系,加上沿黄广大军民的严密防守,取得了60多年伏秋大汛不决口的辉煌成就,保障了黄淮海平原防洪安全和稳定发展。黄河防洪实践表明,控制和管理洪水需要工程措施和非工程措施协调配合,共同发挥作用。洪水淹没风险仿真作为模拟洪水淹没情景、分析洪水淹没影响、对比减灾调度方案的重要手段,并逐步作为重要的非工程措施,在防汛会商和决策中发挥了越来越重要的作用。本书开展了黄河下游滩区洪水淹没风险实时动态仿真技术研究,分析了洪水淹没风险关键影响因素,研发了黄河下游水沙演进模型,优化了模型计算及成果展示模块,分析了黄河下游滩区洪水淹没风险,构建了洪水淹没风险实时仿真和动态演示系统,实现了洪涝实时分析和动态展示,为防汛预案、防汛会商等提供技术支撑。

　　本书详细介绍了黄河下游滩区洪水淹没风险实时动态仿真技术。全书分为8章:第1章为黄河下游概况,介绍了黄河下游河道及滩区概况、黄河下游洪水灾害、黄河下游滩区治理概况及防洪工程体系概况;第2章为黄河下游设计洪水,介绍了黄河下游洪水发生的时间及各区洪水特性、洪水组成与遭遇、河道洪水演进、天然设计洪水以及防洪工程作用后的设计洪水;第3章为河道冲淤与中水河槽过流能力,介绍了黄河下游水沙变化特征、河道演变特性、中水河槽过流能力分析以及河道冲淤与中水河槽过流能力预测;第4章为滩区生产堤与决口条件,介绍了生产堤历史沿革、发展趋势、现状、特点、影响,以及生产堤破坏形式分析、生产堤决口概化模型试验研究及决口条件综合分析;第5章为黄河下游二维水沙演进模型,介绍了黄河洪水淹没分析方法、模型控制方程及定解条件、淹没区网格剖分及地形处理技术、控制方程离散和求解以及模型计算速度提升技术;第6章为黄河下游滩区洪水淹没风险,介绍了模型模拟范围与参数取值、生产堤与其他构筑物概化处理、模型验证、计算方案及初始边界条件、滩区洪水淹没分析及泥沙对下游洪水淹没影响;第7章为GIS在洪水风险分析中的应用,简单介绍了地理信息系统及常用GIS软件Arc-GIS,详细介绍了GIS在黄河下游河道空间数据库构建、洪水分析计算、洪水淹没信息统计、洪水风险图绘制以及洪水风险信息查询中的应用;第8章为洪水淹没风险动态演示系统,介绍了洪水淹没风险动态演示系统的开发目标、任务及技术路线,系统总体设计,系统关键设计,三维场景建设,数据库设计与建设及动态演示系统。

　　本书编写的具体分工为：第 1 章由崔振华、罗秋实执笔，第 2 章由李荣容执笔，第 3 章由吴默溪执笔，第 4 章由崔振华、梁艳洁、王刚执笔，第 5 章由罗秋实、崔振华、高兴、沈洁执笔，第 6 章由沈洁、毕黎明执笔，第 7 章由沈洁、毕黎明、王刚执笔，第 8 章由何刘鹏、张楠执笔。全书由罗秋实、崔振华、沈洁、李荣容、何刘鹏统稿。

　　本书在研究和编辑过程中，得到了黄河勘测规划设计研究院有限公司安催花、刘生云、李斌、白正雄、任鹏等多位专家的指导，在此表示衷心的感谢！

　　鉴于作者水平有限，书中资料引用难免遗漏，甚至有不妥之处，敬请读者批评指正。

作　者

2019 年 1 月

目 录

第 1 章　黄河下游概况

1.1　河道概况

1.1.1　黄河流域概况

黄河流域位于东经 95°53′~119°05′、北纬 32°10′~41°50′。黄河发源于青藏高原巴颜喀拉山北麓的约古宗列盆地,自西向东,流经青海、四川、甘肃、宁夏、内蒙古、陕西、山西、河南、山东等九省(自治区),在山东省垦利县注入渤海,干流河道全长 5 464 km,流域面积 79.5 万 km²(包括内流区 4.2 万 km²)。

黄河流域西居内陆青藏高原的东北部,东临渤海,横跨青藏高原、内蒙古高原、黄土高原和华北平原等四个地貌单元。流域地势西高东低,气候条件差异明显。流域内气候大致可分为干旱、半干旱和半湿润气候,西部、北部干旱,东部、南部相对湿润。全流域多年平均降水量约 456 mm,总的趋势是由东南向西北递减,降水最多的是流域东南部,如秦岭、伏牛山及泰山一带年降水量达 800~1 000 mm;降水量最少的是流域西北部,如宁蒙平原年降水量只有 200 mm 左右。

黄河的特点是“水少沙多、水沙不平衡”,黄河水、沙的来源地区不同,水量主要来自上游的兰州以上地区(约占全河水量的 56%),泥沙主要来自中游的河口镇至三门峡区间地区(约占全河沙量的 91%)。

根据黄河流域水沙特性和地形、地质条件等,将黄河干流分为上游、中游、下游三个河段。

内蒙古托克托县河口镇以上为黄河上游,干流河道长 3 472 km,流域面积 42.8 万 km²,汇入的较大支流(指流域面积 1 000 km² 以上的,下同)有 43 条。青海省玛多以上属河源段,河段内的扎陵湖、鄂陵湖,海拔高度都在 4 260 m 以上,蓄水量分别约为 47 亿 m³ 和 108 亿 m³,是我国最大的高原淡水湖。玛多至玛曲区间,黄河流经巴颜喀拉山与积石山之间的古盆地和低山丘陵,大部分河段河谷宽阔,间有几段峡谷。龙羊峡至宁夏境内的下河沿,川峡相间,水量丰沛,落差集中。

下河沿至河口镇,黄河流经宁蒙平原,河道展宽,比降平缓,两岸分布着大面积的引黄灌区和待开发的干旱高地。本河段地处干旱地区,降水少,蒸发大,加上灌溉引水和河道渗漏损失,致使黄河水量沿程减少。

河口镇至河南郑州桃花峪为黄河中游,干流河道长 1 206 km,流域面积 34.4 万 km²(黄河流域上中游地区的流域面积占总面积的 97%),汇入的较大支流有 30 条。禹门口至潼关简称小北干流,河长 132.5 km,河道宽浅散乱,冲淤变化剧烈。河段内有汾河、渭河两大支流相继汇入。该河段两岸的渭北及晋南黄土台塬,塬面高出河床数十米至数百米。

三门峡至桃花峪区间的小浪底以上,河道穿行于中条山和崤山之间,是黄河最后一段峡谷;小浪底以下河谷逐渐展宽,是黄河由山区进入平原的过渡地段。

桃花峪以下为黄河下游,干流河道长786 km,流域面积2.3万 km²,汇入的较大支流只有3条。下游河道是在长期排洪输沙的过程中淤积塑造形成的,河床普遍高出两岸地面。沿黄平原受黄河频繁泛滥的影响,形成以黄河为分水岭脊的特殊地形。目前黄河下游河床已高出大堤背河地面4~6 m,比两岸平原高出更多,严重威胁着广大平原地区的安全。

1.1.2 黄河下游河道概况

黄河下游水少沙多,河床不断淤积抬高,主流摆动频繁,现状下游河床普遍高出两岸地面4~6 m,部分地段达10 m以上,并且仍在淤积抬高,成为淮河流域和海河流域的天然分水岭。河道基本情况见表1-1。

表 1-1　黄河下游河道基本情况统计

河段	河型	河道长度（km）	宽度（km）			河道面积（km²）			平均比降（‰）
			堤距	河槽	滩地	全河道	河槽	滩地	
白鹤镇—铁桥	游荡型	98	4.1~10.0	3.1~10.0	0.5~5.7	697.7	131.2	566.5	0.256
铁桥—东坝头	游荡型	131	5.5~12.7	1.5~7.2	0.3~7.1	1 142.4	169.0	973.4	0.203
东坝头—高村	游荡型	70	5.0~20.0	2.2~6.5	0.4~8.7	673.5	83.2	590.3	0.172
高村—陶城铺	过渡型	165	1.4~8.5	0.7~3.7	0.5~7.5	746.4	106.6	639.8	0.148
陶城铺—宁海	弯曲型	322	0.4~5.0	0.3~1.5	0.4~3.7				0.101
宁海—西河口	弯曲型	39	1.6~5.5	0.4~0.5	0.7~3.0	979.7	222.7	757.0	0.101
西河口以下	弯曲型	56	6.5~15.0						0.119
全下游		881							

孟津县白鹤镇至河口,除南岸郑州以上的邙山和东平湖至济南为山麓外,其余全靠大堤控制洪水,按其特性可分为四段:高村以上河段,长299 km,河道宽浅,水流散乱,主流摆动频繁,为游荡型河段,两岸大堤之间的距离平均为8.4 km,最宽处20 km。高村—陶城铺河段长165 km,该河段在近20年间修了大量的河道整治工程,主流趋于稳定,属于由游荡型向弯曲型转变的过渡型河段,两岸堤距平均为4.5 km。陶城铺—宁海河段,现状为受到工程控制的弯曲型河段,河势比较规顺,长322 km,两岸堤距平均为2.2 km。宁海以下河口段,随着黄河入海口的淤积、延伸、摆动,流路发生变迁,现状流路为1976年改道的清水沟流路,已行河至今,由于进行了一定的治理,1996年改走清8汊河以来,河道基本稳定。

1.1.3　黄河下游地形地貌

黄河下游及两岸的地貌类型有平原、丘陵、山地,以平原为主。自孟津县宁嘴以下至东平湖为黄河冲积扇平原区,山东阳谷县陶城铺及东平湖西侧到艾山为黄河冲积平原区,东平湖一带为冲湖积平原区。

黄河下游河道是在长期排洪输沙的过程中淤积塑造形成的,历史上沿黄平原受黄河频繁泛滥的影响,黄河干流成为淮河流域、海河流域的天然分水岭。目前,黄河下游河床已高出大堤背河地面 4~6 m,局部河段达 10 m 以上,高出两岸平原更多,严重威胁着黄淮海平原的安全,是黄河防洪减淤的最主要河段。自桃花峪以下,除南岸东平湖至济南区间为低山丘陵外,其余河段全靠堤防挡水,见图 1-1 和图 1-2。

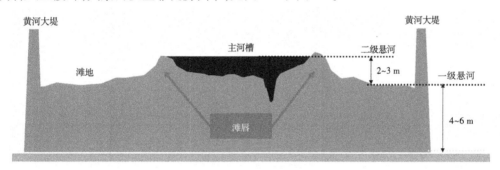

图 1-1　黄河下游典型河道横断面概化图

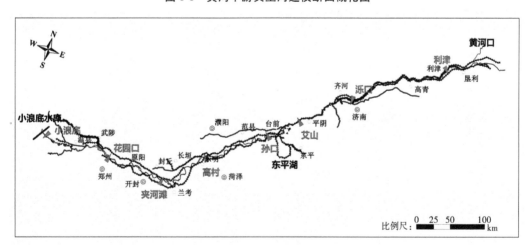

图 1-2　黄河下游河道示意图

西霞院—艾山河段河床高于两岸地面,河道冲淤变化剧烈,历史上以淤积为主。按照河道特性分以下三段:

(1)西霞院—高村河段,河道长 299 km,郑州铁路桥以上河道平均比降 0.256‰,郑州铁路桥—东坝头河道平均比降 0.203‰,东坝头—高村河道平均比降 0.172‰;堤距宽 4.1~20.0 km,最宽处有 20 km,河槽一般宽 1.5~10.0 km,目前河道整治布点工程已经完成,有 190 km 长的河段主流已经初步归顺,还有 109 km 长的河段河势仍然变化剧烈;本河段防洪保护面积广大,河势又变化不定,历史上重大改道都发生在本河段,是黄河下游防洪的重要河段。

(2)高村—陶城铺河段,河道长165 km,河道平均比降0.148‰,堤距1.4~8.5 km,河槽宽0.7~3.7 km,主流已基本归顺。

(3)陶城铺—艾山河段,河道长28 km,河道平均比降约0.101‰,堤距0.4~5.5 km,河槽宽0.3~1.5 km,目前主流基本归顺,河势得到基本控制。

1.1.4 黄河下游河流水系

黄河下游河道是世界上著名的"地上悬河",成为淮河、海河水系的分水岭。流入下游滩区的支流主要有伊洛河、沁河、金堤河和大汶河。黄河下游水系见图1-3。

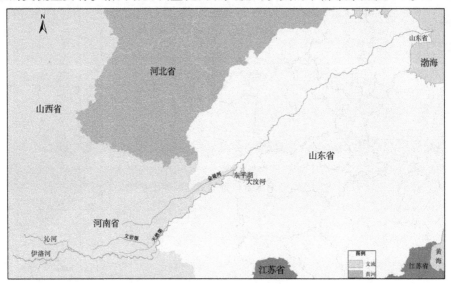

图1-3 黄河下游河道水系图

1.1.5 黄河下游水文气象

黄河下游地跨河南、山东两省,除河口地区外,均属大陆性季风气候,四季分明,冬季漫长寒冷,春季干燥少雨,夏季炎热,降水高度集中,秋季凉爽。以郑州市为例,郑州市年平均降水量为648.8 mm;各年的降水量很不均衡,1964年降水量达1 041.3 mm,1986年降水量只有384.8 mm。1978年7月2日,日最大降水量为189 mm,三日最大降水量达215.9 mm,占当年降水总量的32.6%和37.3%,为历年最大;夏季7、8、9三个月降水量占全年的50%~56%。冬季降水量占全年的4%~5%。

黄河流域的暴雨主要发生在6~10月,大暴雨只出现在夏季季风盛行的7、8两月,黄河洪水的发生时间与暴雨出现时间基本一致,全河主要为6~10月,但大洪水和特大洪水在上游、中游、下游的出现时间则有所不同。黄河上游的兰州站,大洪水以7、8两月出现机会较多。黄河中游龙门、三门峡和下游花园口站的大洪水,基本上都集中在7月下半月和8月上半月,所以有"七下八上"之说。

1.2　滩区概况

自有历史记载以来,黄河下游河道发生过多次变迁。早期黄河史称之为禹河,史载禹河流路大致经新乡、浚县、广平、广宗、巨鹿、沧县、静海等地,从天津以北流入渤海。由于黄河下游为游荡摆动堆积型的河道,加之多泥沙的特性,河势游荡摆动,构成了黄河下游善淤、善徙、善决的特点。在输送泥沙入海的同时,也淤积塑造了华北大平原。

现行河道孟津县白鹤镇—郑州京广铁路桥河段为禹王故道,有近千年的历史;京广铁路桥至兰考县东坝头河段为明清故道,已有约 500 多年的历史;东坝头以下河段是 1855 年铜瓦厢决口后,从东坝头改道东北流向,穿运河夺大清河以后形成的。黄河夺大清河入海之后,洪水漫流达 20 余年,沿河各地为限制水灾蔓延,顺河筑堰,遇湾切滩,堵截支流,修起了民埝,后在民埝的基础上陆续修建形成现状的大堤,构成目前黄河下游滩区格局。黄河下游滩区总体情况、主要滩区情况分别见表 1-2、表 1-3。黄河下游滩区示意图见图 1-2。

表 1-2　黄河下游滩区总体情况

河段	行河历史	河段长度 (km)	河道宽 (km)	滩区面积 (km²)	耕地 (万亩)	村庄 (个)	人口 (万人)	主要滩区
孟津白鹤—京广铁路桥	禹王故道	98	4.1~10	445.2	49.7	73	9.10	温孟滩
京广铁路桥—东坝头	明清故道	131	5.5~12.7	702.5	76.8	361	45.42	原阳滩、郑州滩、开封滩
东坝头—陶城铺	铜瓦厢决口改道	235	1.4~20	1 477.2	157.0	992	93.37	长垣滩、濮阳习城滩、范县辛庄滩、范县陆集滩、台前清河滩、兰东滩、鄄城葛庄滩、鄄城左营滩
陶城铺—渔洼	铜瓦厢决口改道	350	0.4~5.0	529.1	56.6	502	41.63	长平滩
合计		814		3 154.0	340.1	1 928	189.52	

注:1 亩 = 1/15 hm²,后同。

表 1-3　黄河下游滩区主要滩区情况

序号	滩名	面积(km²)	耕地(万亩)	村庄(个)	人口(万人)
1	原阳滩(含武陟、封丘)	407.7	46.6	209	26.14
2	长垣滩	302.6	31.3	179	22.46
3	濮阳滩(含范县、台前)	263.1	25.3	304	21.60
4	开封滩	136.8	13.0	95	10.95
5	兰(考)东(明)滩	184.2	18.8	105	9.68
6	长平滩(含东平、平阴长清、槐荫等县)	369.4	36.1	399	36.91
7	封丘倒灌区	407.0	50.1	169	21.32

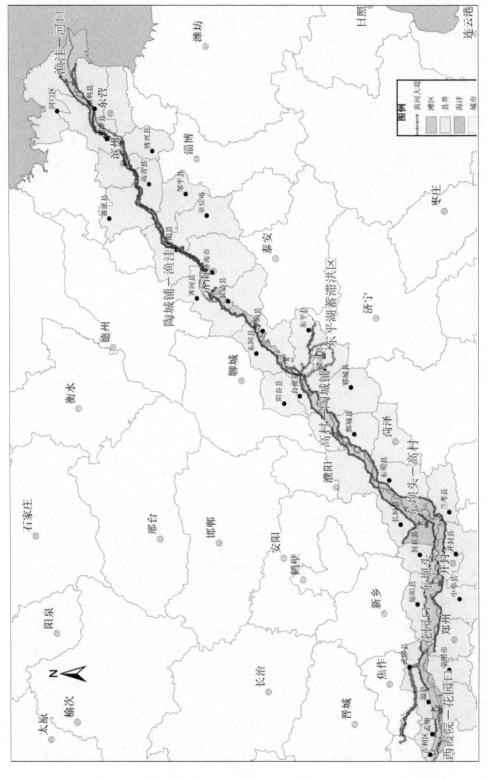

图 1-4　黄河下游滩区示意图

孟津白鹤—京广铁路桥河段为禹王故道,长 98 km,河道宽 4.1~10 km。河段内滩地主要集中在左岸的孟州、温县、武陟县境内,面积广大,习惯上称为"温孟滩",现有滩区面积 445.2 km²,耕地 49.7 万亩,村庄 73 个,人口 9.10 万。本河段温县大玉兰以上为安置小浪底水库移民,已修建了防御标准为 10 000 m³/s 洪水的防护堤,中小洪水不受漫滩影响;大玉兰以下河段河道冲淤变幅较大,漫滩流量随中游来水来沙情况有很大差异,目前当地流量 4 000 m³/s 左右即可漫滩。

京广铁路桥—东坝头河段为明清故道,长 131 km。河道宽浅,是典型的游荡型河道,两岸堤距 5.5~12.7 km,河槽宽 1.5~7.2 km。滩区面积 702.5 km²,耕地 76.8 万亩,村庄 361 个,人口 45.42 万。由于主流摆动、主槽淤积速度较快,河道内 1855 年铜瓦厢决口后河床下切形成的高滩已相对不高,"96·8"洪水使 140 多年来从未上过水的高滩也漫滩过流。河段内滩地主要集中在左岸的原阳、封丘,右岸的郑州、开封境内。

东坝头—陶城铺河段是 1855 年铜瓦厢决口改道后形成的河道,长 235 km,两岸堤距 1.4~20 km,河槽宽 0.7~6.5 km,滩区面积 1 477.2 km²,耕地 157.0 万亩,村庄 992 个,人口 93.37 万。由于主槽淤积严重,滩唇高于滩面且高于临黄堤根,形成槽高滩低堤根洼的地势,滩面横比降增大为 1/2 000~1/3 000,远大于 1.5‰ 左右的河道纵比降,"二级悬河"形势严峻,堤河、串沟较多。该河段漫滩机遇较多,平滩流量 3 000 m³/s 左右,是黄河滩区受灾频繁、灾情较重的地区。2002 年、2003 年调水调沙期间受淹的滩地均位于该河段。该河段内的自然滩主要有左岸的长垣滩、濮阳渠村东滩、濮阳习城滩、范县辛庄滩、范县陆集滩、台前清河滩,右岸的兰考东明滩、郓城的葛庄滩和左营滩等,面积(现状生产堤与大堤之间的面积)大于 100 km² 有左岸的长垣滩、濮阳习城滩和右岸的兰考东明滩,面积介于 50~100 km² 有范县陆集滩、台前清河滩,其他自然滩面积介于 25~50 km²。

陶城铺—渔洼河段,长约 350 km,两岸堤距 0.4~5.0 km,河槽宽 0.3~1.5 km,是铜瓦厢改道后夺大清河演变形成的。本河段已治理成弯曲型河道,河势流路比较稳定,滩槽高差较大。除长清、平阴两县的滩区为连片的大滩地外,其余全部是小片滩地。滩区面积 529.1 km²,耕地 56.6 万亩,村庄 502 个,人口 41.63 万。此河段不仅伏秋大汛洪水漫滩概率高,而且还受凌汛漫滩的威胁,生产不稳定。

渔洼以下河段,属河口地区,不在本次规划范围内。该河段黄河滩内居住有 5 个村庄近千群众,滩内有耕地 20 余万亩,还有部分胜利油田的相关设施。

1.3 黄河下游洪水灾害

黄河下游的水患历来为世人所瞩目。从周定王五年(公元前 602 年)到 1938 年花园口扒口的 2 540 年中,有记载的决口泛滥年份有 543 年,决堤次数达 1 590 余次,经历了 5 次大改道和迁徙,洪灾波及范围北达天津,南抵江淮,包括冀、鲁、豫、皖、苏五省的黄淮海平原,纵横 25 万 km²,给两岸人民群众带来了巨大的灾难。在近代有实测洪水资料的 1919~1938 年的 20 年间,就有 14 年发生决口灾害,1933 年陕县站洪峰流量 22 000 m³/s,下游两岸发生 50 多处决口,受灾地区有河南、山东、河北和江苏等 4 省 30 个县,受灾面积 6 592 万 km²,灾民 273 万人。

黄河下游两岸防洪保护区内人口密集,有郑州、开封、新乡、济南、聊城、菏泽、东营、徐州、阜阳等大中城市,有京广、京沪、陇海、京九等铁路干线,以及京珠、连霍、大广、永登、济广、济青等高速公路,有中原油田、胜利油田、永夏煤田、兖济煤田、淮北煤田等能源工业基地。由于目前河床高出背河地面 4~6 m,最大达 10 m,黄河一旦决口,将造成巨大经济损失和人民群众大量伤亡,同时大量的铁路、公路及生产生活设施,以及治淮工程、治海工程、引黄灌排渠系等遭受毁灭性破坏,泥沙淤积造成河渠淤塞、良田沙化,对经济社会和生态环境造成的灾难影响长期难以恢复。

1.3.1　历史洪灾

黄河下游由于泥沙不断淤积,形成河床高出两岸地面的"地上悬河",洪水破堤决口后,往往不再回归故道,而开辟新的入海河道,形成河流改道。每次改道,都要冲毁当地的村舍田园,破坏原有的水系和交通设施等,给人民带来巨大灾难。所以,决口改道是黄河水灾一大特征。

河下游河道由于是"地上河",决口后势如高屋建瓴,洪水一泻千里,水冲沙压,田庐人畜,汪洋一片,沦为泽国,灾情极为严重。常常有整个村镇甚至整个城市或大部分淹没的惨事,造成毁灭性的灾害。

(1)武帝元光三年(公元前 132 年),河决濮阳瓠子堤,"东南注巨野,通于淮泗"(《汉书·沟洫志》),泛郡十六,为时二十三年。

(2)汉成帝建始四年(公元前 29 年)河决馆陶及东郡金堤,"泛溢兖、豫,入平原、千乘、济南,凡灌四郡三十二县,水居地十五万余顷,深者三丈,坏败官亭室庐且四万所"(《汉书·沟洫志》)。

(3)王莽始建国三年(公元 11 年)河决魏郡,泛清河以东数郡,上下泛滥达六十年之久。

(4)唐开元十四年(公元 726 年)秋,黄河及其支流皆溢,"怀、卫、郑、洛、沛、濮民,或巢舟以居,死者千计"(《新唐书·五行志》)。

(5)五代周显德元年(公元 954 年)以后,"河自杨刘至博州百二十里,连年东溃,分为二派,汇为大泽,弥漫数百里。又东北坏古堤而出,灌齐、棣、淄诸州,至于海涯,漂没民田不可胜计"(《资治通鉴》卷二九)。

(6)宋太平兴国八年(公元 983 年)五月,河大决滑州韩村,"泛渣、催、曹、济诸州民田,坏居人庐舍""东南流至彭城界入于淮"(《宋史·五行志》)。

(7)宋天禧三年(1019 年)六月,河溢滑州天台山,"俄复溃于城西南,岸摧七百步;漫溢州城,历澶、濮、曹、郓,注梁山泊,又合清水、古汴渠东南入于淮,州邑罹患者三十二"(《宋史·河渠志》)。

(8)宋仁宗景祐元年(1034 年)七月,河决澶州横陇埽,改由新道注入赤河,至长清仍入大河,后因河道狭小,又分出游、金二河。

(9)元至正四年(1344 年)五月,"大雨二十余日,黄河暴溢,水平地深二丈许,北决自茅堤。六月又北决金堤。并河郡邑济宁、单州、虞城、砀山、金乡,鱼台。丰、沛、定陶、楚丘,成武以至曹州、东明。巨野、郓城、嘉祥、汶上、任城等处,民老弱昏垫,壮者流离四方"

(《元史·河渠志》)。

(10) 明洪武二十四年 (1391 年) 四月，"河水暴溢，决原武黑羊山，东经开封城北五里，又东南由陈州、项城、太和、颍州、颍上、东至寿州正阳镇全入于淮"(《明史·河渠志》)。

(11) 明永乐八年 (1410 年)，"八月黄河溢，坏开封；日城二百余丈，灾民 14 100 余户，田 7 500 余顷"(《明史·河渠志》)。

(12) 明成化十四年 (1478 年)，"南北直棣、山东、河南等处，五月以后骤雨连绵，河水泛涨，平陆成川，禾稼漂没，人畜漂流，死者不可胜计"(《明宪宗实录》)。

(13) 明万历四年 (1576 年)，河决丰县韦家楼，"又决沛县缕水堤和丰、曹二县长堤，丰、沛、徐州、瞄宁、金乡、鱼台、曹、单田庐漂流无算，流宿迁城"(《明史·河渠志》)。

(14) 明万历三十五年 (1607 年)，秋水泛涨，河决单县，"四望弥漫，杨村集以下，陈家楼以上，两岸堤冲决多口，徐属州县汇为巨浸，而萧、砀受害更深"(《明神宗实录》)。

(15) 明崇祯十五年 (1642 年) 九月，李自成围开封久，明宗臣决朱家寨河灌义军，义军决上游三十里之马家口，二股流入城，城内水几与城平，建筑物几乎摧毁无遗，溺死居民数十万。

(16) 清顺治元年 (1644 年)，"伏秋汛发，北岸小宋口、曹家寨堤溃，河水漫曹、单、金乡、鱼台四县，自南阳入运河，田庐尽没"(《清史稿·杨方兴传》)。

(17) 康熙元年 (1662 年) 五月，河决曹县石香炉、武陟大村、脒宁孟家湾。"六月，决开封黄练集、灌祥符、中牟、阳武、杞、通许、尉氏、扶沟七县""田禾尽被淹没""七月再决归仁堤"(《清史稿·河渠志》)。

(18) 乾隆二十六年七月 (1761 年 8 月中旬)，三门峡—花园口间发生一场特大暴雨；伊洛河夹滩地区水深一丈以上，偃师、巩县水入县城，偃师县城受灾尤重，"所存房屋不过十之一二"；沁河下游的沁阳、修武、武涉等县大水灌城，水深五六尺至丈余；据推算这次洪水花园口洪峰流量为 32 000 m³/s，12 天洪量 120 亿 m³；黄河下游的武陟、荥泽、阳武、祥符、兰阳、中牟、曹县等南北岸决口 26 处，在中牟杨桥决口夺溜分二股，一股从中牟境内贾鲁河下经朱仙镇，漫及尉氏县东北，由扶沟、西华等县，至周口镇入于沙河；又一股从中牟境内惠济河下经祥符、陈留、杞县、睢州、拓城、鹿邑各境，直达亳州。洪水淹及河南 12 个州县、山东 12 个州县、安徽 4 个州县共计 28 个州县。

(19) 道光二十一年 (1841 年)，河决祥符三十一堡，水灌开封省城，水灌五昼夜，城内低处尽满，男女俱栖城墙上。害及河南、安徽二十二州县，"自河南省城至安徽盱眙县，凡黄流经之处，下有河槽，溜势湍激，深八九尺至二丈余尺，其由平地漫行者，渺无边际，深四五尺至七八尺，宽二三十里至百数十里不等，……河南以祥符、陈留、通许、杞县、太康、鹿邑为最重，睢州、柘城次之"。

(20) 民国 24 年 (1935 年)，花园口洪峰流量 14 900 m³/s，在山东董庄决口，溃水漫于菏泽、郓城、嘉祥、巨野、济宁、金乡、鱼台等县，由运河入江苏，使苏、鲁二省 27 县受灾，受灾面积 1.2 万 km²，灾民 341 万人，经济损失达 1.95 亿元 (当时银元)。

从西汉文帝十二年到清道光二十年的 2008 年间，发生黄河洪水灾害的达 316 年，平均六年半一个洪灾年。而从清道光二十一年至民国 27 年的 98 年当中，就有洪灾 64 年，平均不足两年就有一年发生洪水灾害。

1.3.2　新中国成立后洪水险情

新中国成立后,黄河下游发生较大险情的洪水共有 4 次,分别为 1958 年 7 月 17 日花园口站洪峰流量 22 300 m³/s 洪水、1982 年 7 月下旬花园口站 15 300 m³/s 洪水、1996 年 8 月 7 860 m³/s 洪水,以及 2003 年"华西秋雨"造成 1981 年以来历时最长、洪水总量最大的秋汛。豫鲁两省党政军民团结抗洪,战胜了各次大洪水,同时对中小洪水发生的各种险情也都及时进行了抢护,保证了黄河下游 60 余年的安澜。

1.3.2.1　1958 年洪水

1958 年 7 月 14~19 日,黄河下游出现解放以来的最大洪水,其中 17 日 24 时,花园口水文站出现了 22 300 m³/s 的洪峰,超过了保证水位。洪水期间,横贯黄河的京广铁路桥因受到洪水威胁而中断交通 14 d。仅山东、河南两省的黄河滩区和东平湖湖区,就淹没村庄 1 708 个,灾民 74.08 万,淹没耕地 304 万亩,房屋倒塌 30 万间。期间受洪水威胁,长垣石头庄分洪在即,百万居民即将撤离;东平湖洪涛跃堤,花园口坝基塌陷,200 万人上堤抗洪,最终战胜特大洪水,取得了没有分洪、没有决口的伟大胜利。

1.3.2.2　1982 年洪水

1982 年 7 月 29 日~8 月 2 日,黄河三花间普降大到暴雨,局部降特大暴雨;山陕区间的泾、洛、渭、汾河流域降大到暴雨。三花干流及伊洛沁河水位上涨,花园口水文站 8 月 2 日 18 时出现 15 300 m³/s 的洪峰,7 d 洪量达 50.2 亿 m³。

此次洪水造成黄河下游滩区普遍进水偎堤,伊洛河夹滩和两岸洪泛区漫决进水,滞削了洪峰;为减轻艾山以下防洪负担,运用了东平湖老湖分洪蓄水;洪峰于 8 月 9 日顺利入海。

1.3.2.3　1996 年洪水

1996 年 8 月,黄河下游花园口水文站出现 7 860 m³/s 的洪峰,洪峰虽属中常流量,但由于 1986 年以来长期水枯沙少,河槽淤积严重,主槽平均每年升高 0.10~0.17 m,形成枯水河槽,导致洪水位逐年升高。由于洪水水位高、传播速度缓慢、沿程变形异常,滩区淹没范围广,险情、灾情严重。据统计,此次洪水豫鲁两省淹没面积达 22.87 hm²,1 345 个自然村、107 万人受灾,倒塌房屋 22.65 万间,损坏房屋 40.96 万间,直接经济损失近 40 亿元。

1.3.2.4　2003 年洪水

2003 年 7 月 29~30 日,黄河中游出现了局部强降雨过程,暴雨集中在山陕区间北部,形成了黄河中游第一场洪水。8 月 26 日~9 月 6 日,黄河全流域的强降雨过程使各条支流相继发生洪水,其中最大支流渭河先后出现两次洪峰。当中游各支流洪水汇合进入黄河干流后,黄河防汛抗旱总指挥部(简称黄河防总)超前谋划,提出了以拦蓄洪水、削峰为主的运用方式,将大部分洪水都拦蓄在小浪底库区。

9 月 17~19 日,渭河流域发生第四次降雨过程,华县水文站、潼关水文站分别于 21 日、22 日出峰,至 24 日 6 时,小浪底水库水位距 2003 年防洪运用上限 255 m 仅余 27 cm。黄河防总考虑到时间已接近汛末,在确保小浪底水库安全的前提下,为减轻下游防汛抢险的压力,并兼顾减少下游滩区损失,小浪底水库实施拦洪控泄运用。为此,自 9 月 24 日 8

时起,小浪底水库又转入防洪调度运用,按控制花园口站流量 2 500 m³/s 左右、含沙量 30 kg/m³下泄。

10 月 4 日 18 时,受渭河 5 号洪峰和北洛河洪水影响,潼关水文站出现 4 270 m³/s 的最大流量。此时,小浪底水库即将突破经批准的 255 m 的最高运行水位。黄河防汛总指挥部(简称黄河防总)迅速组织了由黄河防总、小浪底水利枢纽管理局、黄河勘测规划设计有限公司等单位专家组成的大坝安全评估组进驻小浪底库区,在得出大坝安全的情况下,经批准,小浪底水库突破 255 m 运用,化解了第 5 次洪水带来的压力。

10 月 8~11 日,黄河中游发生第 6 次强降雨过程。根据水文预报,10 月中旬黄河中游将产生 25 亿 m³ 的洪量。根据水情分析,黄河防总在确保小浪底大坝安全,水库蓄水不超过 265 m 的前提下,启用万家寨水库拦蓄黄河干流部分洪水,实施万家寨、三门峡、小浪底、陆浑、故县五座水库联合调度。进入 10 月中旬以后,黄河防总对小浪底水库运用方式再次做出调整:以水库安全为主,兼顾缓解下游抢险救灾紧张局面,三门峡水库提前拦洪,以减轻小浪底水库压力,使小浪底水库水位尽快回落到 260 m 以下。

多水库运用,多次调蓄,黄河干支流水库起到了关键作用,把一次次较大的洪峰变为平缓的流量,减少了下游漫滩带来的一系列危险和灾难。由于洪水历时长、主槽淤积等因素,黄河下游部分河段仍出现了较大险情。9 月 18 日,兰考蔡集控导工程 35 号坝上首生产堤溃口,形成串沟,造成兰考至东明滩区进水、大堤偎水,最大水深 6 m。该段大堤经受了历史上最长时间和最高水位洪水的浸泡,加之该段堤防处于最为薄弱的"豆腐腰"河段,堤防基础较差,尚未经过淤背加固,导致出现渗水、管涌等险情。

1.3.3　黄河下游滩区洪水灾害

自有历史记载以来,黄河下游河道发生过多次变迁。现行的黄河河道情况为:孟津县白鹤镇至郑州京广铁路桥河段为禹王故道;京广铁路桥至兰考县东坝头为明清故道;东坝头至垦利县渔洼河段是 1855 年铜瓦厢决口改道后形成的河道。铜瓦厢决口改道后黄河侵占了滩区居民的生存、生活基地,造成目前大量人口居住在滩区。

为了黄河下游的防洪安全,需要下游滩区滞洪沉沙,而由于滩区这种特殊的作用,使其灾害频繁。据不完全统计,新中国成立以来滩区遭受不同程度的洪水漫滩 30 余次,累计受灾人口 900 多万人次,受灾村庄 1.3 万个次,受淹耕地 2 600 多万亩,详见表 1-4。

表 1-4　黄河下游滩区历年受灾情况统计

年份	花园口最大流量 (m³/s)	淹没村庄个数 (个)	人口 (万人)	耕地 (万亩)	淹没房屋数 (万间)
1949	12 300	275	21.43	44.76	0.77
1950	7 250	145	6.90	14.00	0.03
1951	9 220	167	7.32	25.18	0.09
1953	10 700	422	25.20	69.96	0.32
1954	15 000	585	34.61	76.74	0.46

续表 1-4

年份	花园口最大流量 （m³/s）	淹没村庄个数 （个）	人口 （万人）	耕地 （万亩）	淹没房屋数 （万间）
1955	6 800	13	0.99	3.55	0.24
1956	8 360	229	13.48	27.17	0.09
1957	13 000	1 065	61.86	197.79	6.07
1958	22 300	1 708	74.08	304.79	29.53
1961	6 300	155	9.32	24.80	0.26
1964	9 430	320	12.80	72.30	0.32
1967	7 280	45	2.00	30.00	0.30
1973	5 890	155	12.20	57.90	0.26
1975	7 580	1 289	41.80	114.10	13.00
1976	9 210	1 639	103.60	225.00	30.80
1977	10 800	543	42.85	83.77	0.29
1978	5 640	117	5.90	7.50	0.18
1981	8 060	636	45.82	152.77	2.27
1982	15 300	1 297	90.72	217.44	40.08
1983	8 180	219	11.22	42.72	0.13
1984	6 990	94	4.38	38.02	0.02
1985	8 260	141	10.89	15.60	1.41
1988	7 000	100	26.69	102.41	0.04
1992	6 430	14	0.85	95.09	
1993	4 300	28	19.28	75.28	0.02
1994	6 300	20	10.44	68.82	
1996	7 860	1 374	118.80	247.60	26.54
1997	3 860	53	10.52	33.03	
1998	4 700	427	66.61	92.20	
2002	2 600	196	12.00	29.25	
2003	2 500		14.87	35.00	

滩区洪涝灾害最严重的是 1958 年、1976 年、1982 年和 1996 年。其中，1958 年、1976

年和1982年东坝头以下的低滩区基本上全部上水,东坝头以上局部漫滩。1996年8月花园口洪峰流量7 860 m³/s,由于河道淤积严重,除高村、艾山、利津三站外,其余各站水位均达到了有实测记录以来的最高值,滩区几乎全部进水,甚至连1855年以来从未上水的原阳、开封、封丘等高滩也大面积漫水。据调查,"96·8"洪水滩地平均水深约1.6 m,最大水深5.7 m,洪水淹没滩区村庄1 374个,人口118.80万,耕地247.60万亩,倒塌房屋26.54万间,损坏房屋40.96万间,紧急转移安置群众56万,按当年价格估算,直接经济损失64.6亿元。

由于近几年来水严重偏枯,长期小水行河,主槽淤积严重,2002年调水调沙期间,高村河段上下的濮阳渠村东滩、习城滩,东明县北滩、鄄城县左营滩、四杰滩等滩区在河道流量1 800 m³/s时进水,共淹没面积45.3万亩,其中耕地29.25万亩,水围村庄196个,人口12万。

2003年,受"华西秋雨"影响,大河流量维持2 500 m³/s,下游兰考北滩—东明南滩、鄄城左营—徐码头、郓城四杰、梁山蔡楼、长垣左寨、台前孙口赵桥、濮阳渠村东滩、范县辛庄等9处自然滩漫滩。淹没面积49.8万亩,其中耕地35万亩;受灾人口14.87万,其中外迁4万人。兰考县、东明县淹没损失较大,滩区内平均水深约3 m,最大水深约8 m。

黄河下游滩区还受凌汛威胁,在封冻期或开河期因冰凌插塞成坝,堵塞河道,水位陡涨,致使滩区遭受不同程度的凌洪漫滩损失。1968～1969年,黄河下游发生"三封三开"的严重凌情,造成山东东阿、齐河、长清、平阴、章丘、济阳、高清、利津、垦利等9个县滩区多次进水受淹,受灾村庄达130个,淹地2万亩,受灾人口6.6万。1997年1月,河南省台前县河段封河长度36 km,卡冰壅水造成滩区倒灌,滩区水深1～3 m,有6个乡109个行政村被水淹没,8.66万人被凌水围困,受淹面积达10万亩左右。

由于滩区的发展必须从属于黄河下游整体防洪安全,滩区群众为国家的防洪大局做出了巨大的贡献和牺牲。黄河下游滩区经济落后,生产发展缓慢,农民生活水平比较低,抗御洪灾能力弱等与此息息相关。

1.4 黄河下游滩区治理概况

1.4.1 滩区治理演变过程

在三门峡水库修建以前,要求滩区废除生产堤,需要滩区滞洪沉沙。随着三门峡水库的开工建设,由于当时对黄河泥沙淤积问题认识不足,片面地认为三门峡水库建成后,黄河的防洪问题能基本解决。为了让滩区群众安居乐业,发展农业生产,1958年汛后开始,提倡下游在"防小水,不防大水"的原则下修筑生产堤。生产堤的标准为顶宽5 m,高度是高出1958年洪水位0.5 m。生产堤修建后,对于保护滩区农业生产起到了积极作用。但由于缩窄了河道过洪断面,大水时壅高水位,削弱了滞洪排沙能力,出现了如何运用才能实现"小水保丰收,大水减灾害"的问题。1959年汛后又要求生产堤预留口门,生产堤防御标准为花园口水文站流量10 000 m³/s,超过这一标准时,根据"舍小救大,缩小灾害"的原则,有计划地自上而下分片分滞洪水。1962～1964年,黄河水利委员会每年都对河南、山东两省生产堤运用水位进行批复。该时期的滩区已完全是蓄滞洪区的定位和运用方式。

由于生产堤的修建,主槽淤积太快,二级悬河态势逐步形成,生产堤的危害性暴露得越来越充分。1973年,黄河水利委员会在黄河下游治理工作会议上提出了《关于废除黄河下游滩区生产堤实施的初步意见》,国务院国发〔1974〕27号文对黄河下游治理工作会议的报告批示中指出:从全局和长远考虑,黄河滩区应迅速废除生产堤,修筑避水台,实行"一水一麦"一季留足群众全年口粮。这实际上是承认靠修筑生产堤来实现"小水保丰收,大水减灾害"这一目的在黄河下游是失败的,是不符合多泥沙河流的自然规律的。

1974年后,要求滩区废除生产堤,为了保证滩区群众的生命财产安全,有计划地实施安全建设工程。对滩区的部分村庄进行村台和道路建设,并对部分村庄进行外迁。

1.4.2　滩区治理与社会发展现状

人民治黄以来,黄河下游以"宽河固堤"为指导,按照"上拦下排、两岸分滞"处理洪水,"拦、调、排、放、挖"综合处理和利用泥沙的思路,先后修建了三门峡、小浪底、陆浑、故县等水库,开辟了北金堤、东平湖滞洪区、南北展宽区,四次加高加固了黄河大堤,进行了大规模的河道整治,初步形成了以干支流水库、堤防、河道整治工程、分滞洪区为主体的较为完善的黄河下游防洪体系,并取得了连续半个多世纪伏秋大汛不决口的安澜局面。滩区作为黄河下游防洪体系的重要组成部分之一,对滞洪削峰、沉沙、保护窄河道防洪安全、延缓河口地区的淤积延伸和摆动速度等起到了巨大的作用。

1.4.2.1　安全建设现状

1958年大洪水以后,为了解决滩区群众生产、生活及财产安全,黄河下游滩区普遍修起了生产堤。生产堤修建后,行洪河道束窄,主河槽淤积严重,数年后逐渐认识到对黄河防洪极为不利。根据国务院〔1974〕国发27号文废除生产堤的要求,滩区群众开始有计划地修建避水工程。

1982年以前,修建的避水台主要有公共台和房台,公共台不盖房子,人均面积3 m²;由于公共避水台避水不方便,所修建的孤家房台之间易走溜,抗冲能力低,同时孤立房台经水浸泡极易出现不均匀沉陷,造成房子裂缝甚至倒塌,因此1982年洪水之后开始修建村台、联台,但也只是对房基进行垫高,绝大多数街道、胡同及其他公共部分没有联起来,洪水仍然走街串巷,房基经过浸泡,仍有不均匀沉陷,倒塌房屋虽有所减少,但房屋裂缝仍较为普遍。因而滩区群众迫切要求全村建设成一个整台,将街道、胡同及公共设施部分全部垫高成为联台。

2000年以前,避水工程投资主要靠群众负担,国家适当补助。国家投资的渠道有防洪基金、水毁救济工程、以工代赈,以及河南、山东两省的匹配。1998～2000年滩区安全建设投资5.44亿元,其中国债投资3.41亿元,两省匹配2.03亿元。

2002～2004年完成的黄河洪水管理亚洲开发银行贷款项目中,完成了长垣、东明、平阴3县39个村,3.8万人的就地避洪村台和少量撤退路建设的初步设计,工程总投资约2.55亿元。目前,长垣县苗寨乡新村台、东明县长兴乡新村台等淤筑完工,但由于拆迁安置补助标准低、缺乏公共基础设施等多种原因,村台上无群众。

2003年兰考、东明两县滩区受灾后,国家发展和改革委员会、水利部、财政部等7个部门与河南、山东两省协商,确定在兰考县和东明县搞"移民迁建"。安排总户数 8 207 户,33 769 人,"移民迁建"投资按照国家、集体、个人共同负担的原则筹集。国家对移民迁建的补助投资为 1.7 万元/户,其中,1.5 万元用于补助灾民建房,0.2 万元用于学校、医院、道路、电力等公共设施建设。

截至 2005 年底,黄河下游滩区共外迁村庄 206 个,人口 12.73 万;修筑避水村台面积 8 425.08 万 m^2,滩区内约 70% 的村庄(大部分位于东坝头以下河段)修筑有村台,村台高度最小有十几公分,最高有 5~6 m;滩区内有撤退道路 1 116.8 km。

1.4.2.2　经济社会发展现状

滩区经济是典型的农业经济,无工矿企业,农作物主要以小麦、玉米、大豆、花生、棉花等为主。由于灾害频繁,群众生活困难,目前,滩区所涉及的县(市)中有 4 个国家级贫困县,5 个省级贫困县。

河南省政府为加强黄河滩区扶贫开发工作,1995 年《省委办公厅、省政府办公厅关于加强黄河滩区扶贫开发工作的意见》(豫办〔1995〕13 号)中要求加强基础设施建设;大力发展扶贫支柱产业,调整农作物产业结构;实行优惠政策,免征低滩区群众农业税、低滩区农民免交订购粮、免征低滩区群众使用黄河水费、免收滩区飞机灭蝗费、适当降低低滩区各种开发项目投入资金的匹配比例等。

但由于滩区所在县财政困难,目前滩区内基础设施投入严重不足,水利、交通、教育、卫生等基础设施严重滞后,并且一些优惠政策,如免征低滩区的农业税等政策并未得到贯彻和执行,加上滩区群众经常受灾,经济损失较大,从而使滩区群众的生活贫困。同时,由于下游"二级悬河"日益加剧,沿堤一带地势低洼,汛期雨水难排,涝灾发生频繁,严重时甚至出现农作物绝收现象。当前滩区经济社会发展滞后,生产生活水平低下,成为国家新的贫困区。例如,河南省濮阳市滩区 2006 年人均纯收入仅 859 元,仅为全省平均水平的 26.3%;山东省菏泽市滩区 2004 年人均收入为 1 428 元,仅为全省平均水平的 41.3%。

1.4.2.3　下游滩区防洪安全现状

黄河下游河道处于强烈的淤积抬升状态,由于黄河水少、沙多、水沙不均衡,下游河道复杂难治。目前河床与 20 世纪 50 年代相比普遍抬高 2~4 m,堤防临河侧滩面高于背河侧滩面 4~6 m,"悬河"形势越来越严峻。尤其自 20 世纪 70 年代以来,由于自然原因、人类活动对水资源的过度利用和不当干预,下游河道生命用水被严重挤占。生产堤等阻水建筑物的存在,影响了滩槽水沙的横向交换,主槽淤积严重,大部分河段已成为主槽高于滩面 3 m 左右,滩面高于背河侧地面 4~6 m 的"二级悬河"。同时,由于主槽淤积,下游河道平滩流量已经从 20 世纪 70 年代的 5 000~6 000 m^3/s 急剧下降到 2002 年汛前最小河段的不足 2 000 m^3/s。平滩流量的减小,"二级悬河"的发展,堤防安全受到严重威胁,使横河、斜河的发生概率增加,稍有不慎,洪水泥沙将给黄淮海平原带来极大损失。

通过小浪底水库的调水调沙,淤滩刷槽等措施可形成稳定的中水河槽,以保障滩区群众中小洪水不漫滩,使滩区群众安居乐业。

但由于目前滩区安全建设现状及减灾措施不能满足滩区群众防洪安全及经济发展的需要,使得淤滩刷槽的措施不能实施,小浪底水库的调水调沙也只能以不漫滩的流量为控制,从而影响到小浪底水库的运用。

1.5　黄河下游防洪工程体系概况

　　下游防洪一直是治黄的首要任务,经过多年坚持不懈的治理,通过一系列防洪工程的修建,已初步形成了以中游干支流水库、下游堤防、河道整治、分滞洪工程为主体的"上拦下排,两岸分滞"防洪工程体系。黄河下游防洪工程体系见图1-5。

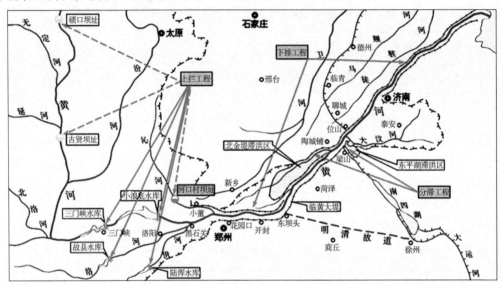

图1-5　黄河下游防洪工程体系示意图

1.5.1　水库工程

　　为了有效地拦蓄洪水,在中游干支流上先后修建了三门峡水利枢纽、陆浑水库、故县水库和小浪底水利枢纽。近期将建成沁河河口村水库,与三门峡、小浪底、陆浑、故县等水库联合运用,削减三花区间的洪峰流量,减轻黄河下游防洪负担,减小东平湖滞洪区的分洪概率和分洪量。三门峡、小浪底、陆浑、故县、河口村等水库特征指标见表1-5。三门峡、小浪底、陆浑、故县等水库水位见表1-6。

表1-5　三门峡、小浪底、陆浑、故县、河口村等水库特征指标

水库名称	控制流域面积（km²）	总库容（亿 m³）	防洪库容（亿 m³）	汛期限制水位（m）	蓄洪限制水位（m）	设计洪水位（m）	校核洪水位（m）
三门峡	688 400	56.3	55.7	305	335	335	340
小浪底	694 000	126.5	40.5	254	275	274	275
陆浑	3 492	13.2	2.5	317	323	327.5	331.8
故县	5 370	11.8	5.0	527.3	548	548.55	551.02
河口村	9 223	3.2	2.3	238	285.43	285.43	285.43

表 1-6 三门峡、小浪底、陆浑、故县水库水位—库容—泄量关系

<table>
<tr><td rowspan="3">三门峡水库</td><td>水位（m，大沽）</td><td>290</td><td>300</td><td>305</td><td>310</td><td>315</td><td>320</td><td>325</td><td>330</td><td>335</td></tr>
<tr><td>库容①（亿 m³）</td><td>0</td><td>0.2</td><td>0.6</td><td>1.42</td><td>3.23</td><td>7.32</td><td>16.6</td><td>31.58</td><td>56.26</td></tr>
<tr><td>泄流量（m³/s）</td><td>1 188</td><td>3 633</td><td>5 455</td><td>7 829</td><td>9 701</td><td>11 153</td><td>12 428</td><td>13 483</td><td>14 350</td></tr>
<tr><td rowspan="3">小浪底水库</td><td>水位（m，黄海）</td><td>240</td><td>245</td><td>250</td><td>254</td><td>260</td><td>263</td><td>265</td><td>270</td><td>275</td></tr>
<tr><td>库容②（亿 m³）</td><td>1.70</td><td>3.60</td><td>6.40</td><td>10.00</td><td>17.60</td><td>23.00</td><td>26.50</td><td>37.50</td><td>51.00</td></tr>
<tr><td>泄流量（m³/s）</td><td>9 693</td><td>10 295</td><td>10 826</td><td>9 627</td><td>10 297</td><td>11 001</td><td>11 572</td><td>13 311</td><td>15 307</td></tr>
<tr><td rowspan="3">陆浑水库</td><td>水位（m，黄海）</td><td>300</td><td>305</td><td>315</td><td>317</td><td>320</td><td>323</td><td>325</td><td>330</td><td>333</td></tr>
<tr><td>库容③（亿 m³）</td><td>1.34</td><td>2.24</td><td>4.93</td><td>5.68</td><td>6.82</td><td>8.14</td><td>9.01</td><td>11.47</td><td>13.12</td></tr>
<tr><td>泄流量（m³/s）</td><td>594</td><td>903</td><td>1 464</td><td>1 776</td><td>2 410</td><td>3 239</td><td>3 926</td><td>5 281</td><td>5 820</td></tr>
<tr><td rowspan="3">故县水库</td><td>水位（m，黄海）</td><td>510</td><td>520</td><td>528</td><td>530</td><td>534</td><td>540</td><td>543.5</td><td>548</td><td>553</td></tr>
<tr><td>库容④（亿 m³）</td><td>1.4</td><td>1.8</td><td>2.85</td><td>3.25</td><td>4.02</td><td>5.35</td><td>6.45</td><td>7.62</td><td>9.25</td></tr>
<tr><td>泄流量（m³/s）</td><td>659</td><td>751</td><td>817</td><td>833</td><td>1 323</td><td>3 699</td><td>6 145</td><td>9 663</td><td>13 095</td></tr>
</table>

注：①为 2012 年 10 月实测值。②为水库正常运用期设计值。③为 1992 年实测值。④为远期设计值。

1.5.2 堤防、河道整治工程

黄河下游除南岸邙山及东平湖至济南区间为低山丘陵外，其余河段全靠堤防约束洪水。下游现状临黄大堤长 1 371.227 km，其中左岸 746.979 km、右岸 624.248 km。黄河下游堤防沿程设防流量见表 1-7。

表 1-7 黄河下游堤防沿程设防流量

断面名称	花园口	柳园口	夹河滩	石头庄	高村	苏泗庄	邢庙	孙口	艾山以下
设防流量（m³/s）	22 000	21 700	21 500	21 200	20 000	19 400	18 200	17 500	11 000

黄河下游河道整治工程包括险工和控导工程。现有险工 135 处，坝垛 5 279 道，工程总长度 310.540 km，裹护长度 268.992 km。已建成控导工程 219 处，坝垛 4 573 道，工程长度达到 428.526 km。

1.5.3 滞洪区工程

黄河下游滞洪区主要包括东平湖滞洪区和北金堤滞洪区。根据 2008 年国务院批复的《黄河流域防洪规划》，东平湖是重要蓄滞洪区，北金堤是保留蓄滞洪区。

东平湖滞洪区位于下游宽河道与窄河道相接处的右岸，承担分滞黄河洪水和调蓄汶河洪水的双重任务，控制艾山下泄流量不超过 10 000 m³/s。湖区总面积 627 km²，其中老湖区 209 km²、新湖区 418 km²。东平湖设计水位 45 m，相应库容 33.54 亿 m³，其中老湖区 9.87 亿 m³、新湖区 23.67 亿 m³。东平湖设计分滞黄河洪水 17.5 亿 m³。目前主要有石洼、林辛和十里铺三座分洪闸，总分洪能力为 7 500 m³/s，通向黄河的退水闸有陈山口、清河门两座,设计总泄水能力为 2 500 m^3/s。

北金堤滞洪区位于黄河下游高村—陶城铺宽河段转为窄河道过渡段的左岸。北金堤蓄滞洪区设计分洪能力 10 000 m^3/s,分滞黄河洪量20亿 m^3。小浪底水库建成运用后,其分洪运用概率很小。考虑到小浪底水库拦沙库容淤满后,下游河道仍会继续淤积抬高,堤防防洪标准将随之降低,从黄河防洪的长远考虑,北金堤滞洪区作为保留滞洪区临时分洪防御特大洪水。本次风险图编制黄河下游最大洪水标准为近 1 000 年一遇,即控花园口洪水流量 22 000 m^3/s,不考虑北金堤滞洪作用。

第 2 章　黄河下游设计洪水

2.1　洪水的发生时间及各区洪水特性

黄河下游洪水主要由中游地区的暴雨形成,上游洪水一般只形成中下游洪水的基流。黄河下游为"地上悬河",较大的支流有北岸的金堤河与南岸的大汶河,黄河干流发生大洪水时,两支流来水较小。

2.1.1　洪水发生时间

黄河洪水主要由暴雨形成,故洪水发生时间与暴雨发生时间相一致。由于黄河流域面积大、河道长,各河段大洪水发生的时间有所不同,上游河段为 7~9 月;河口镇—三门峡区间为 7、8 两月,并多集中在 8 月;三门峡—花园口区间为 7、8 两月,特大洪水的发生时间更为集中,一般为 7 月中旬至 8 月中旬;下游洪水的发生时间一般为 7~10 月。

2.1.2　洪水来源区特性

黄河中游洪水有三大来源区,即河口镇—龙门区间(简称河龙间)、龙门—三门峡区间(简称龙三间)、三门峡—花园口区间(简称三花间)。三个来源区的洪水特性分述如下:

河龙间流域面积为 11 万 km^2,河道穿行于山陕峡谷之间,两岸支流较多,流域面积大于 1 000 km^2 的支流有 21 条,呈羽毛状汇入黄河。流域内植被较差,大部分属黄土丘陵沟壑区,土质疏松,水土流失严重,是黄河粗泥沙的主要来源区。区间河段长 724 km,落差 607.3 m,平均比降 8.4‰。区间暴雨强度大,历时短,常形成尖瘦的高含沙洪水过程,一次洪水历时一般为 1 d 左右,连续洪水可达 5~7 d。区间发生的较大洪水洪峰流量可达 11 000~15 000 m^3/s,实测区间最大洪峰流量为 18 500 m^3/s(1967 年),日平均最大含沙量可达 800~900 kg/m^3。

龙三间流域面积 19 万 km^2,河段长 240.4 km,落差 96.7 m,平均比降 0.4‰。区间大部分属黄土塬区及黄土丘陵沟壑区,部分为石山区。区间内流域面积大于 1 000 km^2 的支流有 5 条,其中包括黄河第一大支流渭河和第二大支流汾河,黄河干流与泾河、北洛河、渭河、汾河等诸河呈辐射状汇聚于龙门—潼关河段。本区间的暴雨特性与河龙间相似,但暴雨发生的频次较多、历时较长。区间洪水多为矮胖型,大洪水发生时间以 8 月、9 月居多,洪峰流量一般为 7 000~10 000 m^3/s。

三花间流域面积为 41 615 km^2,大部分为土石山区或石山区,区间河段长 240.9 km,落差 186.4 m,平均比降 0.77‰。流域面积大于 1 000 km^2 的支流有 4 条,其中伊洛河、沁河两大支流的流域面积分别为 18 881 km^2 和 13 532 km^2。本区间大洪水与特大洪水都发生在 7 月中旬至 8 月中旬,与三门峡以上中游地区相比洪水发生时间趋前。区间暴雨历时较龙三间长,强度也大,加上主要产流地区河网密度大,有利于汇流,所以易形成峰高量大、含沙量小的洪水。一次洪水历时约 5 d,连续洪水历时可达 12 d,当伊洛河、沁河与三花间干流洪水遭遇时,可形成花园口的大洪水或特大洪水。实测区间最大洪峰流量为 15 780 m^3/s。

2.2　洪水组成与遭遇

2.2.1　洪水组成

黄河下游的洪水主要来自中游的河口镇—花园口区间。花园口以下的黄河下游为"地上悬河",较大的支流有北岸的金堤河与南岸的大汶河,黄河干流大洪水时,两支流来水较小。

花园口断面控制了黄河上中游的全部洪水,花园口以下增加洪水不多。根据实测及历史调查洪水资料分析,花园口站大于 8 000 m^3/s 的洪水,都是以中游来水为主所组成的,河口镇以上的上游地区相应来水流量一般为 2 000~3 000 m^3/s,形成花园口洪水的基流。花园口站各类洪水的洪峰、洪量组成见表 2-1。

表 2-1　花园口站各类洪水的洪峰、洪量组成　　　　（单位:流量,m^3/s;洪量,亿 m^3）

洪水类型	典型年	花园口		三门峡			三花间			三门峡占花园口的比重(%)	
		洪峰流量	12日洪量	洪峰流量	相应洪水流量	12日洪量	洪峰流量	相应洪水流量	12日洪量	洪峰流量	12日洪量
上大洪水	1843	33 000	136.0	36 000		119.0		2 200	17.0	93.3	87.5
	1933	20 400	100.5	22 000		91.90		1 900	8.60	90.7	91.4
下大洪水	1761	32 000	120.0		6 000	50.0	26 000		70.0	18.8	41.7
	1954	15 000	76.98		4 460	36.12	12 240		40.55	29.7	46.9
	1958	22 300	88.85		6 520	50.79	15 700		37.31	29.2	57.2
	1982	15 300	65.25		4 710	28.01	10 730		37.5	30.8	42.9
上下较大洪水	1957	13 000	66.30		5 700	43.10		7 300	23.2	43.8	65.0

注:相应洪水流量指组成花园口洪峰流量的相应来水流量,1761 年和 1843 年洪水是调查推算值。

其中:(1)上大洪水指以三门峡以上来水为主的洪水,是由河龙间和龙三间来水为主形成的洪水,特点是洪峰高、洪量大、含沙量高,对黄河下游防洪威胁严重。如 1843 年调查洪水,三门峡、花园口洪峰流量分别为 36 000 m^3/s 和 33 000 m^3/s;1933 年实测洪水,三门峡、花园口洪峰流量分别为 22 000 m^3/s 和 20 400 m^3/s。随着三门峡水库、小浪底水库的建设,这类洪水逐步得到控制。

(2)下大洪水指以三花间干支流来水为主形成的洪水,特点是洪峰高、涨势猛、预见期短,对黄河下游防洪威胁最为严重。如 1761 年调查洪水,花园口、三门峡等水库洪峰流量分别为 32 000 m³/s 和 6 000 m³/s;1958 年实测洪水,花园口、三门峡等水库洪峰流量分别为 22 300 m³/s 和 6 520 m³/s。小浪底水库投入防洪运用后,三门峡至小浪底区间(简称三小间)的洪水得到了控制。但小浪底—花园口区间(简称小花间)5 年一遇设计洪水流量达 6 350 m³/s,100 年一遇设计洪水流量达 17 600 m³/s。尤其是小花间尚有 1.8 万 km² 的无水库工程控制区,本身产生的 100 年一遇洪水花园口站将达 12 000 m³/s,即使控制小浪底水库不下泄任何水量,由于这一区域紧靠下游滩区,洪水预见期很短,对下游威胁非常严重。

上下较大洪水指以龙三间和三花间共同来水组成的洪水,特点是洪峰较低、历时较长、含沙量较小,对下游防洪也有相当威胁。如 1957 年 7 月洪水,花园口、三门峡等水库洪峰流量分别为 13 000 m³/s 和 5 700 m³/s。

由表 2-1 可见,当发生上大洪水时,三门峡以上来水的洪峰和洪量占花园口断面的 70% 以上,三花间加水较少。当发生下大洪水时,三门峡以上来水的洪峰占花园口的 20% ~ 30%,洪量占 40% ~ 60%。

2.2.2　洪水的地区遭遇

从黄河实测及历史调查考证的大洪水看,黄河上游地区的大洪水年份有 1850 年、1904 年、1911 年、1946 年、1981 年等,黄河中游河三区间的大洪水年份有 1632 年、1662 年、1842 年、1843 年、1933 年、1942 年等,黄河中游三花区间的大洪水年份有 1553 年、1761 年、1954 年、1958 年、1982 年等。由此可以看出,黄河上游大洪水和中游大洪水不相遭遇,黄河中游的上大洪水和下大洪水也不同时遭遇。

黄河下游的大洪水与金堤河、大汶河的大洪水不遭遇。黄河下游的大洪水可以和大汶河的中等洪水相遭遇;黄河下游的中等洪水可以和大汶河的大洪水相遭遇;黄河干流与大汶河的小洪水遭遇机会较多。根据 1953 年以来洪水资料统计,大汶河戴村坝最大 12 d 洪量超过 6 亿 m³ 的较大典型的洪水有 1953 年、1954 年、1957 年、1963 年、1964 年、1970 年、1990 年、1996 年、2001 年等。统计相应的黄河来水可知,黄河、大汶河洪水遭遇相对较严重的情况发生过三次,为 1954 年、1957 年和 1964 年。其中 1954 年黄河为大洪水,大汶河为较大洪水;1957 年、1964 年大汶河为大洪水,黄河为较大洪水。三次洪水遭遇情况见表 2-2。

表 2-2　1954 年、1957 年、1964 年黄河与大汶河洪水遭遇情况统计

(单位:流量,m³/s;洪量,亿 m³)

年份	花园口最大		戴村坝相应花园口		戴村坝最大	
	洪峰流量 (月-日 T 时)	12 日洪量 (起始月-日)	流量	12 日洪量	洪峰流量 (月-日 T 时:分)	12 日洪量 (起始月-日)
1954	15 000(08-05T06)	72.7(08-04)	170	7.57	4 060(08-13T21)	7.72(08-07)
1957	13 000(07-19T13)	66.3(07-17)	1 650~2 200	13.4	5 980(07-19T18:30)	16.82(07-13)
1964	12 000(08-15T16)	71.1(08-05)	167	3.19	6 930(09-13T01)	13.48(08-30)

2.3　河道洪水演进

2.3.1　河道特性及排洪能力分析

黄河自桃花峪(花园口以上 37.8 km)至垦利县渔洼,河道长 741.8 km,河道面积 3 687.9 km²,其中桃花峪—陶城铺(孙口下游 34.9 km)河道长 391.8 km,河道面积 2 739.6 km²,是一个相当大的自然滞洪区,对洪水有显著的滞洪削峰作用,尤其对三花区间发生的较大洪水,由于峰型较瘦,其滞洪削峰作用更为显著。

黄河下游来水来沙条件复杂,河道冲淤及边界条件多变。不同时期、不同河段洪水演进与水沙因素(如洪峰流量、含沙量及颗粒级配、峰型、洪水发生时间、漫滩程度等)和河道因素(河道过洪能力、河势状况、滩地行洪条件等)密切相关。

2.3.1.1　各河段河道特性

黄河下游河道形态上宽下窄、上陡下缓,按河床演变特性分析,可分为四个不同类型的河段:

(1)花园口—高村河段:该河段长 180 km,为典型的游荡型河段,河槽一般宽 3~5 km,两岸堤距平均 8.4 km。其中,花园口—东坝头河段长 116 km,两岸堤距为 5.0~14.0 km。河道两岸有 1855 年铜瓦厢决口后,因溯源冲刷而形成的残存高滩,从 1855 年至今洪水均未漫滩。其余滩地的起始平滩流量约为 6 000 m³/s,一般水深仅 1~2 m,河道宽浅,江心滩较多,流势多变,常出现"横河""斜河",易发生冲决的危险。本河段河道宽浅,河心滩众多,河势多变,滞洪削峰作用较大。东坝头—高村河段长 64.0 km,河道在东坝头以下转向东北,两岸堤距上宽下窄,成为明显的喇叭形,最宽处的堤距达 20 km,河道面积 673.5 km²。河槽两岸滩唇高,堤根低洼,滩面向堤根的倾斜度(横比降)为 1/2 000~1/3 000,滩面串沟较多。自 1958 年修建了滩区生产堤后,减少了洪水漫滩行洪的机遇,河槽淤积加重,形成了"悬河中的悬河"。

(2)高村—陶城铺河段:河段长 165 km,为过渡型河段。近 20 年来修建了大量的河道整治工程,主流较为稳定,河槽宽 0.7~3.7 km,两岸堤距平均 4.5 km。其中,高村—孙口河段河道长 126 km,两岸堤距 5~8.5 km,平均宽 6.8 km,河道面积 884 km²。滩区生产堤所包围的面积为 450 km²,占河道面积的 50.9%,滩区横比降大,堤根低洼,滩区分布较散,块数较多。孙口—陶城铺河段河道长 39 km,两岸堤距 1~5 km,河道具有上宽下窄的特点,由于河弯发展快,该河段已逐渐过渡到弯曲型河道,河道的过水断面相应减少,排洪能力降低到 10 000 m³/s。东平湖滞洪区的分洪口门位于本河段内,当孙口流量超过 10 000 m³/s 且有上涨趋势时,为保证下游河道排洪安全,滞洪区须投入运用(1958 年前,老湖区为自然湖泊,对较大洪水具有自然滞洪作用)。因此,进入河段洪水不仅受到河道滞洪作用影响,而且受到东平湖的分、滞作用影响。

(3)陶城铺以下河段:陶城铺以下为受控制的弯曲型河段,河槽宽 0.4~1.5 km,两岸堤距平均为 2.2 km。其中,陶城铺—前左河段河道长 318 km,两岸堤距 0.45~5.0 km,主槽宽 0.3~0.8 km,纵比降 1/1 000 左右。南岸东平湖以下至济南田庄丘陵起伏,北岸险工相接。济南北店子以下两岸险工对峙，河道受到约束，横向摆动不大，曲折系数为1.2，滩槽高差较大，一般都超过3~4 m。在鱼山与姜沟山、艾山与外山夹河对峙，成为天然节点，河面宽仅300~500 m，在洪水时期有束水作用。由于工程控制严密，河弯不能自由发展，河道平面变化不大，断面变化多以纵向冲淤为主，此河段的河道面积为890.7 km²，平均宽度为2.8 km。前左至河口河段属河口段，河段长约70 km，两岸堤防逐渐放宽，呈喇叭形，再往下两岸无堤防，黄河河口是弱潮多沙延伸摆动频繁的堆积型河口。

2.3.1.2 各河段平滩流量分析

黄河下游河道断面多呈复式断面，滩槽不同部位的排洪能力存在很大差异，主槽是排洪的主要通道，一般主槽流量占全断面的60%~80%，因此平滩流量的变化相当程度上反映了河道的排洪能力。表2-3列出了黄河下游典型年份平滩流量变化情况。不同时期、不同河段的平滩流量各不相同。

表 2-3 黄河下游典型年份平滩流量变化 （单位：m³/s）

年份	花园口	夹河滩	高村	孙口	艾山	泺口	利津
1958 年汛后	8 000	10 000	10 000	9 800	9 000	9 200	9 400
1964 年汛后	9 000	11 500	12 000	8 500	8 400	8 600	8 500
1973 年汛前	3 500	3 200	3 280	3 400	3 300	3 100	3 310
1980 年汛前	4 400	5 300	4 300	4 700	5 500	4 400	4 700
1985 年汛前	6 900	7 000	6 900	6 500	6 700	6 000	6 000
1997 年汛前	3 900	3 800	3 000	3 100	3 100	3 200	3 400
2002 年汛前	3 600	2 900	1 800	2 070	2 530	2 900	3 000
2016 年汛前	7 200	6 800	6 100	4 350	4 250	4 600	4 650

三门峡建库前，下游河道基本为天然状态，平滩流量大约为6 000 m³/s，其变化随水沙条件而定。大水时，常发生槽冲滩淤，使滩槽高差加大，平滩流量增加，遇小水大沙时，主槽回淤，平滩流量减小。1958年花园口出现22 300 m³/s的大洪水后，下游平滩流量增加到8 000~10 000 m³/s。

三门峡建库后，下游河道冲淤变化受水沙条件、水库运用方式、沿程工农业用水等多方因素的影响。经历了1960~1964年、1981~1985年两个持续冲刷时期和1965~1973年、1986~2002年两个持续淤积时期。1960~1964年三门峡下泄清水，全河普遍发生冲刷，至1964年汛后平滩流量增加8 400~12 000 m³/s；而1965~1973年水库排沙，主槽淤积，到1973年汛前平滩流量降至3 100~3 500 m³/s。1973年11月，三门峡水库开始蓄清排浑运用，同时受1975年、1976年漫滩洪水淤滩刷槽的影响，1980年汛前下游河道的平滩流量又增大到4 300~5 500 m³/s；1981~1985年下游有利的水沙条件，平滩流量进一步加大，至1985年汛前，平滩流量为6 000~7 000 m³/s。1986年以后，随着上游龙羊峡水库投入运用以及沿程工农业用水剧增,下游河道主河槽发生严重的淤积,平滩流量逐年减小,至 1997 年汛前已下降至 3 000~4 000 m³/s。

小浪底运用后,下游河道在经历长时段的水库拦沙造成的清水冲刷和十九次调水调沙冲刷后,各河段平滩流量不断增大,下游河道最小平滩流量已由 2002 年汛前的 1 800 m³/s 增加至 4 250 m³/s,下游河道主槽行洪输沙能力得到明显提高。

2.3.2　各河段洪水演进特性

选取花园口断面 1952~2017 年间洪峰流量大于 6 000 m³/s 的 59 场洪水,分析说明黄河下游洪水演进特性,即流量沿程的衰减特性和洪峰传播时间特点。

2.3.2.1　洪峰流量衰减特性

表 2-4 列出了下游各河段洪峰流量的削峰率。可见,黄河下游各河段削峰率相对关系与下游河道特性直接相关。各河段削峰率分述如下:

表 2-4　黄河下游各河段洪峰流量的削峰率　　　　　　　　（单位:%/km）

流量级（m³/s）	洪水场次	统计参数	花园口—夹河滩	夹河滩—高村	高村—孙口	孙口—艾山	艾山—泺口	泺口—利津	花园口—利津	花园口—艾山	艾山—利津
6 000~8 000	36	最大	0.22	0.30	0.13	0.22	0.28	0.10	0.08	0.12	0.11
		最小	0	0	0	0	0	0	0.01	0	0
		均值	0.07	0.06	0.04	0.06	0.05	0.02	0.04	0.05	0.03
8 000~10 000	14	最大	0.10	0.30	0.19	0.32	0.12	0.07	0.09	0.15	0.07
		最小	0	0	0	0	0.02	0	0.01	0	0
		均值	0.04	0.05	0.06	0.11	0.05	0.02	0.04	0.05	0.03
10 000 以上	9	最大	0.27	0.40	0.24	0.42	0.18	0.07	0.09	0.13	0.08
		最小	0.02	0	0.04	0.01	0.01	0	0	0	0.01
		均值	0.08	0.11	0.11	0.15	0.09	0.03	0.05	0.07	0.04
6 000 以上	59	最大	0.27	0.40	0.24	0.42	0.28	0.10	0.09	0.15	0.11
		最小	0	0	0	0	0	0	0	0	0
		均值	0.06	0.07	0.06	0.09	0.05	0.02	0.04	0.05	0.03

（1）花园口—夹河滩河段具有较大的滩、槽滞洪容积,对洪水的削减作用明显,平均削峰率为 0.06%/km,6 000~8 000 m³/s、8 000~10 000 m³/s、10 000 m³/s 以上流量级洪水平均削峰率分别为 0.07%/km、0.04%/km、0.08%/km。

（2）夹河滩—高村河段滩区的滞蓄容积也较大,平均削峰率为 0.07%/km,6 000 ~ 8 000 m³/s、8 000 ~ 10 000 m³/s、10 000 m³/s 以上流量级洪水平均削峰率分别为 0.06 %/km、0.05%/km、0.11%/km,不同时期滞洪削峰作用变化较大。

（3）高村—孙口河段蓄水滞洪作用十分显著,平均削峰率为 0.06%/km,6 000 ~ 8 000 m³/s、8 000 ~ 10 000 m³/s、10 000 m³/s 以上流量级洪水平均削峰率分别为 0.04%/km、0.06%/km、0.11%/km。由于河段内滩地坑洼多,有相当部分成为死水区。如 1982 年洪水在本河段进滩死水量达 8 亿 m³。

（4）孙口—艾山河段是各河段中削峰率最大的河段,平均削峰率为 0.09%/km,6 000 ~ 8 000 m³/s 洪水平均削峰率分别为 0.06%/km,8 000 ~ 10 000 m³/s、10 000 m³/s 以上流量级洪水平均削峰率增大到 0.11%/km、0.15%/km,远高于其他河段,这主要是因为其中有 5 场洪水受东平湖分滞洪运用影响,东平湖滞洪区建成前河湖不分,1953 年、1954 年、1957 年、1958 年黄河发生漫滩洪水,东平湖自然滞洪运用;1982 年洪水东平湖滞洪区分洪运用,最大分洪流量为 2 400 m³/s,分洪后黄河洪水流量由孙口站的 10 100 m³/s 减小到艾山站的 7 430 m³/s。

（5）艾山—泺口河段属于受控性弯曲型河道,平均削峰率为 0.05%/km,6 000 ~ 8 000 m³/s、8 000 ~ 10 000 m³/s、10 000 m³/s 以上流量级洪水平均削峰率分别为 0.05%/km、0.05%/km、0.09%/km。

（6）泺口—利津河段是各河段中削峰率最小的河段,平均削峰率为 0.02%/km,6 000 ~ 8 000 m³/s、8 000 ~ 10 000 m³/s、10 000 m³/s 以上流量级洪水平均削峰率分别为 0.02%/km、0.02%/km、0.03%/km。

总体来看,花园口—艾山河段的削峰率明显高于艾山—利津河段,艾山以上河道宽浅散乱,滩地面积大,对洪水有显著的削减作用,艾山以下河道较为规顺,滩地面积相对较小,对洪水的削减作用较小。整个下游的平均削峰率为 0.04%/km。另外,黄河下游洪水的衰减,与洪峰流量的大小密切相关,基本上洪峰流量大,洪水衰减快。从表 2-4 中可以看出,各河段洪峰流量大于 10 000 m³/s 的洪水的削峰率明显高于洪峰流量小于 10 000 m³/s 的洪水的削峰率。差值较大的河段为夹河滩—孙口段,这说明游荡型宽河段对大洪水的削减作用明显高于小洪水。

2.3.2.2　洪峰传播时间特点

统计 1964 年以前和 1981 ~ 1985 年两个主槽过流能力较大时期,6 000 m³/s 以上共 42 场洪水的洪峰传播时间,见表 2-5。可见,6 000 ~ 8 000 m³/s、8 000 ~ 10 000 m³/s、10 000 m³/s 以上洪水,花园口—利津传播时间分别为 61 ~ 124 h、64 ~ 146 h、100 ~ 238 h,洪峰传播速度为 5 ~ 11 km/h、5 ~ 10 km/h、3 ~ 7 km/h。显然,洪水的洪峰流量越大、洪水漫滩程度越高,洪水传播速度越慢,洪水传播时间越长。另外,由于各河段河道形态不同,洪水传播的速度也不同,总体呈现两头快、中间慢的特点,泺口—利津河段传播速度最快,6 000 ~ 8 000 m³/s、8 000 ~ 10 000 m³/s、10 000 m³/s 以上洪水,洪峰平均传播速度分别为 18 km/h、14 km/h、9 km/h;高村—孙口河段传播速度最慢,各量级洪水洪峰平均传播速度分别为 6 km/h、6 km/h、5 km/h。

表 2-5　黄河下游各河段洪峰传播时间统计

流量级 （m³/s）	洪水 场次	统计参数		花园口—夹河滩	夹河滩—高村	高村—孙口	孙口—艾山	艾山—泺口	泺口—利津	花园口—利津
6 000~ 8 000	26	最大	传播时间(h)	25	25	53	26	37	25	124
			传播速度(km/h)	24	13	13	21	36	44	11
		最小	传播时间(h)	4	7	10	3	3	0	61
			传播速度(km/h)	4	4	2	2	3	7	5
		均值	传播时间(h)	14	13	23	9	12	11	83
			传播速度(km/h)	8	8	6	10	13	18	8
8 000~ 10 000	11	最大	传播时间(h)	22	29	58	33	32	24	146
			传播速度(km/h)	16	16	8	16	27	35	10
		最小	传播时间(h)	6	6	17	4	4	5	64
			传播速度(km/h)	4	3	2	2	3	7	5
		均值	传播时间(h)	14	12	27	12	15	15	96
			传播速度(km/h)	8	9	6	8	10	14	7
10 000 以上	8	最大	传播时间(h)	22	34	66	37	47	45	238
			传播速度(km/h)	11	9	7	63	6	12	7
		最小	传播时间(h)	9	10	19	1	18	15	100
			传播速度(km/h)	4	3	2	2	2	4	3
		均值	传播时间(h)	13	19	33	25	33	23	160
			传播速度(km/h)	8	6	5	11	4	9	4

2.3.3　不同时期洪水演进特性

　　结合黄河下游来水来沙条件和河道过洪能力变化特点，将洪水分为 1950~1959 年、1960~1964 年、1965~1973 年、1974~1980 年、1981~1985 年、1986~2002 年和 2002~2016 年 7 个时期，分析不同时期洪水演进特性。

2.3.3.1　洪峰流量衰减特性

　　表 2-6 列出了黄河下游不同时期洪峰流量的削峰率。可见，不同时期洪峰流量的削峰率相差较大且各具特点。不同时期削峰率分述如下：

表 2-6 黄河下游不同时期洪峰流量的削峰率 （单位:%/km）

时段	洪水场次	统计参数	花园口—夹河滩	夹河滩—高村	高村—孙口	孙口—艾山	艾山—泺口	泺口—利津
1950~1959	30	最大	0.20	0.16	0.24	0.33	0.15	0.07
		最小	0	0	0	0	0	0
		均值	0.07	0.05	0.07	0.10	0.05	0.01
1960~1964	4	最大	0.06	0.04	0.03	0.02	0.05	0.02
		最小	0	0	0	0	0.01	0
		均值	0.02	0.01	0.02	0.01	0.03	0.01
1965~1973	6	最大	0.04	0.03	0.04	0.08	0.08	0.04
		最小	0	0	0	0	0	0.01
		均值	0.02	0.01	0.02	0.02	0.03	0.02
1974~1980	6	最大	0.27	0.40	0.10	0.32	0.07	0.09
		最小	0	0.07	0	0.03	0	0
		均值	0.07	0.22	0.03	0.13	0.04	0.04
1981~1985	8	最大	0.13	0.15	0.17	0.42	0.18	0.05
		最小	0.01	0	0	0	0.02	0
		均值	0.06	0.06	0.08	0.07	0.08	0.01
1986~2001	3	最大	0.34	0.18	0.13	0.17	0.06	0.10
		最小	0.09	0.05	0.02	0	0.02	0.01
		均值	0.24	0.11	0.09	0.08	0.04	0.04
2002~2016	1	最大	0.22	0.12	0.03	0.02	0.04	0.05
		最小	0.22	0.12	0.03	0.02	0.04	0.05
		均值	0.22	0.12	0.03	0.02	0.04	0.05

（1）1950~1959 年为天然水沙条件,基本属于丰水多沙时期,黄河下游多次发生大漫滩洪水,河道边界条件随来水来沙不断变化,河道的削峰率变幅较大,其中高村—艾山河段最为典型。

（2）1960~1964 年三门峡水库蓄水拦沙运用阶段,黄河下游河道发生强烈冲刷,平滩流量明显增大,过洪能力增强,花园口—利津全河段削峰率显著降低。

（3）1965~1973 年三门峡水库改变运用方式为滞洪排沙,下游河道开始回淤,河道过洪能力逐渐减少,且基本淤积在主槽内,致使河道削峰作用增强,削峰率增大。

（4）1974~1980 年三门峡水库采取蓄清排浑的运用方式,河道条件有所好转,但 1976 年花园口出现了 9 210 m³/s 的洪水,1977 年又发生了洪峰流量达 10 800 m³/s 的高含沙洪水,花园口—夹河滩、夹河滩—高村和孙口—艾山河段削峰率达 0.27%/km、0.40%/km 和 0.32%/km,整体看来各河段削峰率仍比较大。

（5）1981~1985 年是黄河下游丰水少沙期,河道沿程冲刷,平滩流量增加至 7 000 m³/s。在这有利的河道条件下,除 1982 年、1983 年高村—艾山河段削峰率突出偏大外,其他年份各河段削峰率明显下降。

（6）1986~2001 年黄河下游河槽淤积萎缩，平滩流量明显降低，洪水漫滩严重，造成洪峰流量沿程削减加剧。

（7）2002~2016 年经过小浪底水库拦沙和调水调沙运用，下游河道过流能力明显增加，削峰率明显下降。

2.3.3.2　洪峰传播时间特点

表 2-7 列出了黄河下游不同时期洪峰传播时间。可见，黄河下游洪水传播时间受河道条件影响极大，时间长短具有阶段性，尤其是孙口以上河段。总体看来，1965~1973 年、1974~1980 年、1986~2001 年三个时期，下游河道淤积严重，行洪主河槽宽度大大缩窄。在这种河道条件下洪水漫滩概率高、洪水削减大、洪水流速减慢，洪峰传播的时间长。同时，由于滩地水流速度远小于主槽，而且滩地退水都发生在落水过程中，有时退水流量叠加落水段流量，可能超过主槽先期到达的主峰而成为最大洪峰。另外，20 世纪 50 年代天然来水来沙条件下，由于黄河下游多次发生大漫滩洪水，洪水传播时间也较长。

表 2-7　黄河下游不同时期洪峰传播时间统计

时段	洪水场次	统计参数		花园口—夹河滩	夹河滩—高村	高村—孙口	孙口—艾山	艾山—泺口	泺口—利津	花园口—利津
1950~1959	29	最大	传播时间(h)	22	34	45	42	47	45	238
			传播速度(km/h)	16	16	11	21	36	35	11
		均值	传播时间(h)	13	14	24	15	16	15	102
			传播速度(km/h)	8	8	6	8	11	15	7
1960~1964	5	最大	传播时间(h)	21	22	20	17	14	18	90
			传播速度(km/h)	24	13	13	16	9	44	11
		均值	传播时间(h)	13	12	16	9	13	9	82
			传播速度(km/h)	10	9	9	8	8	22	8
1965~1973	6	最大	传播时间(h)	28	22	23	24	16	20	90
			传播速度(km/h)	7	23	14	21	54	29	9
		均值	传播时间(h)	19	11	16	12	10	13	81
			传播速度(km/h)	5	12	9	8	17	16	8
1974~1980	6	最大	传播时间(h)	56	36	42	16	54	46	226
			传播速度(km/h)	9	8	12	13	15	12	10
		均值	传播时间(h)	27	23	21	10	18	22	131
			传播速度(km/h)	5	5	8	8	11	9	6

时段	洪水场次	统计参数		花园口—夹河滩	夹河滩—高村	高村—孙口	孙口—艾山	艾山—泺口	泺口—利津	花园口—利津
1981~1985	8	最大	传播时间(h)	25	29	66	18	44	25	163
			传播速度(km/h)	11	9	10	63	27	17	10
		均值	传播时间(h)	17	19	35	8	15	16	110
			传播速度(km/h)	6	6	5	16	11	11	7
1986~2001	3	最大	传播时间(h)	34	78	110	63	26	26	329
			传播速度(km/h)	4	5	9	63	27	58	9
		均值	传播时间(h)	30	39	51	22	12	12	166
			传播速度(km/h)	3	4	5	32	18	30	6
2002~2016	1	最大	传播时间(h)	13	11	12	5	9	17	67
			传播速度(km/h)	7	8	11	13	12	10	10
		均值	传播时间(h)	13	11	12	5	9	17	67
			传播速度(km/h)	7	8	11	13	12	10	10

2.3.4　历史典型洪水演进特性

黄河下游河道为典型的复式断面,河床边界条件十分复杂,特别是广大滩区范围内除河道治理工程和残存的生产堤外,拦滩道路、渠堤纵横、村台林立。同时洪水期间滩区高秆农作物茂密,漫滩行洪条件更加复杂多变,漫滩洪水演进特性变化很大。现就下游发生的几场大洪水来说明。

表 2-8 列出了 1954 年、1958 年、1977 年、1982 年和 1996 年的洪水,下游各站的洪峰流量、削峰率及传播时间,下游各站洪水过程线见图 2-1~图 2-5。各场洪水传播特性分述如下:

表 2-8　黄河下游典型洪水各河段演进特征值统计

典型洪水	项目	花园口	夹河滩	高村	孙口	艾山	泺口	利津
54·8	洪峰流量(m³/s)	15 000	13 300	12 600	8 640	7 900	6 920	6 960
	削峰率(%/km)		0.12	0.06	0.24	0.14	0.11	0
	传播时间(h)		14	10	134	33	27	20
58·7	洪峰流量(m³/s)	22 300	20 500	17 900	15 900	12 600	11 900	10 400
	削峰率(%/km)		0.08	0.14	0.09	0.33	0.05	0.07
	传播时间(h)		14	15	35	30	38	45

续表 2-8

典型洪水	项目	花园口	夹河滩	高村	孙口	艾山	泺口	利津
77·8	洪峰流量(m³/s)	10 800	8 000	5 060	4 700	4 600	4 270	4 130
	削峰率(%/km)		0.27	0.40	0.05	0.03	0.07	0.02
	传播时间(h)		16	25	12	7	10	19
82·8	洪峰流量(m³/s)	15 300	14 500	12 500	10 100	7 430	6 010	5 810
	削峰率(%/km)		0.05	0.15	0.15	0.42	0.18	0.02
	传播时间(h)		9	28	66	1	44	15
96·8	洪峰流量(m³/s)	7 860	7 150	6 810	5 630	5 030	4 700	3 910
	削峰率(%/km)		0.09	0.05	0.13	0.17	0.06	0.10
	传播时间(h)		26	78	110	63	26	26

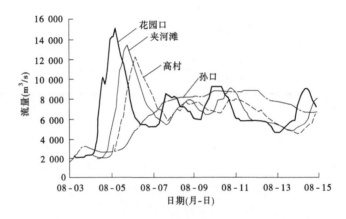

图 2-1　1954 年 8 月洪水黄河下游各站流量过程线

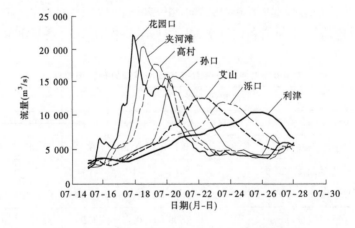

图 2-2　1958 年 7 月洪水黄河下游各站流量过程线

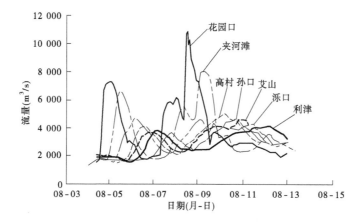

图 2-3　1977 年 8 月洪水黄河下游各站流量过程线

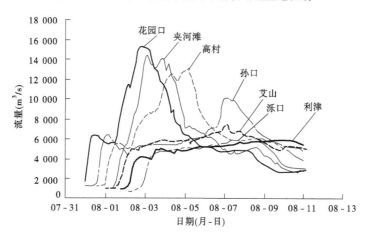

图 2-4　1982 年 8 月洪水黄河下游各站流量过程线

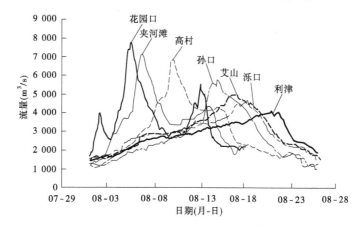

图 2-5　1996 年 8 月洪水黄河下游各站流量过程线

（1）1954 年 8 月洪水削峰率最高的是高村—孙口河段,达 0.24%/km,削减洪峰 4 000 m^3/s,这次洪水在整个河南河段（花园口—孙口）削峰率也是较高的,达 0.15%/km。其原因为该次洪水洪峰偏瘦,平滩流量以上洪量不大,河南河段滩区进水,滞蓄了洪峰部分的洪量,花园口—夹河滩、夹河滩—高村、高村—孙口等河段最大滞蓄量分别为 7.36 亿 m^3、4.37 亿 m^3、6.96 亿 m^3。另外,由于滩区退水与次峰遭遇,孙口站最大洪峰出现在第二个洪峰上,使高村—孙口河段洪峰传播时间长达 134 h。

（2）1958 年 7 月洪水为中华人民共和国成立以来最大,花园口洪峰流量为 22 300 m^3/s,花园口—孙口段削峰率为 0.09 %/km,较 1954 年 8 月、1977 年 8 月、1982 年 8 月洪水小得多。其原因是在主峰到来之前,滩区低洼地区已部分蓄满,故使主峰的削峰作用降低。经统计,这次洪水花园口—夹河滩、夹河滩—高村、高村—孙口等河段最大滞蓄量分别为 10.10 亿 m^3、6.63 亿 m^3、16.3 亿 m^3,花园口—利津洪峰传播时间为 177 h。

（3）1977 年 8 月洪水是 1950 年以来下游含沙量最高、洪峰流量最大的一场洪水,洪水过程中断面调整极为剧烈。花园口洪峰流量仅 10 800 m^3/s,但自花园口—利津全下游,洪峰削减率为 0.09%/km,其中河南河段为 0.18%/km,居历次洪水之冠,较其他同量级洪水高出数倍。这是由黄河高含沙水流的特殊现象所造成的。该次洪水主要来自黄河龙门以上的水土流失区,洪水挟沙量特大,花园口日平均含沙量达 438 kg/m^3,岸边单沙高达 809 kg/m^3,在花园口以上 70 km 的裴峪河段上下,出现了水位先是较小幅度的陡落,然后再大幅度陡涨的现象,其中驾部断面自 8 月 8 日 5 时到 6 时 30 分,一个半小时之内水位猛涨 2.84 m,这种现象一直影响到花园口断面,3 小时 20 分内水位骤涨 2.04 m,洪峰过程异常尖瘦。

（4）1982 年 8 月洪水,花园口洪峰流量与 1954 年 8 月洪水相当,为 15 300 m^3/s,在河南河段的削峰率也较高,为 0.11%/km,花园口—夹河滩、夹河滩—高村、高村—孙口等河段最大滞蓄量分别为 7.85 亿 m^3、8.38 亿 m^3、17.6 亿 m^3。其中,高村—孙口河段削峰率虽较 1954 年小,但仍高出其他年份,达 0.15%/km,洪峰传播时间为 66 h。1954 年、1982 年相当洪水量级相当,各河段削峰率、传播时间差别大,主要是由洪水过程线的胖瘦不同造成的,前者尖瘦,后者相对肥胖。以 7 000 m^3/s 洪量计,1954 年主峰部分为 6.05 亿 m^3,1982 年为 12.71 亿 m^3,后者是前者的 1 倍以上。

（5）1996 年 8 月洪水,花园口最大洪峰流量为 7 860 m^3/s,属中常洪水,但洪水位却达 94.73 m,创历史最高,141 年未曾上水的河南省原阳高滩也发生漫滩。洪水从花园口到利津的传播时间长达 367 h,洪峰平均传播速度只有 0.50 m/s。这场洪水是下游河道主槽萎缩、洪水传播条件恶化后的各种新情况的集中体现。其洪水演进特点主要表现为:

①洪峰沿程变形剧烈,双峰合成单峰。该场洪水花园口、夹河滩的洪水是两个独立的洪峰,到高村站第一个洪峰变得相对尖瘦,两次洪峰时间间距缩短,并且两峰谷底流量由 3 000 m^3/s 增大到 4 100 m^3/s。到孙口站时洪水过程已经明显演变成了一个洪峰,第二个洪峰变成了该场洪水峰后较胖的后峰腰。再向下游洪峰更加坦化,洪峰涨落尤其是洪峰上涨过程更加平缓。到利津站时洪峰流量仅有 3 910 m^3/s,与花园口站洪峰流量相比,洪峰削减了 47.5%,与历史同流量级洪水相比,削峰率明显偏大,其根本原因在于历史上同级流量洪水一般不会发生大范围漫滩。与 1958 年、1982 年大漫滩洪水相比,洪峰流量削减程度沿程变化也存在较大差异。特别是夹河滩—高村河段,洪水大范围漫滩,滩区大量滞蓄洪水,但洪

峰削减率仅为 0.05%/km,而 1958 年、1982 年大漫滩洪峰削峰率达 0.15%/km 左右。

②洪峰传播时间增长。一号洪峰从花园口传播到孙口的历时为 224.5 h,是同流量级洪水平均传播时间的 4.7 倍,比历史上传播时间最长的 1976 年洪水的 141 h 还要长 83.5 h。其中,夹河滩—高村、高村—孙口两河段传播历时分别为 73.5 h 和 121 h,分别比历史最长的传播时间还要长 7.5 h(1976 年)和 63 h(1981 年)。二号洪峰从花园口传播到孙口的历时为 44.5 h,接近平均传播时间。两峰合并后,孙口到利津的传播时间为 142.8 h,是正常传播时间的 3 倍,比历史最长的 136 h(1975 年)还要长 6.8 h。

分析表明,洪峰传播时间延长主要有两个方面的原因:一是广大滩区特别是生产堤至大堤间滩区大量滞蓄——释放洪水,致使洪峰变形,洪峰出现时间滞后,对中常洪水条件这种因素的影响更大。二是黄河下游河槽萎缩,主流带宽度大幅度缩窄,致使全断面流速降低,传播时间延长。天然条件下洪峰沿程变形很小,峰现时间间距就是洪峰传播时间。而现有广大滩区特别是生产堤至大堤间滩区滞蓄——释放洪水,改变了洪峰形状,致使峰现时间间距长于洪水传播时间。

2.4　天然设计洪水

2.4.1　设计洪水峰、量值

与黄河下游防洪有关的站及区间包括三门峡、花园口、三花间等。在以往历次规划和水利工程建设中,对以上各站及区间的设计洪水进行过多次的分析计算,经过了水利部水利水电规划设计总院 1976 年、1980 年、1985 年、1994 年等多次审查。本书采用 2013 年国务院批复的《黄河流域综合规划》中的设计洪水成果。各有关站及区间的天然设计洪水成果见表 2-9。

表 2-9　花园口、三门峡、三花间等站区天然设计洪水成果　（单位:流量,m³/s;洪量,亿 m³）

站名	集水面积 (km²)	项目	统计参数			不同重现期(年)设计值						
			均值	C_v	C_s/C_v	5	10	20	30	100	1 000	10 000
三门峡	688 421	洪峰流量	8 880	0.56	4	11 700	15 200	18 900	21 100	27 500	40 000	52 300
		5 d 洪量	21.6	0.50	3.5	28.6	35.9	43.0	47.2	59.1	81.5	104
		12 d 洪量	43.5	0.43	3	57.0	68.6	79.5	85.8	104	136	168
		45 d 洪量	126	0.35	2	161.3	185	207	218	251	308	360
花园口	730 036	洪峰流量	9 770	0.54	4	12 800	16 600	20 400	22 600	29 200	42 300	55 000
		5 d 洪量	26.5	0.49	3.5	35.0	43.7	52.1	57	71.3	98.4	125
		12 d 洪量	53.5	0.42	3	69.8	83.6	96.6	104	125	164	201
		45 d 洪量	153	0.33	2	193	220	245	258	294	358	417
三花间	41 615	洪峰流量	5 100	0.92	2.5	7 710	11 100	14 500	16 600	22 700	34 600	45 000
		5 d 洪量	9.80	0.90	2.5	14.8	21.1	27.5	31.3	42.8	64.7	87
		12 d 洪量	15.03	0.84	2.5	22.5	31.4	40.3	45.6	61.0	91.0	122

2.4.2　设计洪水过程线

2.4.2.1　上大洪水

上大洪水为以三门峡以上来水为主的洪水,一次洪水主峰历时一般为 8~15 d,连续洪水历时可达 30~40 d。

根据黄河中下游大洪水特性及防洪工程运用特点,上大洪水选择 1933 年 8 月洪水为典型,该场洪水是三门峡实测最大洪水,由河龙间与泾河、渭河、北洛河同时发生较大洪水相遇所组成的。洪水过程为多峰型,主峰历时达 15 d。洪峰流量三门峡为 22 000 m³/s,考虑洪水削减并沿程加水相抵后,花园口为 20 400 m³/s。

根据三门峡、花园口设计洪水峰、量值,按照三门峡、花园口同频率,三花间相应的地区组成,采用仿典型的方法计算求得设计洪水过程线。花园口 100 年一遇、1 000 年一遇洪水设计洪量分别为 314 亿 m³、378 亿 m³,洪水历时 51 d。

2.4.2.2　下大洪水

下大洪水为以三花间来水为主的洪水,一次洪水主峰历时一般为 3~5 d,连续洪水历时 10~15 d。

根据黄河中下游大洪水特性及防洪工程运用特点,下大洪水选择 1982 年 8 月洪水为典型,该洪水是三花间实测第二大洪水,洪水历时约 6 d。花园口实测洪峰流量 15 300 m³/s,决口还原计算后的洪峰流量为 19 050 m³/s,其中三花间、三门峡分别为 14 340 m³/s 和 4 710 m³/s。三花间的洪峰流量由伊洛河中下游和沁河洪水遭遇形成,三花间(三门峡、花园口、黑石关、武陟干流区间)来水也占较大比重。沁河洪水为实测最大,武陟站洪峰流量为 4 130 m³/s。暴雨中心位于伊河石涡。

根据三花间、花园口设计洪水峰、量值,按照三花间、花园口同频率,三门峡相应的地区组成,采用仿典型的方法计算求得设计洪水过程线。花园口 960 年一遇洪水(防洪工程作用后花园口洪峰流量 22 000 m³/s,简称“近 1 000 年一遇洪水”)设计洪量分别为 203 亿 m³,洪水历时 27 d。

2.5　防洪工程作用后设计洪水

2.5.1　中游骨干水库防洪能力分析

黄河中游现有骨干水库工程包括三门峡水库、小浪底水库、陆浑水库、故县水库、河口村水库,各水库到花园口的洪水传播时间分别为 22 h、12 h、22 h、26 h 和 12 h;设计总库容依次为 56.3 亿 m³、126.5 亿 m³、13.2 亿 m³、11.8 亿 m³ 和 3.2 亿 m³;设计防洪库容依次为 55.7 亿 m³、40.5 亿 m³、2.5 亿 m³、5.0 亿 m³ 和 2.3 亿 m³,共计有防洪库容约 106 亿 m³。

在设计条件下,黄河下游发生大洪水、特大洪水时中游骨干水库重点拦蓄花园口 10 000 m³/s 以上洪水,以减小艾山以下河段洪水淹没损失。洪水过后,当花园口流量退至 10 000 m³/s 以下时,各水库依次转入退水运用,按控制花园口流量不超 10 000 m³/s 泄洪,将库水位降至汛限水位。根据小浪底水库初步设计报告,小浪底水库正常运用期中游水库群防洪运用方式如下:

(1)小浪底水库:当预报花园口洪水流量小于 8 000 m³/s,控制汛期限制水位,按入库流量泄洪;否则按控制花园口 8 000 m³/s 泄洪。此后,按水库蓄洪量和小花间来水大小控制水库泄洪方式。①当水库蓄洪量达到 7.9 亿 m³ 时,尽可能控制花园口洪水流量在 8 000~10 000 m³/s。当水库蓄洪量达 20 亿 m³,且有增大趋势时,需控制蓄洪水位不再升高,相应增大泄洪流量,由东平湖分洪解决。当预报花园口 10 000 m³/s 以上洪量达 20 亿 m³,说明已用完东平湖滞洪区可分黄河洪量 17.5 亿 m³ 的分洪库容。此后,小浪底水库仍需按控制花园口 10 000 m³/s 泄洪,水库继续蓄洪。②水库按控制花园口 8 000 m³/s 运用的过程中,水库蓄洪量虽未达到 7.9 亿 m³,而小花间的洪水流量已达 7 000 m³/s,且有上涨趋势,反映了该次洪水为下大洪水。若预报小花间洪水流量大于 10 000 m³/s,水库即下泄最小流量 1 000 m³/s,否则控制花园口 10 000 m³/s 泄洪。

(2)三门峡水库:上大洪水按"先敞后控"的方式运用,达本次洪水的最高蓄水位后,按入库流量泄洪;当预报花园口洪水流量小于 10 000 m³/s 时,水库按控制花园口 10 000 m³/s 退水。对下大洪水,小浪底水库蓄洪量达 26 亿 m³,且有增大趋势,三门峡水库按小浪底水库的泄洪流量控制泄流。

(3)陆浑、故县、河口村等水库:当预报花园口洪水流量达到 12 000 m³/s,水库关闸停泄。当水库蓄洪水位达到蓄洪限制水位时,按入库流量泄洪。当预报花园口洪水流量小于 10 000 m³/s 时,按控制花园口 10 000 m³/s 泄洪。

按照上述运用方式,不同典型花园口站 100 年一遇、1 000 年一遇洪水水库调洪演算结果见表 2-10,可见,当黄河下游发生 1 000 年一遇及其以下洪水时,扣除水库正常防洪所需库容,中游水库尚余一定的防洪库容。

对于"1933 典型"上大型洪水,洪水主要来源于三门峡以上,100 年一遇洪水干流三门峡水库、小浪底水库最高蓄水位分别为 325.65 m、265.96 m,三门峡水库防洪运用水位 335 m 以下剩余防洪库容有 40.61 亿 m³,小浪底水库防洪运用水位 275 m 以下剩余防洪库容有 22.41 亿 m³。支流陆浑、故县、河口村等水库最高蓄水位分别为 317 m、527.3 m、238 m,水库蓄洪限制水位以下剩余防洪库容分别为 2.5 亿 m³、5.0 亿 m³、2.3 亿 m³。1 000 年一遇洪水干流三门峡水库、小浪底水库最高蓄水位分别为 330.77 m、266.70 m,水库防洪运用水位以下剩余防洪库容分别为 24.33 亿 m³、20.80 亿 m³;支流陆浑、故县、河口村等水库剩余防洪库容分别为 1.3 亿 m³、3.1 亿 m³、0。

对于"1982 典型"下大型洪水,洪水主要来源于三花区间,1 000 年一遇洪水干流三门峡水库、小浪底水库最高蓄水位分别为 323.54 m、271.66 m,水库防洪运用水位以下剩余防洪库容分别为 43.27 亿 m³、9.09 亿 m³;支流陆浑、故县、河口村等水库均蓄至蓄洪限制水位,剩余防洪库容为 0。

表 2-10 不同量级洪水水库蓄洪情况及剩余防洪库容统计

洪水量级	项目	水库				
		三门峡	小浪底	陆浑	故县	河口村
"1933 典型" 100 年一遇	最高蓄水位(m)	325.65	265.96	317	527.3	238
	剩余防洪库容(亿 m³)	40.61	22.41	2.5	5.0	2.3
"1933 典型" 1 000 年一遇	最高蓄水位(m)	330.77	266.70	320.1	537.0	275
	剩余防洪库容(亿 m³)	24.33	20.80	1.3	3.1	0
"1982 典型" 1 000 年一遇	最高蓄水位(m)	323.54	271.66	323	548	285.43
	剩余防洪库容(亿 m³)	43.27	9.09	0	0	0

2.5.2 防洪工程运用方式

本书涉及的防洪工程包括三门峡、小浪底、陆浑、故县、河口村等水库及东平湖、北金堤等滞洪区。防洪运用方式按小浪底水库进入正常运用期考虑。

小浪底水库正常运用期阶段,三门峡、小浪底、陆浑、故县等水库共计有防洪库容约105 亿 m³。正常运用方式下黄河下游各级洪水调洪演算结果表明(见表 2-11),当黄河下游发生 1 000 年一遇以下洪水时,扣除水库正常防洪运用所需库容,三门峡、小浪底水库尚余一定的防洪库容。

表 2-11 不同量级洪水水库蓄洪情况及堤防决口时水库水位情况统计

洪水量级	项目	水库	
		三门峡	小浪底
上大洪水 100 年一遇	最高蓄水位(m)	325.65	265.96
	剩余防洪库容(亿 m³)	40.61	22.41
上大洪水 1 000 年一遇	最高蓄水位(m)	330.77	266.70
	剩余防洪库容(亿 m³)	24.33	20.80
下大洪水 1 000 年一遇	最高蓄水位(m)	323.54	271.66
	剩余防洪库容(亿 m³)	43.27	9.09

水库拦洪是减小河道流量、防止溃口口门扩大、减小灾害损失的最有效措施之一。为了更真实地反映堤防决口后的风险情况,充分发挥现有防洪工程的作用,在现有防洪运用方式的基础上,兼顾"合理真实、包得住"的风险分析原则,进一步考虑利用水库剩余防洪库容削减堤防决口后进入黄河下游的洪水。即在堤防决口前,水库按正常防洪方式运用;堤防决口后,立即关闭具有较大防洪库容的三门峡、小浪底、陆浑、故县等水库,减少下游防洪保护区淹没损失。若决口时水库已关闸或蓄水位已接近蓄洪限制水位,则保持其关闸状态或维持库水位。具体如下:

(1)堤防决口前,水库群正常防洪运用。

①小浪底水库:当预报花园口洪水流量小于 8 000 m³/s,控制汛期限制水位,按入库流量泄洪,否则按控制花园口 8 000 m³/s 泄洪。此后,按水库蓄洪量和小花间来水大小控制水库泄洪方式。①当水库蓄洪量达到 7.9 亿 m³ 时,尽可能控制花园口洪水流量在 8 000~10 000 m³/s。当水库蓄洪量达 20 亿 m³,且有增大趋势,需控制蓄洪水位不再升高,相应增大泄洪流量,由东平湖分洪解决。当预报花园口 10 000 m³/s 以上洪量达 20 亿 m³,说明已用完东平湖滞洪区可分黄河洪量 17.5 亿 m³ 的分洪库容。此后,小浪底水库仍需按控制花园口 10 000 m³/s 泄洪,水库继续蓄洪。②水库按控制花园口 8 000 m³/s 运用的过程中,水库蓄洪量虽未达到 7.9 亿 m³,而小花间的洪水流量已达 7 000 m³/s,且有上涨趋势,反映了该次洪水为下大洪水。若预报小花间洪水流量大于 10 000 m³/s,水库即下泄最小流量 1 000 m³/s,否则,控制花园口 10 000 m³/s 泄洪。

②三门峡水库:上大洪水按"先敞后控"方式运用,达本次洪水的最高蓄水位后,按入库流量泄洪;当预报花园口洪水流量小于 10 000 m³/s 时,水库按控制花园口 10 000 m³/s 退水。对下大洪水,小浪底水库蓄洪量达 26 亿 m³,且有增大趋势,三门峡水库按小浪底水库的泄洪流量控制泄流。

③陆浑、故县、河口村等水库:当预报花园口洪水流量达到 12 000 m³/s,水库关闸停泄。当水库蓄洪水位达到蓄洪限制水位时,按入库流量泄洪。当预报花园口洪水流量小于 10 000 m³/s,按控制花园口 10 000 m³/s 泄洪。

④东平湖滞洪区:当孙口站实测洪峰流量达 10 000 m³/s,且有继续上涨趋势,首先运用老湖区;当老湖区分洪能力小于黄河要求分洪流量或洪量时,新湖区投入运用。

⑤北金堤滞洪区:当花园口发生 22 000 m³/s 以上超标准洪水时,若通过三门峡、小浪底、故县、陆浑等水库及东平湖滞洪区的调度及运用仍不能缓解洪水危机,考虑启用北金堤滞洪区,启用条件是高村流量达到 20 000 m³/s,通过北金堤滞洪区使用,主河槽流量一般控制在 16 000~18 000 m³/s,保证下游防洪安全。

(2)堤防决口后,视未来来水来沙、水库蓄水情况,若水库蓄水位已接近或达到蓄洪限制水位,则维持库水位,按进出库平衡方式运用;否则,减小三门峡、小浪底、陆浑、故县等水库下泄流量(为避免二次溃口发生,水库不关门,而是减小下泄流),利用水库剩余防洪库容削减洪水。当库水位达到各水库允许蓄至的最高蓄水位后,按进出库平衡方式运用。各水库允许蓄至的最高水位及相应防洪库容见表 2-12,综合考虑库区淹没影响、水库减淤及大坝安全,三门峡水库、小浪底水库非常规拦蓄洪水运用期间允许蓄至的最高水位分别确定为 330 m、270 m。

表 2-12 堤防决口后水库应急调度控制指标

项目	水库名称			
	三门峡	小浪底	陆浑	故县
允许蓄至的最高水位(m)	330	270	323	548
最大拦洪能力(亿 m³)	31.0	27.4	2.5	5.0

2.5.3　工程作用后的设计洪水

按照前文拟订的防洪工程运用方式,分别对"1933 典型"100 年一遇、1 000 年一遇上大洪水和"1982 典型"近 1 000 年一遇下大洪水进行调洪计算,结果见表 2-13、图 2-6~图 2-8。

表 2-13　防洪工程作用后设计洪水成果

名称	项目	洪水典型		
		"1933 典型"100 年一遇	"1933 典型"1 000 年一遇	"1982"典型近 1 000 年一遇
花园口	洪峰流量(m³/s)	10 700	16 200	22 000
	洪量(亿 m³)	247	311	133
夹河滩	洪峰流量(m³/s)	10 500	15 900	19 900
高村	洪峰流量(m³/s)	10 300	15 500	19 200
艾山	洪峰流量(m³/s)	10 000	10 000	10 000
	洪量(亿 m³)	246	306	120

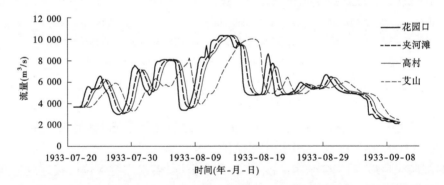

图 2-6　"1933 典型"100 年一遇洪水设计过程线

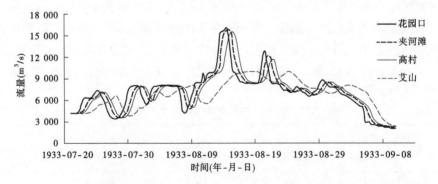

图 2-7　"1933 典型"1 000 年一遇洪水设计过程线

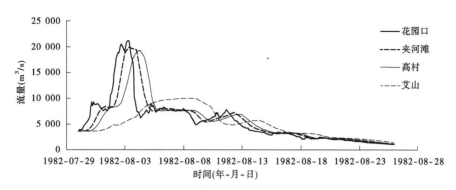

图 2-8 "1982 典型"近 1 000 年一遇洪水设计过程线

第 3 章　河道冲淤与中水河槽过流能力

3.1　水沙变化特征

来水来沙条件变化是导致河道演变的主要原因,研究水沙条件的变化特征是研究造床机制和过流能力变化的基础。随着黄河流域社会经济的快速发展和自然条件的变化,黄河下游的水沙条件不断的变化,有着各自阶段的特点。

3.1.1　水沙年际变化

本文根据 1974 年 7 月~2015 年 6 月黄河下游水文站的实测水文资料进行水文年统计。龙羊峡水库于 1986 年 10 月下闸蓄水,小浪底水库于 1999 年 10 月下闸蓄水,考虑已建龙羊峡水库和小浪底水库对黄河水沙变化的影响将 1974 年 7 月至 2015 年 6 月分三个时段进行分析,分别是 1974~1986 年、1987~1999 年、2000~2015 年。又根据小浪底水库投入运用前后将进入黄河下游的水沙资料分两个阶段进行统计。小浪底水库投入运用前 1974 年 7 月至 2000 年 6 月进入黄河下游河道的水沙资料采用相应时段的三门峡站、黑石关站和武陟站的实测水沙资料,小浪底水库投入运用后 2000 年 7 月至 2015 年 6 月进入黄河下游河道的水沙资料则采用相应时段的小浪底、黑石关和武陟等水文站的实测水沙资料。为了便于统计资料,将进入黄河下游水沙的水文站用小黑武来表示。

3.1.1.1　年水量变化

小黑武、高村和孙口等水文站的年水量变化过程见图 3-1,由图可看出,小黑武、高村和孙口等水文站的年水量变化趋势一致。由于黄河下游有引水过程,因此进入黄河下游的年水量都比高村和孙口等水文站的年水量大一些。自 1986 年后,进入黄河下游的年水量减少幅度比较大。1974~1986 年、1987~1999 年、2000~2015 年进入黄河下游的年平均水量分别为 424.60 亿 m^3、275.19 亿 m^3、258.30 亿 m^3,高村水文站的年平均水量分别为 394.15 亿 m^3、235.78 亿 m^3、234.59 亿 m^3,孙口水文站的年平均水量分别为 374.87 亿 m^3、221.97 亿 m^3、221.89 亿 m^3。

1974 年以来进入黄河下游的最小年水量 158.70 亿 m^3,出现在 1997 年,最大年水量 590.05 亿 m^3,出现在 1983 年,最大年水量是最小年水量的 3.72 倍。高村水文站的最小年水量 110.09 亿 m^3,出现在 1997 年,最大年水量 568.59 亿 m^3,出现在 1983 年,最大年水量是最小年水量的 5.16 倍。孙口水文站的最小年水量 91.31 亿 m^3,出现在 1997 年,最大年水量 552.44 亿 m^3,出现在 1983 年,最大年水量是最小年水量的 6.05 倍。

3.1.1.2　年沙量变化

小黑武、高村和孙口等水文站的年沙量变化过程见图 3-2,由图可看出,小黑武、高村和孙口等水文站的年沙量变化趋势一致。自 1986 年后,黄河下游来沙减少幅度大。2000

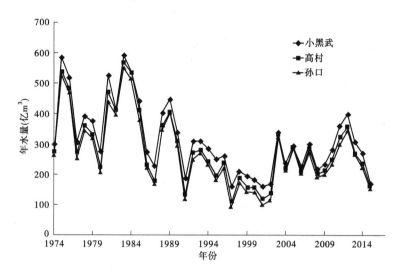

图 3-1　黄河下游各站年水量变化过程

年前进入黄河下游的年沙量都比高村水文站和孙口水文站的年沙量大。但由于小浪底水库的拦沙作用,2000 年后进入黄河下游的年沙量明显减少幅度更大,都比高村水文站和孙口水文站的年沙量小。1974~1986 年、1987~1999 年、2000~2015 年进入黄河下游的年平均沙量分别为 10.73 亿 t、8.00 亿 t、0.64 亿 t,高村水文站的年平均沙量分别为 10.04 亿 t、5.70 亿 t、1.30 亿 t,孙口水文站的年平均沙量分别为 8.31 亿 t、5.18 亿 t、1.29 亿 t。进入黄河下游的最大年沙量 20.77 亿 t,出现在 1977 年,最小年沙量 0,出现在 2015 年。高村水文站的最小年沙量 0.25 亿 t,出现在 2015 年,最大年沙量 15.97 亿 t,出现在 1981 年,最大年沙量是最小年沙量的 63.88 倍。孙口水文站的最小年沙量 0.27 亿 t,出现在 2015 年,最大年沙量 12.35 亿 t,出现在 1975 年,最大年沙量是最小年沙量的 45.74 倍。

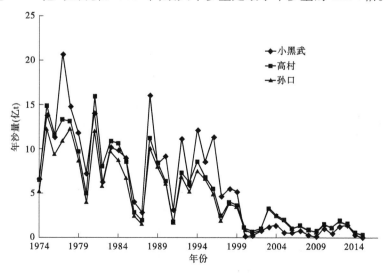

图 3-2　黄河下游各站年沙量变化过程

3.1.1.3　年含沙量变化

小黑武、高村和孙口等水文站的年含沙量变化过程见图 3-3,由图可看出,小黑武、高村和孙口等水文站的年含沙量变化趋势一致。1977 年年含沙量最大,2000 年后进入黄河下游年含沙量减少幅度大,2015 年年含沙量最小。1974~1986 年、1987~1999 年、2000~2015 年进入黄河下游的年平均含沙量分别为 26.49 kg/m³、28.67 kg/m³、2.36 kg/m³,高村水文站的年平均含沙量分别为 25.80 kg/m³、23.45 kg/m³、5.47 kg/m³,孙口水文站的年平均含沙量分别为 22.63 kg/m³、22.76 kg/m³、5.63 kg/m³。进入黄河下游,最大年含沙量 68.97 kg/m³,最小年含沙量为 0。高村水文站的最小年含沙量 1.57 kg/m³,最大年含沙量 49.01 kg/m³,是最小年含沙量的 31.20 倍。孙口水文站的最小年含沙量 1.81 kg/m³,最大年含沙量 43.86 kg/m³,是最小年含沙量的 24.23 倍。

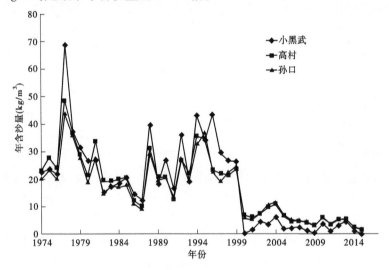

图 3-3　黄河下游各站年含沙量变化过程

黄河下游小黑武、高村和孙口等水文站年最大、最小水沙特征值统计分别见表 3-1~表 3-3。

表 3-1　黄河下游小黑武年最大、最小水沙特征值统计

小黑武	年水量(亿 m³)	年沙量(亿 t)	年含沙量(kg/m³)
最大值	590.05	20.77	68.97
最小值	158.70	0	0
比值	3.72		

表 3-2　黄河下游高村站最大、最小水沙特征值统计

高村	年水量(亿 m³)	年沙量(亿 t)	年含沙量(kg/m³)
最大值	568.59	15.97	49.01
最小值	110.09	0.25	1.57
比值	5.16	63.88	31.22

表 3-3　黄河下游孙口站最大、最小水沙特征值统计

孙口	年水量（亿 m³）	年沙量（亿 t）	年含沙量（kg/m³）
最大值	552.44	12.35	43.86
最小值	91.31	0.27	1.81
比值	6.05	45.74	24.23

各时期进入黄河下游河道、高村、孙口等水文站的年水沙特征值统计表分别见表 3-4~表 3-6。

表 3-4　各时期小黑武水文站年水沙特征值

年份	年水量（亿 m³）	年沙量（亿 t）	年含沙量（kg/m³）
1974~1986	424.60	10.73	26.49
1987~1999	275.19	8.00	28.67
2000~2015	258.30	0.64	2.36

表 3-5　各时期高村水文站年水沙特征值

年份	年水量（亿 m³）	年沙量（亿 t）	年含沙量（kg/m³）
1974~1986	394.15	10.04	25.80
1987~1999	235.78	5.70	23.45
2000~2015	234.59	1.30	5.47

表 3-6　各时期孙口水文站年水沙特征值

年份	年水量（亿 m³）	年沙量（亿 t）	年含沙量（kg/m³）
1974~1986	374.87	8.31	22.63
1987~1999	221.97	5.18	22.76
2000~2015	221.89	1.29	5.63

3.1.1.4　各流量级出现天数变化

进入黄河下游、高村和孙口等水文站不同时期各流量级出现天数变化分别见图 3-4~图 3-6。进入黄河下游、高村、孙口等水文站不同时期各流量级出现天数变化趋势一致。

以进入黄河下游为例分析，在进入黄河下游的流量过程中：

1974~1986 年，流量小于 500 m³/s、500~1 000 m³/s、1 000~2 000 m³/s、2 000~3 000 m³/s、3 000~4 000 m³/s、4 000 m³/s 以上出现的年平均天数分别为 47.8 d、155.6 d、96.2 d、32.0 d、16.0 d、17.5 d。

1987~1999 年，流量小于 500 m³/s、500~1 000 m³/s、1 000~2 000 m³/s、2 000~3 000 m³/s、3 000~4 000 m³/s、4 000 m³/s 以上出现的年平均天数分别为 95.6 d、171.8 d、78.5 d、13.1 d、4.1 d、2.1 d。1987~1999 年与 1974~1986 年相比，出现小于 500 m³/s 的小流量天数增加了 47.8 d。出现 500~1 000 m³/s 的流量天数增加 16.2 d，出现 1 000~2 000 m³/s、2 000~3 000 m³/s、3 000~4 000 m³/s、4 000 m³/s 以上的流量天数分别减少 17.7 d、18.9 d、11.9 d、15.4 d。

2000~2015 年，流量小于 500 m³/s、500~1 000 m³/s、1 000~2 000 m³/s、2 000~3 000 m^3/s、3 000~4 000 m^3/s、4 000 m^3/s 以上出现的年平均天数分别为 116.4 d、168.2 d、59.1 d、13.1 d、7.0 d、1.4 d。与 1987~1999 年相比,出现小于 500 m^3/s 的小流量天数增加了 20.8 d。出现 500~1 000 m^3/s 的流量天数减少 3.7 d,出现 1 000~2 000 m^3/s 的流量天数减少 19.4 d,出现 2 000~3 000 m^3/s 的流量天数无变化,出现 3 000~4 000 m^3/s 的流量天数增加 2.9 d,出现 4 000 m^3/s 以上的流量天数减少 0.6 d。

　　总的来说,与 1974~1986 年相比,1987~1999 年小流量出现概率增加,大流量出现概率减小;与 1987~1999 年相比,2000~2015 年小于 500 m^3/s 小流量出现概率增加,500~2 000 m^3/s 出现概率减少,2 000 m^3/s 以上的大流量出现概率增加,小浪底水库的调水调沙起到了明显的作用。

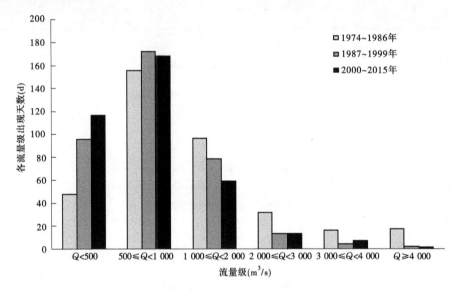

图 3-4　进入黄河下游不同时期各流量级出现天数

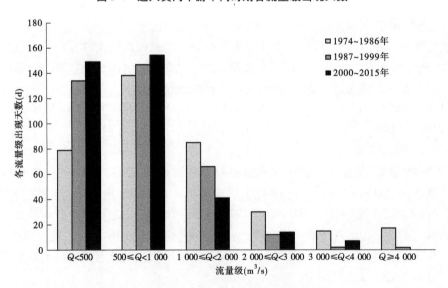

图 3-5　高村水文站不同时期各流量级出现天数

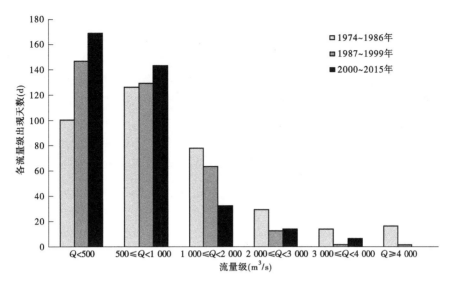

图 3-6　孙口水文站不同时期各流量级出现天数

3.1.1.5　泥沙粒径变化

　　黄河下游是以悬移质泥沙为主的河流,悬移质泥沙粒径的特征是黄河下游水流挟沙力的重要因子之一,粒径的变化将会影响到黄河下游河道冲淤演变。本文根据实测悬移质泥沙颗粒级配资料来统计高村水文站和孙口水文站的年平均中值粒径。高村水文站和孙口水文站悬移质泥沙中值粒径的历年变化过程见图 3-7。由图中可看出,高村水文站和孙口水文站的泥沙中值粒径变化趋势较一致,1999 年前泥沙粒径都较细,其中年平均中值粒径分别为 0.019 mm 和 0.020 mm,1999 年后,两站泥沙粒径明显变粗,这是由于小浪底水库的调水调沙作用使下游河道发生了冲刷,大颗粒泥沙被冲走,高村和孙口两水文站中值粒径分别为 0.02 mm 和 0.023 mm。高村和孙口两水文站泥沙中值粒径较为接近。

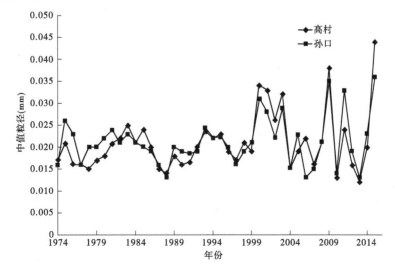

图 3-7　高村水文站和孙口水文站悬移质泥沙中值粒径历年变化过程

3.1.2　水沙汛期与非汛期变化

3.1.2.1　水量变化

　　小黑武、高村和孙口等水文站的汛期和非汛期水量逐年变化过程趋势一致,以进入黄河下游的汛期与非汛期水量变化为例,1974~1986 年,汛期水量明显大于非汛期水量,平均汛期水量比非汛期水量大 74.23 亿 m^3,1986 年后汛期水量小于非汛期水量,1987~1999 年,平均汛期水量比非汛期水量小 18.62 亿 m^3,2000~2015 年汛期水量比非汛期水量小 71.73 亿 m^3。小黑武、高村和孙口等水文站的汛期与非汛期水量逐年变化过程分别见图 3-8~图 3-10。

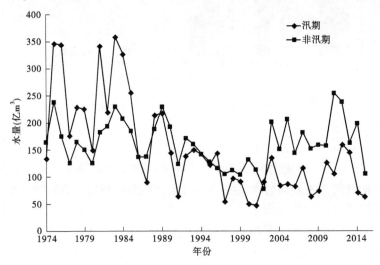

图 3-8　小黑武水文站汛期与非汛期水量历年变化

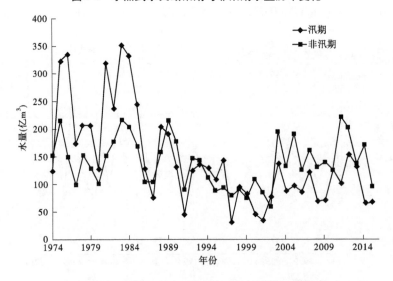

图 3-9　高村水文站汛期与非汛期水量历年变化

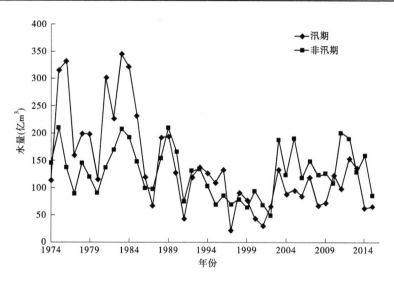

图 3-10　孙口水文站汛期与非汛期水量历年变化

3.1.2.2　沙量变化

小黑武、高村和孙口等水文站的汛期与非汛期沙量历年变化过程趋势一致。1974～2015 年小黑武水文站非汛期沙量比高村水文站和孙口水文站都小,说明非汛期孙口以上河段冲刷。1974～2015 年汛期沙量都比非汛期沙量大,说明黄河下游的输沙集中于汛期。以小黑武水文站为例,1974～1986 年,汛期沙量比非汛期沙量大 10.15 亿 t,1987～1999年,平均汛期沙量比非汛期沙量大 7.16 亿 t,2000～2015 年汛期沙量比非汛期沙量大 0.67亿 t。小黑武、高村和孙口等水文站的汛期与非汛期沙量分别见图 3-11～图 3-13。

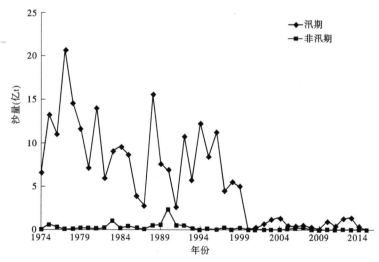

图 3-11　小黑武水文站汛期与非汛期沙量历年变化

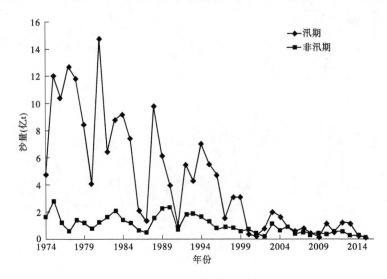

图 3-12　高村水文站汛期与非汛期沙量历年变化

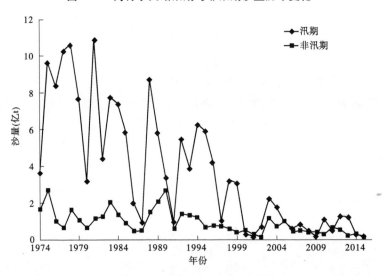

图 3-13　孙口水文站汛期与非汛期沙量历年变化

3.1.2.3　含沙量

　　小黑武、高村和孙口等水文站的汛期与非汛期含沙量年变化过程趋势一致,与输沙量沿程变化一致。1974~2015 年小黑武水文站非汛期含沙量都比高村水文站和孙口水文站小。1974~2015 年汛期含沙量都比非汛期含沙量大,2000 年前汛期含沙量明显大于非汛期含沙量,2000 年后汛期含沙量与非汛期含沙量差值小。以小黑武水文站为例,1974~1986 年,汛期含沙量比非汛期大 43.37 kg/m³,1987~1999 年,平均汛期含沙量比非汛期大 56.44 kg/m³, 2000~2015 年汛期含沙量比非汛期大 5.55 kg/m³。进入小黑武、高村水文站和孙口水文站的汛期与非汛期含沙量历年变化分别见图 3-14~图 3-16。

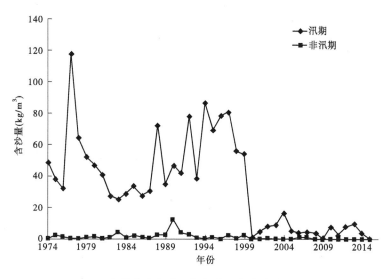

图 3-14　小黑武水文站汛期与非汛期含沙量历年变化

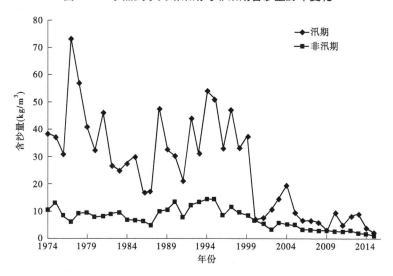

图 3-15　高村水文站汛期与非汛期含沙量历年变化

3.1.3　水沙年内分配变化

1974～2015 年,由于龙羊峡、小浪底等水库的先后投入运用,使黄河下游河道来水来沙年内分配发生了很大的变化。小黑武、高村和孙口等水文站汛期来水量占全年来水量比例都减小,非汛期来水量占全年来水量比例都增加。小黑武水文站汛期来沙量占全年来沙量比例变化不大。高村和孙口水文站汛期来沙量占全年来沙量比例减小,非汛期来沙量占全年来沙量比例增加。黄河下游多年平均来水来沙年内分配变化见表 3-7 和表 3-8。

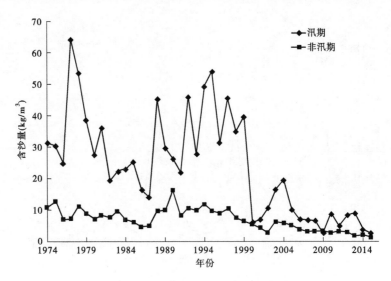

图 3-16　孙口水文站汛期与非汛期含沙量历年变化

表 3-7　黄河下游多年来水年内分配

时段	汛期来水量占全年来水量的百分比（%）		
	小黑武	高村	孙口
1974~1986	58.7	60.6	61.2
1987~1999	46.6	48.9	50.2
2000~2015	36.2	38.5	40.7

表 3-8　黄河下游多年来沙年内分配表

时段	汛期来沙量占全年来沙量的百分比（%）		
	小黑武	高村	孙口
1974~1986	97.3	86.3	84.8
1987~1999	94.7	76.7	78.4
2000~2015	94.8	60.8	61.9

　　以进入黄河下游为例分析，小浪底水库运用后，由于水库的调水调沙运用，6 月水量占全年水量比例增加，1974~1986 年，1987~1999 年，2000~2015 年 6 月的年平均月来水量分别为 20.21 亿 m^3、18.60 亿 m^3、40.42 亿 m^3，分别占全年平均来水量的 4.8%、6.8% 和 15.6%。

　　1974~1986 年、1987~1999 年、2000~2015 年 6 月的年平均月来沙量分别为 0.16 亿 t、0.26 亿 t、0.03 亿 t，分别占全年的来沙量的 1.1%、3.3% 和 4.7%。小黑武、高村和孙口等水文站的水量变化年内分配分别见图 3-17~图 3-19，沙量年内分配变化分别见图 3-20~图 3-22。

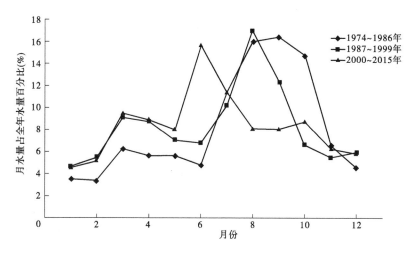

图 3-17　小黑武来水量年内分配变化

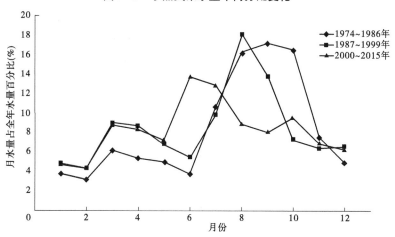

图 3-18　高村水文站来水量年内分配变化

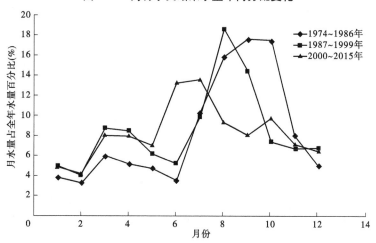

图 3-19　孙口水文站来水量年内分配变化

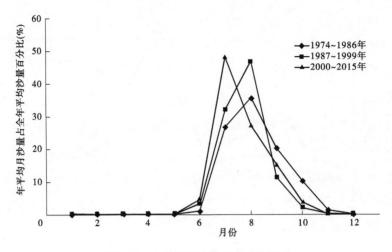

图 3-20 小黑武来沙量年内分配变化

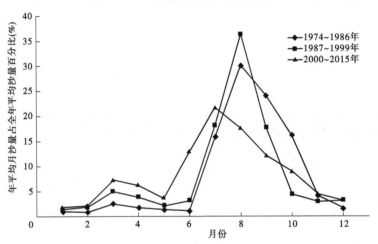

图 3-21 高村水文站来沙量年内分配变化

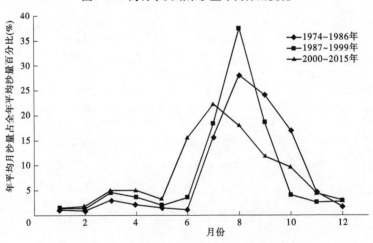

图 3-22 孙口水文站来沙量年内分配变化

3.2　河道演变特性

黄河下游为平原冲积性河段。受黄河下游来水来沙条件、河道边界条件和河口侵蚀基面等因素的影响,黄河下游河道演变剧烈而复杂,河床的变形主要表现为冲刷和淤积以及河势的变化。随着黄河流域经济社会的发展,在黄河上修建许多水工建筑物,如三门峡水库、龙羊峡水库、刘家峡水库和小浪底水库,以及有堤防工程、控导工程等,黄河下游河道演变受到了一定的改变和制约。

3.2.1　横断面形态变化

黄河下游河道横断面形态复杂,变化剧烈。横断面主要为典型的复式断面,由主槽和滩地组成。河道内滩地广阔,具有滞洪沉沙的功能。河道内主槽是输水输沙的主要通道。横断面形态变化是反映下游河道演变特性之一。根据收集的实测大断面资料,高村和孙口两水文站的汛前横断面形态变化分别见图 3-23 和图 3-24。由图 3-23 可看出,高村水文站 1977 年 6 月与 1975 年 6 月相比,主槽冲刷幅度不大,最大水深位置偏移,滩地明显淤积,这是由于 1975 年 6 月至 1977 年 6 月出现了大水,高村水文站发生漫滩导致的。2001年 3 月与 1977 年 6 月相比,主槽和滩地均淤积,河槽萎缩。2014 年 4 月与 2001 年 3 月相比,主槽明显冲刷,滩地变化不大,这是由于小浪底水库的拦沙和调水调沙作用,使得河槽过流能力恢复到了一定的程度。

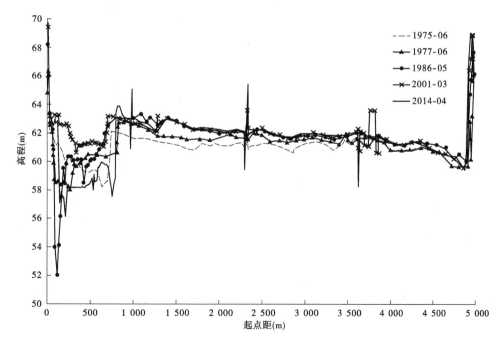

图 3-23　高村水文站汛前断面套绘

由图 3-24 可看出孙口水文站 1977 年 6 月与 1975 年 6 月相比,主槽明显冲刷,滩地淤积。2001 年 3 月与 1977 年 6 月相比,主槽明显淤积,主槽萎缩,滩地变化不大。2014 年 4 月与 2001 年 3 月相比,主槽明显冲刷且窄深,滩地基本没变化。

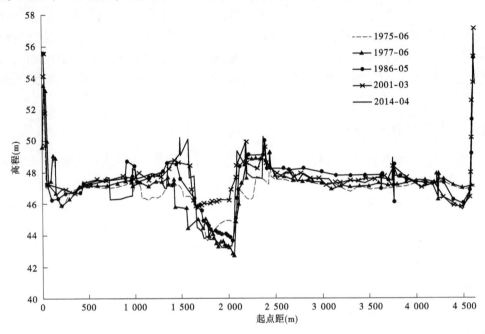

图 3-24　孙口水文站汛前断面套绘

3.2.2　河道冲淤变化

黄河下游河道冲淤变化是反映下游河道演变特性的重要指标。目前,计算河道冲淤量主要有断面法和沙量平衡法。断面法主要是根据测验断面资料,两次测验断面的面积差(冲淤面积)推算淤积量,其中可用锥体公式计算各断面间的冲淤体积。沙量平衡法是用所有进入河道的沙量减去所有从河道出去的沙量来计算河道冲淤量。利用断面资料既可以计算某一时期内河道的冲淤量大小,还能反映冲淤量的平面分布情况,冲淤计算值不存在累积性的误差,因其仅与始末状态有关,与中间过程无关。本文采用实测河道冲淤资料(断面法)分别对黄河下游河道、高村—孙口河段冲淤进行计算分析。1974~2015 年黄河下游河道(利津以上)和高孙—孙口河段年冲淤量变化见图 3-25。1981~2015 年黄河下游河道(利津以上)和高村—孙口河段年汛期与非汛期冲淤量变化见图 3-26 和图 3-27。

由图 3-26 可看出,1987~1999 年黄河下游河道出现"汛期淤积,非汛期冲刷"的现象,汛期共淤积 28.34 亿 m³,非汛期共冲 7.8 亿 m³。2000~2015 年黄河下游汛期与非汛期都冲刷,即全年冲刷,汛期共冲刷 12.1 亿 m³,合 16.9 亿 t;非汛期共冲刷 6.1 亿 m³,合 8.5 亿 t。汛期冲刷量约为非汛期冲刷量的 2 倍。

由图 3-27 可看出,1987~1999 年高村—孙口河段汛期和非汛期有冲有淤,汛期共淤积 2.09 亿 m³,非汛期共淤积 0.35 亿 m³。2000~2015 年高村—孙口河段仍呈现汛期和非

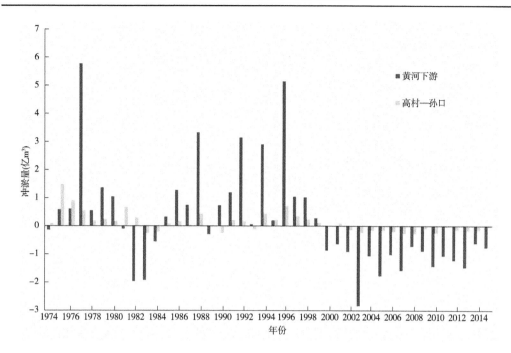

图 3-25 1974~2015 年黄河下游与高村—孙口河段年冲淤量变化

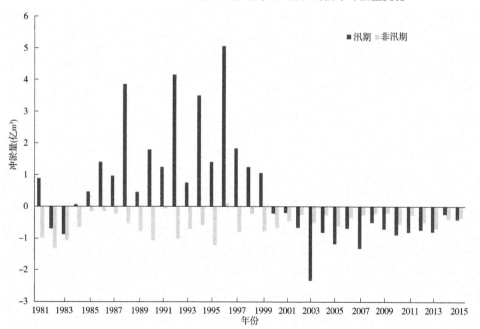

图 3-26 1981~2015 年黄河下游河道汛期与非汛期冲淤量变化

汛期有冲有淤的现象,汛期共冲刷 2.0 亿 m³,2002 年小浪底水库调水调沙后汛期均处于冲刷状态;非汛期共冲刷 1.86 亿 m³,汛期冲刷量约为非汛期冲刷量的 1.1 倍。

小浪底水库运用前,1974~1999 年共 26 年间,黄河下游利津以上河段泥沙累计淤积量达 26.4 亿 m³,高村—孙口河段泥沙累计淤积量达 6.7 亿 m³,占黄河下游(利津以上)河

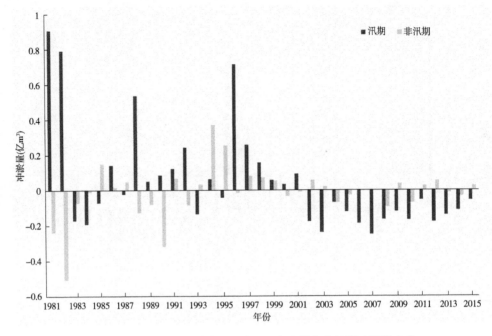

图 3-27　1981~2015 年高村—孙口河段汛期与非汛期冲淤量变化

段总淤积量的 25.4%。小浪底水库运用后,黄河下游由淤积状态转为冲刷状态,2000~
2014 年共 15 年间,黄河下游利津以上河段泥沙冲刷量达 18.6 亿 m³,高村—孙口河段泥
沙累计冲刷量达 2.1 亿 m³,冲刷量占黄河下游(利津以上)河段总冲刷量的 11.3%。

小浪底水库于 1999 年 10 月投入运用后进行了多次调水调沙,连续多年的调水调沙,
黄河下游河道出现全程冲刷,显著提高了下游河道内的输水输沙能力,这对保证汛期黄河
下游防洪安全和减少下游滩区群众淹没引起的损失起到了很好的、积极的作用。

3.2.3　平滩流量

3.2.3.1　平滩流量的认识

在黄河下游复式断面上,当水位与滩唇高程齐平时对应的流量就是平滩流量。平滩
流量是河道主槽过流能力的重要参数,也是维持河槽排洪输沙基本功能的关键技术指标
之一。断面平滩流量的大小与平滩面积和对应的平均流速有关,而平滩面积和平均流速
这两项水力因子与下游的断面形态与过流能力有关,因此平滩流量是平滩水位下局部河
段过流条件下各种水力因子的综合体现。

在冲击型平原河流上,当水位超过平滩水位时就会发生漫滩,滩地糙率比主槽大很
多,当水流漫滩后会分散,河道输沙能力不再明显增加,甚至会降低,造床作用变弱。当水
位达到滩唇高程时,对应水流的流速大,输沙能力强,造床作用强,因此平滩流量常常被作
为造床流量来反映水流的造床能力和河道的排洪输沙能力。平滩流量是研究河流形态、
泥沙输移、洪水动力传输及其造床作用和生态影响等的重要指标,在河床演变学中具有重
要的物理意义。河床演变是由水流与河床相互作用中的输沙不平衡所引起的,在水流与
河床这对矛盾的两个方面,来水来沙条件起着决定性作用。

　　在拥有实测横断面和水位流量资料时,计算平滩流量时如何确定主槽范围及平滩高程是计算平滩流量的关键问题之一。计算平滩流量时,可首先根据汛前实测大断面,对比汛前、汛后和上下游水文站断面划分主槽与滩地范围,确定滩唇高程,然后采用流量—面积关系法、曼宁公式法、水位—流量关系法三种方法分别计算平滩流量,并将三种方法计算结果进行分析,确定比较合理的平滩流量。

3.2.3.2　平滩流量的计算方法

　　国内关于平滩流量的研究方法很多,大体可以分为三类:一是平滩流量的确定方法;二是平滩流量作为造床流量,在河床演变中,特别是在河相关研究中的应用;三是平滩流量与不同水沙因子之间的关系及计算方法。

　　黄河下游平滩流量的确定具有一定的困难和不准确性,主要是由于黄河下游河道宽浅、断面不稳定,使得滩唇高程和水位—流量关系有时不易准确确定。平滩流量与不同水沙因子的关系研究在第 4 章里说明。

　　1.断面平滩流量的计算方法

　　(1)曼宁公式法。

　　曼宁公式法就是直接利用曼宁公式计算流量。曼宁公式为

$$Q = \frac{1}{n} B H^{\frac{5}{3}} \sqrt{J} \tag{3-1}$$

式中:n 为糙率;Q 为流量,m^3/s;B 为水面宽,m;H 为平均水深,m;J 为比降。

　　曼宁公式的前提条件是断面应是矩形或接近矩形的和有实测糙率资料。

　　(2)水位—流量关系法。

　　首先确定断面滩唇高程,点绘该断面当年的水位—流量关系曲线,然后根据确定的滩唇高程值,根据前述的水位—流量关系查找该高程值对应的流量值,即为确定的平滩流量。

　　(3)面积—流量关系法。

　　在水文年鉴实测流量成果表中含有断面位置、测验方法、基本水尺水位、流量、断面面积、平均流速和最大流速、水面宽、平均水深和最大水深、比降等资料。利用表中的实测流量及断面面积资料,可建立流量与断面面积的关系曲线。计算出平滩水位下的断面面积即平滩面积,在建立的关系曲线中找出对应的流量,就是平滩流量。

　　(4)一维水动力模型法

　　平滩流量可由一维水沙模型求出,一维模型中,通过断面概化地形,在不漫滩的情况下,根据滩槽冲淤量估算平滩流量,用数学模型计算的滩槽冲淤厚度分析滩槽高差,估算平滩流量方法为:

$$\frac{\overline{Q}_{pt}^1}{\overline{Q}_{pt}^0} = \frac{\frac{1}{n_c^1} B_c^1 \sqrt{J_c^1}}{\frac{1}{n_c^0} B_c^0 \sqrt{J_c^0}} \left(\frac{H_c^1}{H_c^0} \right)^{\frac{5}{3}} = C_{coef} \left(\frac{H_c^1}{H_c^0} \right)^{\frac{5}{3}} \tag{3-2}$$

式中:$\overline{Q}_{pt}^0$ 表示初始时刻平滩流量;n_c^0 为初始时刻河槽糙率;B_c^0 为初始时刻平滩河宽;H_c^0

为初始时刻平滩水深；J_c^0 为初始时刻平滩流量对应的水面比降。$\overline{Q}_{pt}^1$ 表示当前时刻平滩流量；n_c^1 为当前时刻河槽糙率；B_c^1 为当前时刻平滩水位对应的河宽；H_c^1 为当前时刻平滩水位对应的水深；J_c^1 为平滩流量对应的水面比降。

此方法考虑了汛期下游各断面冲淤变化对上游断面平滩流量计算的影响。

2.河段平滩流量计算方法

（1）算术平均法。

$$\overline{Q}_{b_f} = \frac{1}{N}\sum_{i=1}^{N} Q_{b_f}^i \tag{3-3}$$

式中：N 为断面个数；$Q_{b_f}^i$ 为河段第 i 断面的平滩流量。

采用简单的算术平均法计算某一河段的综合过流能力，所得河段平均的水流连续性条件的表达式往往与从单一断面形态推导出来的结果不一致，即简单算术平均得到的河段平滩面积与相应流速之积，不等于各断面平滩流量的算术平均值。

（2）基于对数变换的几何平均法。

$$\overline{Q}_{b_f} = \exp\left(\frac{1}{2L}\sum_{i}^{N-1}\left[(x_{i+1} - x_i)(\ln Q_{b_f}^{i+1} + \ln Q_{b_f}^i)\right]\right) \tag{3-4}$$

式中：N 为断面个数；L 为河段总长度；$x_{i+1} - x_i$ 为相邻两断面（$i, i+1$）的间距；$Q_{b_f}^i$ 为河段第 i 断面的平滩流量。

基于对数变换的几何平均法充分体现了黄河下游观测断面分布不均对河段平滩河槽特征参数计算的影响。

3.2.3.3　平滩流量的变化

根据 2002~2017 年汛前黄河调水调沙预案的黄河下游各水文站历年平滩流量变化过程，见图 3-28。

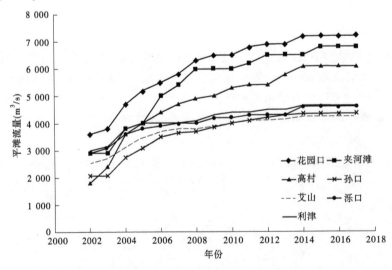

图 3-28　2002~2017 年黄河下游各水文站历年平滩流量

由图 3-28 可看出，2002~2017 年黄河下游各水文站平滩流量呈"上大下小"态势，其中花园口断面平滩流量明显大于其他水文站断面平滩流量,孙口、艾山、泺口、利津断面平滩流量比较小,相差不大。黄河下游花园口至孙口断面平滩流量明显减小。小浪底水库运用后,充分发挥了调水调沙作用,各个水文站断面平滩流量逐年增大,2014 年后平滩流量基本稳定。2002 年在黄河下游水文站中高村水文站平滩流量最小,为 1 800 m³/s,2003 年~2010 年在黄河下游水文站中孙口水文站平滩流量最小,2003 年为 2 080 m³/s,2010 年为 4 000 m³/s。

2002~2017 年,黄河下游最小平滩流量由高村断面附近,逐渐下移至孙口河段附近,黄河下游历年最小平滩流量变化过程见图 3-29。

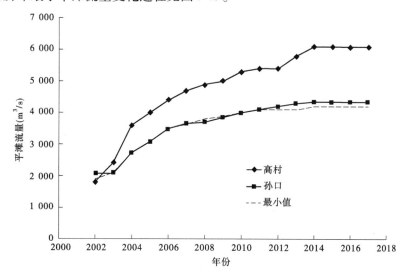

图 3-29　黄河下游历年最小平滩流量

为了研究 1974~2017 年黄河下游高村—孙口过渡型河段历年平滩流量变化过程,需要补充 2002 年前的历年平滩流量。本次在以往成果的基础上,收集了历年汛前实测大断面、实测流量成果表等水文资料,补充计算了 2002 年以前的平滩流量。由于主槽的范围确定对平滩流量计算影响很大,因此本次首先根据汛前实测大断面划分主槽与滩地,对比汛前汛后和上下游水文站断面划分主槽范围,确定滩唇高程。确定主槽范围后,采用流量—面积关系法、曼宁公式法、水位—流量关系法三种方法计算了高村—孙口河段的平滩流量。

流量—面积关系法计算平滩流量,先点绘了在不漫滩情况下的流量—面积关系曲线,见图 3-30,然后根据确定的滩唇高程计算断面的平滩面积,进而推求出断面对应的平滩流量。利用曼宁公式法计算平滩流量时,分析采用高村—孙口河段主槽平均糙率为 0.013,纵比降取 1.164‰。利用水位—流量关系计算平滩流量时,首先点绘了断面的水位—流量关系曲线,根据确定的滩唇高程查该曲线得出平滩流量。三种方法计算结果相差不大,可分析确定比较合理的平滩流量。

高村水文站和孙口水文站断面平滩流量、高村—孙口河段平滩流量、黄河下游最小平滩流量变化过程见图 3-31。

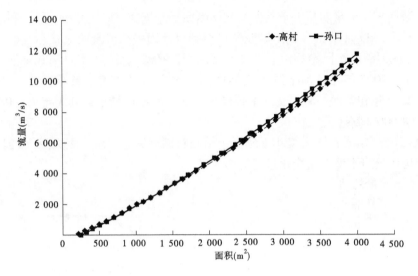

图 3-30　高村和孙口流量—面积关系曲线

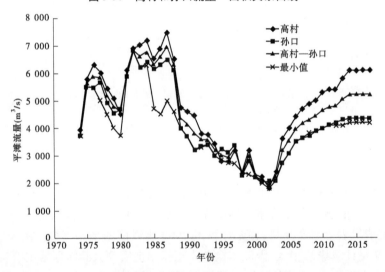

图 3-31　黄河下游高村—孙口水文站及最小平滩流量历年变化过程

由图 3-31 可看出,1974~2017 年高村水文站断面平滩流量与孙口水文站变化趋势基本一致。在 1981~1987 年,高村水文站和孙口水文站平滩流量有明显的增加,1987 年高村水文站和孙口水文站平滩流量达到最大值,其值分别为 7 500 m³/s 和 6 500 m³/s。1987~1999 年高村水文站和孙口水文站平滩流量有减小的趋势。1981~1986 年和 1987~1999 年分别对应着小浪底水库投入运用前龙羊峡水库投入运用前后两个时段。高村水文站和孙口水文站 1987~1999 年多年平均径流量分别仅为 235.78 亿 m³ 和 221.97 亿 m³。1999 年 10 月小浪底水库开始下闸蓄水,2002 年调水调沙运用前高村水文站和孙口水文站平滩流量又持续减小,2002 年汛前高村水文站和孙口水文站平滩流量达到最小值,其值分别为 1 800 m³/s 和 2 070 m³/s。2002 年后,由于小浪底水库连续多年的调水调沙运用,下游河道发生较强的持续冲刷,高村水文站和孙口水文站平滩流量逐渐回升,2014 年高村水文站和孙口水文站的平滩流量分别恢复至 6 100 m³/s 和 4 350 m³/s,孙口河段附近最小平滩流量增加至 4 200 m³/s。2014 年后高村—孙口河段平滩流量基本不再增加,小浪底水库的调水调沙作用很好地起到了维持黄河下游中水河槽的作用。

　　总的来说,龙羊峡水库运用后,小浪底水库运用前一段时间,黄河下游平滩流量小,过流能力低,输沙能力弱,主槽萎缩严重。在小浪底水库调水调沙运用后一段时间,下游河道持续冲刷,平滩流量增大,过流输沙能力增强,中水河槽逐渐恢复并得维持。

3.3　中水河槽过流能力分析

　　中水河槽是黄河下游洪水泥沙输送的主要通道,一般说来,其行洪能力可占全断面的 60% 以上。平滩流量是滩唇高程以下中水河槽的过流能力,通常也称为中水河槽过流能力。保持较大中水河槽过流能力对减轻滩区洪灾损失具有重要的意义,是黄河下游河道治理工作中重要的内容之一。但由于黄河下游尤其是高村—孙口河段水沙运动及河道演变极其复杂,对中水河槽的造床机制的认识尚不清晰。研究平滩流量的影响因素,揭示黄河下游尤其是平滩流量较小的高村—孙口河段中水河槽的造床机制,具有重要的理论和实际意义。

3.3.1　影响因子的分析

　　根据本章平滩流量变化特性的分析,黄河下游最小平滩流量、高村水文站和孙口水文站平滩流量的变化不仅与当年进入黄河下游水沙条件即小黑武水沙条件有关,还与前期河床条件有关,是多年水沙条件综合塑造的结果。因此建立平滩流量与水沙因子的响应关系,要考虑滞后响应。

　　(1)对于冲积河流的黄河下游河道,一般来说,汛期水沙条件对河道塑造的影响较明显,可选取汛期水量、汛期来沙系数等因子作为平滩流量的影响因子进行分析。

　　(2)由于当年汛后主槽断面与次年汛前主槽断面相比有不小的变化,为了讨论非汛期水沙条件对平滩流量的影响,选取全年平均水量、全年来沙系数等因子作为平滩的影响因子进行分析。

　　(3)由于黄河下游河道冲淤不仅与来水量、来沙量有关,还与流量过程有关。在相同的来水量与来沙量的情况下,出现大流量天数比较多的容易使下游河道冲刷,主槽冲刷,平滩流量增大。尹学良提出过黄河下游"大水冲刷,小水淤积"和冲淤分界流量在 1 800 m³/s 左右的观点。可选取大于某流量级的水量作为平滩流量的影响因子进行分析。

　　(4)考虑滞后响应,即平滩流量受前期水沙条件的影响,前期水沙因子分别采用前 1~10 年滑动平均方法计算,也就是说,平滩流量与前 1~10 年平均水沙因子进行相关分析。

3.3.2　平滩流量与汛期水沙过程的相关关系

　　为了分析黄河下游最小平滩流量、高村水文站和孙口水文站平滩流量与小黑武年汛期水量、汛期来沙系数滑动平均值的相关程度,用 1974~2015 年共 42 年的相关数据分别计算各平滩流量与各影响因子的相关系数 R^2。计算结果发现,1974~2015 年的相关性不如

1974~2001 年的相关性。以最小平滩流量为例分析,1974~2015 年平滩流量与汛期水量平均年滑动数(1~10 年)的相关性系数在 0.52~0.62,1974~2001 年平滩流量与汛期水量平均年滑动数(1~10 年)的相关性系数在 0.68~0.76;1974~2015 年平滩流量与汛期来沙系数平均年滑动数(1~10 年)的相关性系数在 0.09~0.24,1974 年~2001 年平滩流量与汛期来沙系数平均数(1~10 年)的相关性系数在 0.28~0.66,原因是 2002 年后小浪底水库连续多年的调水调沙作用,进入黄河下游的水沙过程与 2002 年相比有很大的不同,水沙过程发生了较大的变化,黄河下游河道全线冲刷,其演变物理机制与 2002 年前相比有改变。

黄河下游最小平滩流量、高村水文站和孙口水文站平滩流量与汛期水沙因子年滑动平均相关关系变化分别见图 3-32~图 3-34。

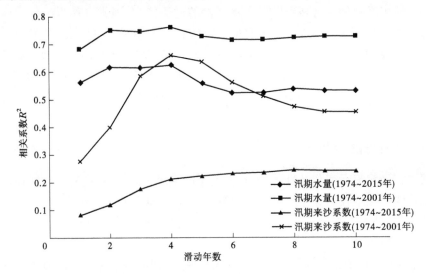

图 3-32　黄河下游最小平滩流量与汛期水沙因子关系

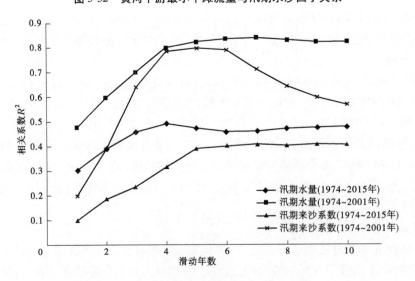

图 3-33　高村平滩流量与汛期水沙因子关系

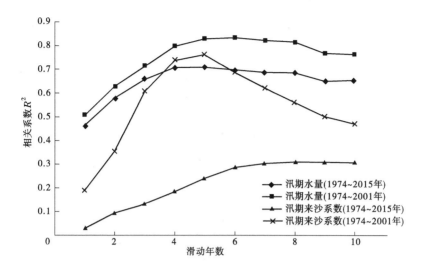

图 3-34　孙口平滩流量与汛期水沙因子关系

由图 3-32~图 3-34 可看出,1974~2015 年随着考虑滞后年数的增加,平滩流量与汛期水量和汛期来沙系数相关系数 R^2 都大致上呈先增加后减小的趋势。

(1)黄河下游最小平滩流量与汛期水量的相关系数 R^2 在 4 年滑动平均数达到最大值 0.62,最小平滩流量与汛期来沙系数 R^2 在 4 年滑动平均数后变化不大,其最大值为 0.24。

(2)高村水文站平滩流量与汛期水量的相关系数 R^2 在 4 年滑动平均数达到最大值,其值为 0.49,4 年后相关系数 R^2 逐渐减小。高村水文站平滩流量与汛期来沙系数的相关系数 R^2 在 5 年后变化不大,其最大值约为 0.41。

(3)孙口水文站平滩流量与汛期水量的相关系数 R^2 在 4 年滑动平均数达到最大值,其值为 0.71,4 年后相关系数 R^2 逐渐减小。孙口水文站平滩流量与汛期来沙系数的相关系数 R^2 在 5 年后变化不大,其最大值约为 0.31。

黄河下游最小平滩流量、高村水文站和孙口水文站平滩流量汛期来沙系数的相关性都明显不如与汛期水量的相关性,这说明在长系列的水沙作用中,汛期水量对平滩流量变化的影响优于汛期来沙系数。黄河下游的最小平滩流量、高村水文站和孙口水文站平滩流量不仅与当年汛期水沙条件有关,还与前期的汛期水沙条件有关,距离比较远的年份的汛期水量对最小平滩流量的影响越来越不明显至逐渐消失。

利用 1974~2015 年的实测资料,用回归分析法分别建立黄河下游最小平滩流量、高村水文站平滩流量以及孙口水文站平滩流量与小黑武 4 年滑动平均汛期水量的相关关系,见图 3-35~图 3-37。

3.3.3　平滩流量与年水沙过程的相关关系

为了研究非汛期水沙条件对平滩流量的影响,选取全年平均水量、全年来沙系数等因子作为平滩的影响因子进行分析,1974~2015 年黄河下游最小平滩流量、高村水文站和孙口水文站平滩流量与汛期水沙因子年滑动平均相关关系变化分别见图 3-38~图 3-40。

由图 3-38~图 3-40 可知,大致上年水量和来沙系数 R^2 都呈先增加后减小的趋势。

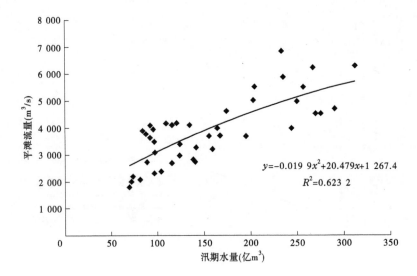

图 3-35　最小平滩流量与小黑武 4 年滑动平均汛期水量关系

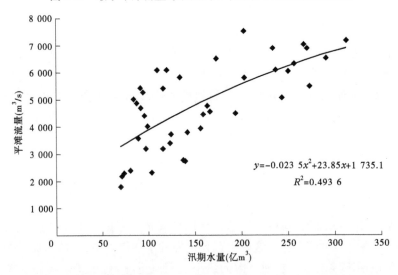

图 3-36　高村水文站平滩流量与小黑武 4 年滑动平均汛期水量的关系

（1）黄河下游最小平滩流量与年水量的相关系数 R^2 在 4 年滑动平均数达到最大值 0.71。最小平滩流量与来沙系数的相关系数 R^2 在 4 年滑动平均数后变化不大，其最大值仅为 0.21。

（2）高村水文站平滩流量与年水量的相关系数 R^2 在 4 年滑动平均数达到最大值，其值为 0.68。最小平滩流量与汛期来沙系数的相关系数 R^2 在 4 年后相关系数变化不大，其最大值仅为 0.25。

（3）孙口水文站平滩流量与年水量的相关系数 R^2 在 5 年滑动平均数达到最大值，其值为 0.79。最小平滩流量与来沙系数的相关系数 R^2 在 4 年后相关系数变化不大，其最大值仅为 0.18。

黄河下游最小平滩流量、高村水文站和孙口水文站平滩流量与年来沙系数的相关性

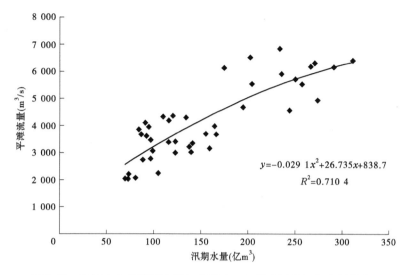

图 3-37　孙口水文站平滩流量与小黑武 4 年滑动平均汛期水量的关系

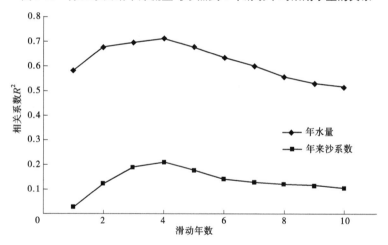

图 3-38　黄河下游最小平滩流量与年水沙因子关系

都明显比与汛期来沙系数相关程度低,说明与汛期较大的来沙量相比,非汛期较小的来沙量对黄河下游最小平滩流量的影响不大。另外,黄河下游最小平滩流量、高村水文站和孙口水文站平滩流量与年水量年相关性都明显比汛期水量相关程度要高,这说明黄河下游平滩流量的变化不仅与汛期水量有关,还与非汛期水量有关。

　　利用 1974~2015 年的实测资料,用回归分析法分别建立黄河下游最小平滩流量与小黑武 4 年滑动平均年水量的相关关系、高村水文站平滩流量与小黑武 4 年滑动平均年水量的相关关系以及孙口水文站平滩流量与小黑武 5 年滑动平均年水量的相关关系,相关关系图分别见图 3-41~图 3-43。

3.3.4　平滩流量与流量过程的相关关系

　　由于黄河下游河道冲淤不仅与来水沙量有关,还与流量过程有关。尹学良提出过黄河下游"大水冲刷,小水淤积"和冲淤分界流量在 1 800 m³/s 左右的观点,这种观点被大

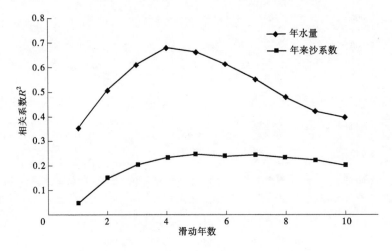

图 3-39　高村水文站平滩流量与年水沙因子关系

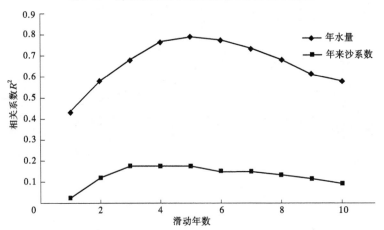

图 3-40　孙口水文站平滩流量与年水沙因子关系

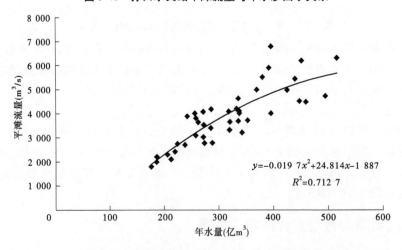

图 3-41　最小平滩流量与小黑武 4 年滑动平均年水量关系

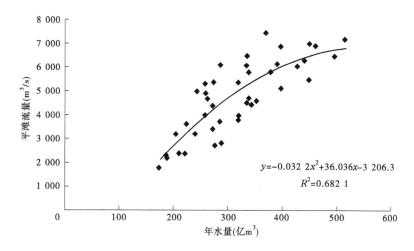

图 3-42　高村水文站平滩流量与小黑武 4 年滑动平均年水量关系

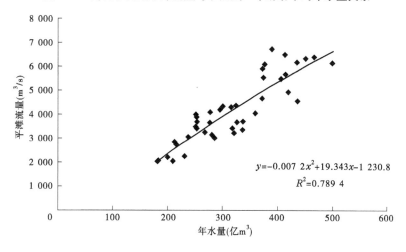

图 3-43　孙口水文站平滩流量与小黑武 5 年滑动平均年水量关系

部分专家认可。主槽冲刷平滩流量增大,反过来淤积则平滩流量减小。

　　用一年中出现 1 000 m³/s 以上、2 000 m³/s 以上和 3 000 m³/s 以上对应的水量来表示大流量过程。为了分析平滩流量与小黑武流量过程关系,采用 1974~2015 年共 42 年的相关数据,先对小黑武各流量级水量进行统计,分别统计出现大于 1 000 m³/s、大于 2 000 m³/s 和大于 3 000 m³/s 以上流量对应的水量,分别计算其与平滩流量的相关系数 R^2。黄河下游最小平滩流量、高村水文站和孙口水文站平滩流量与流量过程相关关系变化分别见图 3-44~图 3-46。

　　由图 3-44~图 3-46 可看出年出现 1 000 m³/s 以上、2 000 m³/s 以上和 3 000 m³/s 以上流量对应的水量与平滩流量的相关系数 R^2 都呈先增加后减小的趋势。说明平滩的变化不仅受当年流量过程的影响,还受往年流量过程的影响,距离比较远的年份的流量过程对平滩流量的影响越来越不明显。

　　(1)黄河下游最小平滩流量与 1 000 m³/s 以上流量对应水量的相关系数 R^2 在 4 年滑

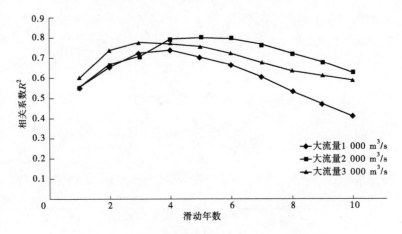

图 3-44　黄河下游流量过程与最小平滩流量关系

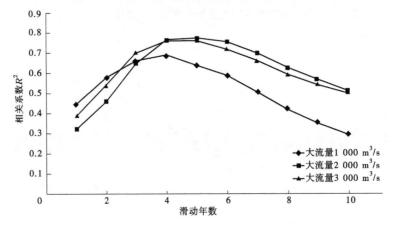

图 3-45　黄河下游流量过程与高村水文站平滩流量关系

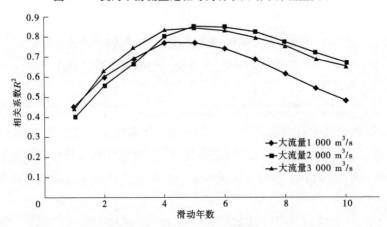

图 3-46　黄河下游流量过程与孙口水文站平滩流量关系

动平均数最大,值为 0.74;与 2 000 m³/s 以上流量对应的水量的相关系数 R^2 在考虑 5 年滑动平均数时最大,值为 0.80;与 3 000 m³/s 以上流量对应的水量的相关系数 R^2 在 3 年滑动平均数最大,值为 0.78。

（2）高村水文站平滩流量与 1 000 m³/s 以上流量对应的水量的相关系数 R^2 在 4 年滑动平均数最大，值为 0.69；与 2 000 m³/s 以上流量对应的水量的相关系数 R^2 在 5 年滑动平均数最大，值为 0.76。与 3 000 m³/s 以上流量对应的水量的相关系数 R^2 在 4 年滑动平均数最大，值为 0.75。

（3）孙口水文站平滩流量与 1 000 m³/s 以上流量对应的水量的相关系数 R^2 在 4 年滑动平均数最大，值为 0.77；与 2 000 m³/s 以上流量对应的水量的相关系数 R^2 在 5 年滑动平均数最大，值为 0.85；与 3 000 m³/s 以上流量对应的水量的相关系数 R^2 在 4 年滑动平均数最大，值为 0.84。

综上分析，与 1 000 m³/s、3 000 m³/s 以上流量的水量对平滩流量的影响相比，年出现 2 000 m³/s 以上流量对应的 5 年滑动平均水量对最小平滩流量、高村水文站和孙口水文站平滩流量的影响较显著。与前面分析的平滩流量和汛期水量、年水量相关系数 R^2 相比，2 000 m³/s 以上流量的水量与平滩流量更好一些，说明小黑武 2 000 m³/s 以上大流量的过程与黄河下游最小平滩流量、高村水文站和孙口水文站平滩流量的变化关系密切。利用回归分析法分别建立黄河下游最小平滩流量、高村水文站和孙口水文站平滩流量与出现大于 2 000 m³/s 以上流量对应的 5 年滑动平均水量的相关关系，分别见图 3-47～图 3-49。

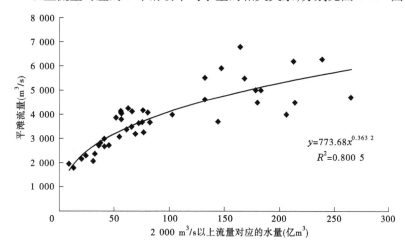

图 3-47　黄河下游 2 000 m³/s 以上流量的水量与最小平滩流量关系

3.3.5　平滩流量与水沙条件的综合响应

平滩流量的变化是由水沙条件综合作用引起的，因此要建立平滩流量与水沙条件的综合相关关系。综合以上各种影响因子分析可知，2 000 m³/s 以上流量对应水量和汛期来沙系数这两个因子与平滩流量相关性比较好，选这两个影响因子为平滩流量的水沙影响因子。

由图 3-47 可知，黄河下游最小平滩流量与小黑武大于 2 000 m³/s 以上对应水量的拟合幂函数为：

$$Q_{最小} = 773.68\, W_{5y}^{0.363\,2} \tag{3-5}$$

由图 3-48 可知，高村水文站平滩流量与小黑武大于 2 000 m³/s 以上对应水量的拟合幂函数为：

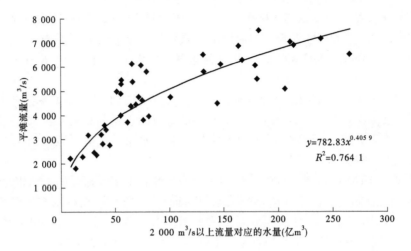

图 3-48　黄河下游 2 000 m³/s 以上流量的水量与高村水文站平滩流量关系

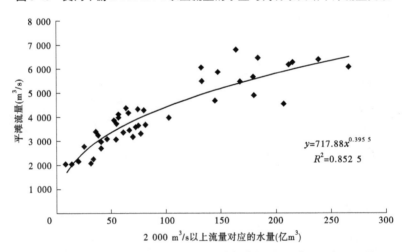

图 3-49　黄河下游 2 000 m³/s 以上流量的水量与孙口水文站平滩流量关系

$$Q_{\text{高村}} = 782.83 \, W_{5y}^{0.405\,9} \tag{3-6}$$

由图 3-49 可知,孙口水文站平滩流量与小黑武大于 2 000 m³/s 以上对应水量的拟合幂函数为:

$$Q_{\text{孙口}} = 717.88 \, W_{5y}^{0.395\,5} \tag{3-7}$$

式中: $Q_{\text{最小}}$ 为黄河下游最小平滩流量, m³/s; $Q_{\text{高村}}$ 为高村水文站平滩流量, m³/s; $Q_{\text{孙口}}$ 为孙口水文站平滩流量, m³/s; W_{5y} 为出现 2 000 m³/s 以上流量对应的 5 年滑动平均水量,亿 m³。

为了反映水沙条件综合作用的影响,设黄河下游最小平滩流量与 5 年滑动平均数的 2 000 m³/s 以上流量对应的水量和汛期来沙系数的非线性相关的计算公式为:

$$Q_{\text{最小}} = k W_{5y}^{\alpha} \, \zeta_{\text{汛期5y}}^{\beta} \tag{3-8}$$

式中: k、α、β 为待定系数; $\zeta_{\text{汛期5y}}$ 为 5 年滑动平均的汛期来沙系数。

将式(3-8)两边取自然对数,然后对其进行多元线性回归分析,相关性良好且 R^2 为 0.82,得出 $k = 631.362\,6$, $\alpha = 0.351\,943$, $\beta = -0.064\,33$。

确定待定系数后,计算公式为:

$$Q_{最小} = 631.362\ 6\ W_{5y}^{0.351\ 943}\ \zeta_{汛期5y}^{-0.064\ 33} \tag{3-9}$$

同样对高村水文站和孙口水文站进行多元回归线性分析得:

$$Q_{高村} = 519.867\ 2\ W_{5y}^{0.370\ 879}\ \zeta_{汛期5y}^{-0.144\ 79} \tag{3-10}$$

$$Q_{孙口} = 641.320\ 3\ W_{5y}^{0.385\ 851}\ \zeta_{汛期5y}^{-0.039\ 89} \tag{3-11}$$

式(3-5)和式(3-9)计算出来的黄河下游最小平滩流量与实际平滩流量的对比分别见图 3-50 和图 3-51。式(3-6)和式(3-10)计算出来的高村水文站平滩流量与实际平滩流量的对比分别见图 3-52 和图 3-53。式(3-7)和式(3-11)计算出来的孙口水文站平滩流量与实际平滩流量的对比分别见图 3-54 和图 3-55。可看出,本次建立的反映水沙条件综合响应的平滩流量计算公式计算的平滩流量,与实际值吻合较好。

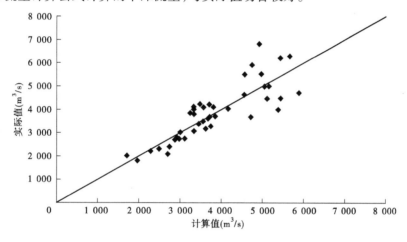

图 3-50　黄河下游最小平滩流量式(3-5)计算值与实际值对比

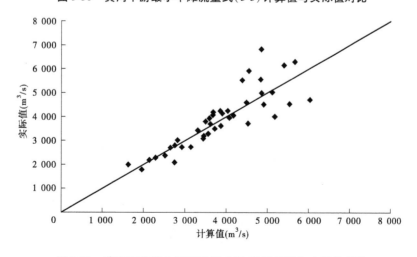

图 3-51　黄河下游最小平滩流量式(3-9)计算值与实际值对比

3.3.6　分析结论

利用 1974~2015 年的实测资料,研究识别平滩流量的各个影响因子,利用回归法建立平

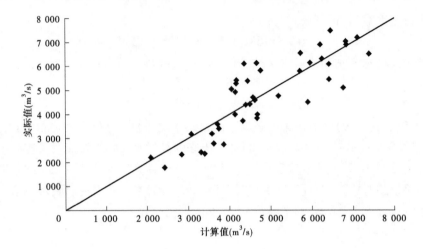

图 3-52　高村平滩流量式(3-6)计算值与实际值对比

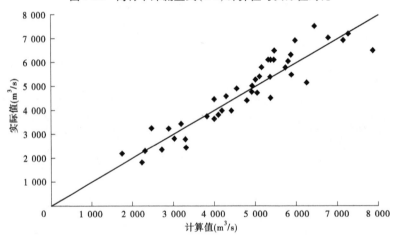

图 3-53　高村平滩流量式(3-10)计算值与实际值对比

滩流量与各影响因子的拟合函数,以揭示黄河下游中水河槽造床机制,得出结论如下:

(1)1974~2015 年黄河下游最小平滩流量、高村水文站与孙口水文站平滩流量与各个影响因子的相关程度不如 1974~2001 年,原因是小浪底水库的运用,与运用前相比进入黄河下游的水沙过程有很大的改变,尤其是来沙量大大的减少,非汛期水量占全年比例增加,黄河下游持续冲刷,河床演变物理机制有所变化。

(2)黄河下游最小平滩流量、高村水文站与孙口水文站平滩流量与年来水量的相关程度比与汛期来水量的相关程度好,说明了非汛期水量对平滩流量的变化有明显的影响。在来沙方面,汛期来沙系数的相关程度比全年好,说明非汛期的沙量对平滩流量变化的影响不明显。另外,高村—孙口河段平滩流量与汛期来沙系数的相关程度总体上比较低,不如汛期来水量,说明在长系列水沙的造床过程中,对平滩流量变化的影响,来水量对高村—孙口河段平滩流量的影响占主要作用,来沙量次之。

(3)考虑滞后响应,利用了滑动平均数研究前期水沙因子对平滩流量的影响。在汛期水量方面,黄河下游最小平滩流量、高村水文站和孙口水文站平滩流量与 4 年滑动平均

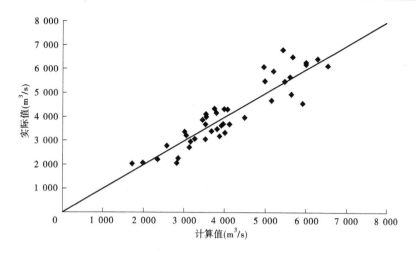

图 3-54 孙口平滩流量式(3-7)计算值与实际值对比

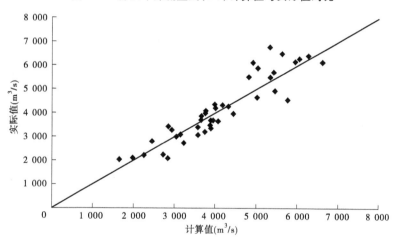

图 3-55 孙口平滩流量式(3-11)计算值与实际值对比

数相关性最好。在汛期来沙系数方面,黄河下游最小平滩流量、高村水文站和孙口水文站平滩流量在考虑 4 年以上滑动平均数后基本稳定。在年水量方面,黄河下游最小平滩流量、高村水文站平滩流量与 4 年滑动平均数相关性最好,孙口水文站平滩流量与 5 年滑动平均数相关性最好。

(4)考虑流量过程对平滩流量变化的影响,年出现 2 000 m³/s 以上流量对应的水量与平滩流量的相关性较高,说明平滩流量的变化与出现 2 000 m³/s 以上大流量关系密切。在前期出现 2 000 m³/s 以上大流量方面,最小平滩流量、高村水文站和孙口水文站平滩流量与前 5 年滑动平均数相关性最好。

(5)研究了平滩流量与水沙因子的综合响应,利用回归法分别建立了黄河下游最小平滩流量与前 5 年出现 2 000 m³/s 以上大流量对应的水量和汛期来沙系数的拟合函数,并与年出现 2 000 m³/s 以上大流量对应的水量单个因子的拟合函数相比,相关性提高,高村水文站和孙口水文站也是如此,充分说明了平滩流量的变化是水沙综合作用的结果。

3.4　河道冲淤与中水河槽过流能力预测

采用 RSS 一维水沙数学模型预测黄河下游中水河槽过流能力,将黄河下游河段分成若干个河段,计算各断面的水沙要素以及冲淤厚度的沿程变化随时间变化情况,根据曼宁公式或冲淤厚度变化计算平滩流量。

3.4.1　模型验证

(1)模型验证范围:黄河下游铁谢—利津河段,该河段全长约 786 km。

(2)地形资料:黄河下游铁谢—利津河段 1976 年实测大断面资料,1976 年黄河下游铁谢至利津共有 104 个实测大断面,平均断面间距约 8.3 km。

(3)验证时间系列:1976 年 7 月至 2010 年 6 月。

(4)验证水沙系列特性分析:

在来水来沙方面,1976 年 7 月至 1999 年 6 月,进入黄河下游水量 343.55 亿 m³,沙量 9.35 亿 t;1999 年 7 月至 2010 年 6 月,进入黄河下游水量 231.1 亿 m³,沙量 0.93 亿 t。

在河道冲淤方面:1976～2010 年黄河下游利津以上河段累计淤积泥沙 16.84 亿 t,其中 1976～1999 年淤积 35.96 亿 t,年均淤积量为 1.56 亿 t,2000 年小浪底水库投运后至 2010 年利津以上河段累计冲刷 19.12 亿 t,年均冲刷 1.74 亿 t。

(5)验证结果:

1976～2010 年黄河下游利津以上河段累计淤积泥沙 16.84 亿 t,其中 1976～1999 年淤积 35.96 亿 t,年均淤积量为 1.56 亿 t,2000 年小浪底水库投运后至 2010 年利津以上河段累计冲刷 19.12 亿 t,年均冲刷 1.74 亿 t,见表 3-9。从计算结果来看,两个时段数学模型计算成果和实测成果吻合很好,冲淤量误差均在 20% 以内。说明数学模型能够较为准确地反映计算河段冲淤变化。

表 3-9　1976～2010 年期间计算河段累计冲淤量验证成果　　　　(单位:亿 t)

时段(年-月)	实测值	计算值	误差
1976-10～1999-10	35.96	36.07	0.11
1999-10～2010-06	−19.12	−18.85	0.35
1976-10～2010-06	16.84	17.22	0.38

图 3-56 为冲淤量累计过程计算值与实测值的对比图。从计算结果来看,数学模型计算成果和实测成果吻合较好,除部分河段由于冲淤量较小相对误差较大外,其他河段冲淤量误差均在 20% 以内。

3.4.2　不同情景方案计算分析

3.4.2.1　未来黄河水沙情景方案

根据《黄河未来水沙情势变化和水沙过程设计》专题研究成果,考虑历史时期黄土高

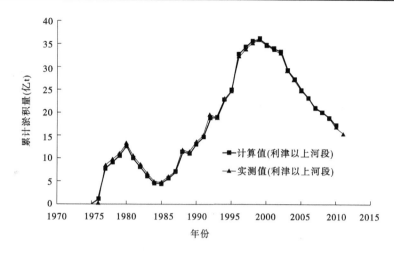

图 3-56　利津以上河段累计冲淤量验证结果

原侵蚀背景值研究、近年来水来沙变化及成因分析、水利水保措施减沙作用及特点等成果，黄河未来沙量分别考虑为 3 亿 t、6 亿 t、8 亿 t 三种情景方案，不同来沙情景方案相应的水量分别为 244 亿 m³、259 亿 m³、269 亿 m³ 左右。

　　情景方案 1（黄河来沙 3 亿 t 方案），选用 2000~2012 年实测 13 年系列连续循环 3 次 +2001~2011 年组成的 50 年系列作为未来入黄水沙代表系列。

　　情景方案 2（黄河来沙 6 亿 t 方案），选取 1956~1999 年 +1977~1982 年 50 年系列作为未来入黄水沙代表系列。

　　情景方案 3（黄河来沙 8 亿 t 方案），选取 1956~1999 年 +1977~1982 年 50 年系列作为未来入黄水沙代表系列。

　　在这三种情景方案的基础上又考虑古贤水库、小浪底水库拦沙结束进入正常运用期，经过古贤水库调控，小北干流河道冲淤和三门峡水库、小浪底水库调节，最终得到不同水沙情景方案进入下游水沙量见表 3-10。

表 3-10　不同水沙情景方案进入下游水沙量特征值

方案	水量（亿 m³）	沙量（亿 t）	含沙量（kg/m³）
情景方案 1	247.93	3.21	12.88
情景方案 2	262.74	6.06	21.71
情景方案 3	272.67	7.7	26.97

3.4.2.2　不同情景方案的水沙特性分析

　　不同情景方案未来 50 年的年水量、沙量和含沙量过程分别见图 3-57 ~ 图 3-59。

　　情景方案 1 进入黄河下游历年最大年水量为 368.04 亿 m³，最小年水量为 159.05 亿 m³，最大年水量约为最小年水量的 2.31 倍；最大年沙量为 10.39 亿 t，最小年沙量为 0.91 亿 t，最大年沙量约为最小年沙量的 11.42 倍，沙量年际变化较大；最大年均含沙量为 30.75 kg/m³，最小年均含沙量为 3.04 kg/m³，最大年均含沙量约为最小年均含沙量的 10.12 倍。

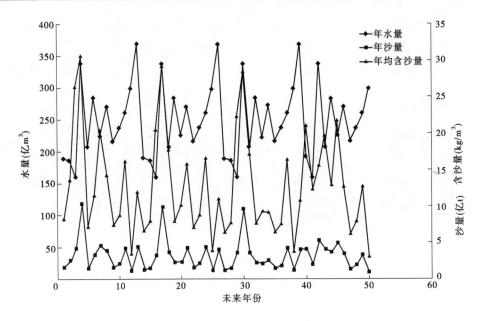

图 3-57　情景方案 1 黄河下游水沙年际变化

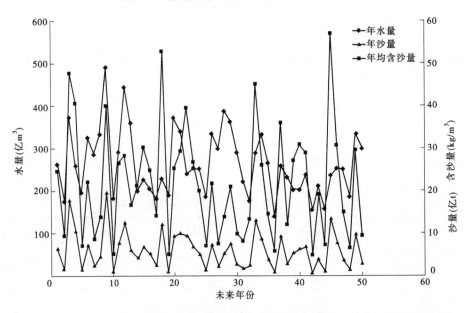

图 3-58　情景方案 2 黄河下游水沙年际变化

情景方案 2 进入黄河下游历年最大年水量为 491.94 亿 m³，最小年水量为 138.02 亿 m³，最大年水量约为最小年水量的 3.56 倍；最大年沙量为 19.67 亿 t，最小年沙量为 0.71 亿 t，最大年沙量约为最小年沙量的 27.70 倍，沙量年际变化较大；最大年均含沙量为 56.96 kg/m³，最小年均含沙量为 4.63 kg/m³，最大年均含沙量约为最小年均含沙量的 12.30 倍。

情景方案 3 进入黄河下游历年最大年水量为 510.58 亿 m³，最小年水量为 142.15 亿

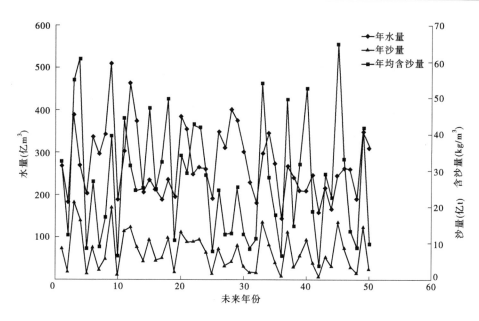

图 3-59　情景方案 3 黄河下游水沙年际变化

m^3,最大年水量约为最小年水量的 3.59 倍;最大年沙量为 21.35 亿 t,最小年沙量为 0.57 亿 t,最大年沙量约为最小年沙量的 37.46 倍,沙量年际变化较大;最大年均含沙量为 64.82 kg/m³,最小年均含沙量为 3.63 kg/m³,最大年均含沙量约为最小年均含沙量的 17.86 倍。

3.4.2.3　初始地形条件

本次模型计算采用 2012 年汛前黄河下游汛前地形和床沙级配资料。

3.4.2.4　计算结果分析

1.冲淤量变化

对于三个不同情景方案,模型计算黄河下游累计冲淤量结果见表 3-11。

表 3-11　不同水沙情景方案黄河下游累计冲淤量计算结果 （单位:亿 t）

方案	滩地	主槽	全断面
情景方案 1	0.05	− 0.03	0.01
情景方案 2	0.33	0.67	1.00
情景方案 3	0.44	1.15	1.59

（1）对未来黄河来沙 3 亿 t 情景方案 1,未来 50 年黄河下游河道总体上接近于冲淤平衡或微冲状态,未来 50 年年均淤积量为 0.01 亿 t。

（2）对未来黄河来沙 6 亿 t 情景方案 2,黄河下游河道处于累积性淤积状态,未来 50 年年均淤积量为 1.0 亿 t。

（3）对未来黄河来沙 8 亿 t 情景方案 3,黄河下游河道处于累积性淤积状态,未来 50 年年均淤积量为 1.59 亿 t。

对于三个不同情景方案,模型计算黄河下游未来 50 年累计冲淤量的计算结果见

图 3-60。

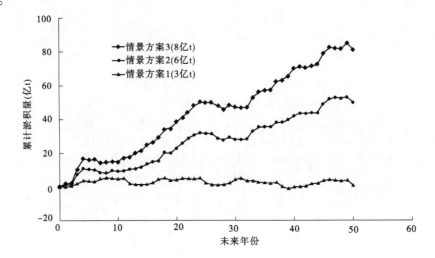

图 3-60　不同水沙情景方案黄河下游未来 50 年累计冲淤量

2. 平滩流量变化

　　三个不同情景方案未来 50 年黄河下游河道平滩流量变化见图 3-61,未来 50 年,黄河来沙 3 亿 t 情景方案 1 黄河下游河道最小平滩流量可基本维持在 4 000 m³/s 左右,未来黄河来沙 6 亿 t 情景方案 2 和 8 亿 t 情景方案 3,随着下游河道淤积,河道平滩流量将分别减小到 2 900 m³/s 和 3 100 m³/s。

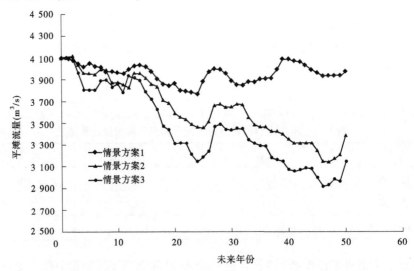

图 3-61　不同水沙情景方案黄河下游未来 50 年平滩流量变化

第 4 章　滩区生产堤与决口条件

　　黄河下游滩区的生产堤对洪水演进具有重大影响,由于下游滩区生产堤为滩区群众自发修建,堤防质量、高度、顶宽不尽相同,且无系统的调研统计资料,因此导致进行模型构建时,各研究单位对生产堤等线状构筑物概化方式不尽相同,导致了目前现有滩区洪水淹没风险成果有一定差异。本次,在黄河水利委员会防汛办公室组织对黄河下游生产堤进行系统调研的基础上,结合 2013 年黄河下游实测 GIS 数据、2013 年黄河下游实测1∶10 000河道地形图等资料,系统整理了黄河下游滩区生产堤,为生产堤概化处理提供支撑,解决制约黄河下游洪水淹没风险分析的关键问题。

4.1　生产堤历史沿革

　　黄河下游滩区既蓄滞洪水又沉积泥沙,是滩区人民赖以生存的场所。黄河下游洪水漫滩完全是自然的,滩区滞洪沉沙与群众生命和财产安全矛盾突出。黄河滩内生产堤是滩区人民为保护农田、滩区村庄,自行修筑的规格低、质量差的土堤,一般距离黄河主河道较近,在黄河主河道及黄河大堤之间,古称民埝。

　　(1)修建生产堤。

　　生产堤由来已久,可以追溯至 1855 年铜瓦厢决口后的初期。时值清代当局忙于镇压农民起义,而无暇顾及黄河的修堤防汛,便劝民筑埝自救,于是沿河两岸便先后修起了一些民埝。后来随着新河的逐步形成,部分民埝收归官方修守,经历年加培复修,逐渐形成了两岸的临黄大堤。1947 年黄河归故后,滩区居民为了保生产,修补并增修了一些生产堤。由于生产堤的存在,大堤长期不靠河,生产堤与大堤之间洪水漫滩落淤机会少,造成滩地越来越低洼,一旦遇较大洪水,生产堤决口,洪水直冲大堤。历史上多次出现因生产堤决口造成“冲决”或“溃决”大堤的情况。如 1933 年兰考四明堂决口、1935 年鄄城董庄决口等都是由生产堤决口引起的。

　　(2)新中国成立初期,废除滩区生产堤。

　　最早的生产堤一般为独立的、封闭的村堤、村堰,没有连成长堤。新中国成立后,黄河下游治理实行“宽河固堤”的方针,实行废除滩区生产堤政策。早在 1950 年黄河防汛总指挥部就提出了“废除民埝应确定为黄河下游的治河政策之一”,已经冲毁的民埝不再复修,未毁的不得加培。为此,河南、山东两省相继发出文件贯彻废除民埝政策,由于有各级党委和政府的重视,措施得力,使得这一政策得到了较好地贯彻落实,大部分地区停止了民埝的修筑。

　　(3)1958 ~ 1973 年,兴修生产堤。

　　1958 年后,在“大跃进”形势的影响下,由于对黄河中上游水土保持的效果盲目乐观,对黄河泥沙淤积问题认识不足,片面地认为在三门峡水利枢纽建成后,黄河洪水泥沙有了三门峡水库控制,黄河下游的防洪问题就已基本解决,下游宽滩区面积大,为让滩区群众安居乐业,发展农业生产,本着不影响防洪,有利于生产的原则,执行"防小水不防大水"的生产堤政策,1958年汛后提出在滩区修筑生产堤。

1959年6月17日,黄河防总在对河南、山东两省"关于生产堤防御洪水的运用方案"的批复中指出,"在不影响防洪,有利生产的原则下,发动群众普遍兴修了生产堤"。这是第一次官方正式允许在黄河滩区修筑生产堤,其影响深远。

黄河两岸滩区普遍修起了生产堤,长度由不足40 km(1954年统计)猛增至近800 km(1959年底统计)。生产堤修建后,对于短时间内保护当时滩区农业生产起到了积极作用,但由于缩防护堤道河洪断面,大水时壅高水位,缩减滩区滞洪排洪能力,出现了如何运用才能达到"小水保丰收,大水减灾害"问题。为此,要求"当秦厂发生10 000 m³/s以上洪水时,相机开放生产堤,扩大河道排洪能力,削减洪峰,以保证黄河大堤的安全"。

1962年后,由于认识到黄河防汛仍是长期而艰巨的任务,生产堤危害确实严重,而采取不修不守的方针。每年汛前安排生产堤破口计划,破口宽度为总长的1/5,汛期反复检查督促破口,并派员测量验收。

1967年后,"文化大革命"期间失于管理,不少滩区将生产堤口门堵复。

(4)1973年后,废堤筑台,破除生产堤。

20世纪60年代中期后,三门峡水库采用滞洪排沙运用方式,下游河道又逐渐开始淤积起来,河南河段的河道整治工程也逐步修建。1973年冬,在郑州召开的黄河下游治理会议上,大家认为1969~1972年,由于下游存在生产堤,漫滩机遇相对减少,泥沙大部分淤积在生产堤以内的主河槽里,河槽逐年抬高,慢慢形成了"二级悬河",生产堤的危害性暴露得越来越充分。在滩区修筑生产堤是造成这一变化的重要原因之一。滩地不能淤高而河槽日益淤高,对防汛十分不利。从长远看,先破后淹,对农业生产也很不利,因此确定要教育干部群众,从长远着眼,以大局为重,彻底废除滩区生产堤。黄河水利委员会提出了《关于废除黄河下游滩区生产堤实施的初步意见》,对生产堤的破除提出了明确要求,呈报国务院。

1974年3月,国务院以国发〔1974〕27号文批转黄河治理领导小组《关于黄河下游治理工作会议的报告》中指出:从全局和长远利益考虑,黄河下游滩区应迅速废除生产堤,修筑避水台,实行"一水一麦",一季留足群众全年口粮的政策。这是官方政策的重大转变,减免了滩区农业税,对解决群众口粮起了积极作用。由于生产堤直接关系群众眼前生产、生活的切身利益,又系多年形成,因而年年汛期安排生产堤破口计划,但难以落实,即使汛期破了口门,汛后仍堵复起来。菏泽地区与河南省淮阳地区隔河相对,两岸群众相互观望,竞相攀高,生产堤不但未能破除,反而越修越大。1974年汛后,滩区大力修筑避水台,当年计划修避水台土方1 520万 m³,计划破除生产堤153.67 km,占总长的1/5。但由于对生产堤的危害不足,破生产堤计划并未得到有效贯彻和落实。

"82·8"洪水生产堤大部分被冲决,但洪水之后又修复。

1987年防汛工作实行行政首长负责制后,清障工作取得了突破性进展,按破口1/5的要求,1987年应破口门长度104 km,实破口门100 km。

1991年淮河、太湖流域大水造成惨重损失,其教训之一就是河道设障严重,大量滩地、湖泊洼地被围垦,降低行洪标准,从而加重了损失。从此,对黄河滩区生产堤有了更加明确的认识,认为破除 1/5 长度不能满足防洪要求。

1992 年国家防总、黄河防总分别下发了《关于进一步破除黄河下游滩区生产堤的实施意见》,要求破除口门长度应占生产堤总长度的 1/2,口门位置要在进水顺畅处,有利于漫滩落淤,破除后的口门底部高程应与滩面齐平。1993 年全下游生产堤长 527 km,根据国家防总给黄河防总的清障任务,要求破除 1/2 总长度的生产堤,实破 264 km。

(5)1993 年后,复修生产堤。

1993 年以后,不时出现生产堤堵复和新修现象。由于黄河"96·8"洪水大面积漫滩,滩区群众受灾严重,1996 年汛后至 1997 年汛前生产堤堵复和新修现象比较严重,有的还修有第二生产堤或第三道生产堤。对此,国家防总、黄河防总非常重视,下达了《关于严禁堵复、新修生产堤的通知》,并要求新修和堵复的生产堤必须坚决清除。

随着经济社会的快速发展,党的"十七大"提出全面建设小康社会,而滩区群众安全设施建设严重滞后,生命及主要财产安全得不到保障,加上 1999 年小浪底水库下闸蓄水后,人们从思想上更加淡化了洪水泥沙的认识,尤其 2002 年和 2003 年连续小流量漫滩,群众要求修建生产堤的呼声高涨,地方政府明确提出了修建生产堤的要求。2004 年在豫、鲁两省政府明确要求调水调沙期间不准漫滩后,各地有组织地全面加修加固了生产堤,不少河段修到控导工程之内。目前,黄河下游生产堤总长近 584 km,其中河南 328 km、山东 256 km。

4.2　生产堤发展趋势

目前,黄河下游生产堤呈现以下发展趋势:

(1)生产堤长度逐年增加,口门长度急剧缩小。

1992 年生产堤按一半长度破除后,生产堤口门又逐渐堵复,个别地方的还新修加修,长度逐年增加。生产堤长度增加的同时,生产堤口门数量急剧减少。

(2)保护范围加大,主河槽连续被侵。

与水争地思想膨胀,许多地方嫩滩种植面积增加,生产堤不断向主槽方向推进。有的地方在原有生产堤前又修筑了第二道生产堤,两岸生产堤间距不断缩窄,有的河段不足500 m,对行洪的影响也越来越大。

(3)生产堤强度逐年增大。

1996 年以前的生产堤高度一般为 1.0~1.5 m,个别堤段达到 2.0 m,顶宽多数为 2~4 m。近几年各地在堵复生产堤的同时,增加了生产堤高度和宽度,加大了生产堤断面,目前济南以上滩区生产堤高度普遍达到 2~3 m,宽度普遍到 3~5 m。有的干部给予明显的支持或默许。

(4)废破除难度增大。

自 1974 年起,黄河下游滩区开始"废堤(生产堤)筑台(村台)",截至 2000 年底,共修筑避水村台面积 7 354.63 万 m²,按当时总人口 180.94 万平均,人均只有 40 m² 左右,达不到人均 60 m² 的要求。目前已修建避水设施的村庄占滩区总村庄数的 70%,东坝头以上大部分村庄无避水设施。同时,已修建的村台中,95% 以上达不到设计要求高度(花园口 20 年一遇洪水流量 12 370 m³/s 相应水位)。同时,在防汛部门配合下各级地方政府根据各自辖区情况,制订了较完善的滩区迁安预案,在滩区安全方面做了大量的工作。但这都没有从根本上解决黄河滩区的安全问题。

目前,虽然生产堤仍属于非法设施,但完全拆除已十分困难。滩区生产堤拆除的困难从黄河报邓修身编辑关于"东明县堵复生产堤采访纪实"中的一篇报道中可以看出。山东省东明县 1987 年汛期清障时破除 9 个生产堤口门(长 8 070 m),竟被堵复了 8 个(长 4 754 m),许多人听到这则消息都感到震惊。但从采访中也不难找到问题的来龙去脉。东明全县黄河滩区有 20 多万亩土地,10 多万人口,虽然 1974 年国务院就颁发了对黄河滩区实行"一水一麦、一季留足全年口粮"的政策,但一直没有落实,加之黄河滩区水利建设跟不上,旱不能浇,涝不能排,产量低而不稳,滩区人均占有粮 155 kg,除去各种税金和提留,人均口粮只有 50 ~ 100 kg,一季根本留不够全年口粮(至少 180 kg),群众只有千方百计在秋粮上打主意,保生产堤,水中夺粮。从群众意愿来说,也希望来大水淤一下滩,淹一季收几年,怕的是二三千流量的小水,只淹地不淤滩,当年口粮保不住。只要能落实滩区政策,投资改善滩区生产条件,保证一季留足全年口粮,不足部分由国家补偿,只有这样才能破除生产堤。因此,在中常洪水漫滩情况下,虽然该类洪水对堤防产生的威胁不大,且其挟带的泥沙沉淀在滩区的数量也有限,但是仍会出现大面积漫滩,严重威胁滩区群众的生产安全以及低滩区群众的生活安全,从而产生较大的经济损失,不仅地方政府及国家都难以承受,而且其社会影响也十分巨大。

4.3　生产堤现状

4.3.1　河南省黄河滩区生产堤现状

4.3.1.1　基本情况

河南省黄河滩区共有生产堤 151.25 km,分布在开封、濮阳、新乡三市,其中开封 26.51 km、濮阳 95.14 km、新乡 29.60 km。修建规模较大的滩区有:开封市的兰考北滩,濮阳市的习城滩、辛庄滩、陆集滩,以及新乡的长垣滩,河南省沿黄各市现状生产堤基本情况如下:

(1)开封市生产堤基本情况。开封市共有 26.51 km,高度一般 1.5 ~ 3.0 m,顶宽一般 3.0 ~ 8.5 m,边坡一般 1:0.75 ~ 1:1.7。

(2)濮阳市生产堤基本情况。濮阳市共有 95.14 km,高度一般 1.5 ~ 3.0 m,顶宽一般 2.0 ~ 6.0 m,边坡一般 1:1 ~ 1:2.5。

(3)新乡市生产堤基本情况。新乡市共有 29.60 km,高度一般 0.7 ~ 3.1 m,顶宽一般 1.5 ~ 7.0 m,边坡一般 1:1.3 ~ 1:2.6。

4.3.1.2　典型生产堤

(1)兰考滩。兰考滩蔡集控导上首生产堤位置见图 4-1,生产堤现状见图 4-2。

(2)渠村东滩。渠村东滩青庄险工下首生产堤位置见图 4-3,生产堤现状见图 4-4。

(3)习城滩。习城滩南小堤险工下首生产堤位置见图 4-5,生产堤现状见图 4-6。

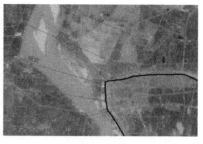

图 4-1　兰考滩蔡集控导上首生产堤位置示意

图 4-2　兰考滩蔡集控导上首生产堤现状

图 4-3　渠村东滩青庄险工下首生产堤位置示意

图 4-4　渠村东滩青庄险工下首生产堤现状

图 4-5　习城滩南小堤险工下首生产堤位置示意

图 4-6　习城滩南小堤险工下首生产堤现状

（4）辛庄滩。辛庄滩彭楼险工下首生产堤位置见图 4-7,生产堤现状见图 4-8。

图 4-7　辛庄滩彭楼险工下首生产堤位置示意

（5）陆集滩。陆集滩杨楼控导上首生产堤位置见图 4-9,生产堤现状见图 4-10。

（6）清河滩。清河滩孙楼控导上首生产堤位置见图 4-11,生产堤现状见图 4-12。

图 4-8 辛庄滩彭楼险工下首生产堤现状

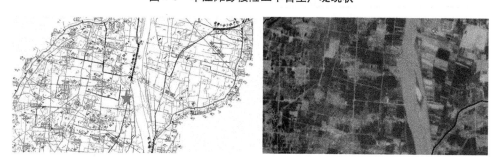

图 4-9 陆集滩杨楼控导上首生产堤位置示意

图 4-10 陆集滩杨楼控导上首生产堤现状

（7）长垣滩。长垣滩合村上首生产堤位置见图 4-13，生产堤现状见图 4-14；榆林控导上首生产堤位置见图 4-15，生产堤现状见图 4-16。

4.3.1.3 生产堤典型断面

（1）开封滩。开封滩生产堤典型断面高度约为 1.5 m，顶宽约为 4 m，临水侧和背水

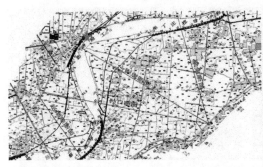

图 4-11　清河滩孙楼控导上首生产堤位置示意

图 4-12　清河滩孙楼控导上首生产堤现状

图 4-13　长垣滩合村上首生产堤位置示意

侧边坡约为 1:1.2。

　　(2)兰考北滩。兰考北滩生产堤典型断面高度约为 2 m,顶宽约为 6 m,临水侧和背水侧边坡约为 1:1.2。

　　(3)渠村滩、习城滩。渠村滩、习城滩生产堤典型断面高度约为 3 m,顶宽约为 5 m,

图 4-14　长垣滩合村上首生产堤现状

图 4-15　榆林控导上首生产堤位置示意

图 4-16　榆林控导上首生产堤现状

临水侧和背水侧边坡约为 1:2。

（4）辛庄滩。辛庄滩生产堤典型断面高度约为 1.5 m，顶宽约为 2 m，临水侧和背水侧边坡约为 1:1。

（5）陆集滩。陆集滩生产堤典型断面高度约为 2.5 m，顶宽约为 4 m，临水侧和背水侧边坡约为 1:1。

（6）清河滩、孙口滩。清河滩、孙口滩生产堤典型断面高度约为 2.5 m，顶宽约为 2.5 m，临水侧和背水侧边坡约为 1:2.5。

（7）长垣滩。长垣滩生产堤典型断面高度约为 2 m，顶宽约为 4 m，临水侧和背水侧边坡约为 1:1.5。

在所有滩区的大部分生产堤背水侧堤脚，有一条宽约 2 m、深约 0.5 m 的沟，可能是修建生产堤时就地取土形成的，如图 4-17 所示。

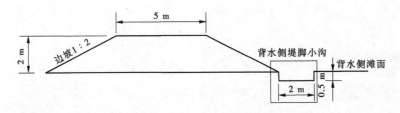

图 4-17　背水侧堤脚小沟示意

4.3.2　山东省黄河滩区生产堤现状

4.3.2.1　基本情况

2004 年按照黄河防总办公室部署,山东河务局组织有关人员对山东省沿黄各市黄河滩区生产堤现状进行了详细普查。经调查,截至 2004 年 5 月底,山东省黄河滩区共有生产堤 170 段、370.29 km,主要分布在菏泽、济南两市,其中菏泽 19 段、136.77 km,济南 61 段、88.63 km。修建规模较大的滩区有:东明县的南滩、西滩、北滩,牡丹区的张闾楼滩,郓城县的董口、左营、李进士堂滩,军尽城县的徐码头、罗楼、四杰滩,梁山县的蔡楼滩,平阴、长清两县的长平滩区,章丘的王家圈滩,高青县的孟口滩、五合滩,利津县的付窝滩等,山东省沿黄各市现状生产堤基本情况如下:

(1)菏泽市生产堤基本情况。菏泽市共有生产堤 19 段、136.77 km,对应大堤起止桩号 174 + 100 ~ 310 + 000,修建于 1983 年、1985 年、1997 年,2002 年和 2003 年对部分生产堤又进行了修复和加固。高度一般 1.8 ~ 2.5 m,部分高度达到 3 m,顶宽一般 3 ~ 7 m,最宽达 11 m,边坡一般 1:1.0 ~ 1:2.0。东明县的南滩、西滩、北滩,军尽城县的徐码头、四杰等滩区生产堤曾多次决口漫滩。

(2)济宁市生产堤基本情况。济宁市共有生产堤 4 段、15.81 km,全部分布在梁山县境内,起止位置对应大堤桩号 313 + 200 ~ 334 + 400,主要修建于 1958 年。高度一般 1.7 ~ 3.0 m,顶宽 2.5 ~ 4.5 m,边坡 1:1.5 ~ 1:3.5。蔡楼滩区生产堤曾经多次决口漫滩。

(3)泰安市生产堤基本情况。泰安市共有滩区生产堤 14 段、14.61 km,全部分布在东平县境内,主要修建于 1963 年。生产堤高度一般 1.3 ~ 2.5 m,最高达 3.16 m,顶宽一般 3 ~ 4.5 m,最宽 7 m,边坡 1:1 ~ 1:2.5。

(4)济南市生产堤基本情况。济南市共有生产堤 61 段、88.63 km,主要分布在平阴县、长清县、章丘市境内。其中,长平滩区生产堤共有 42 段、58.27 km。平阴县生产堤主要修建于 1958 年、1963 年,以后多次加高加固,最近一次加高为 1999 年。长清县生产堤主要修建于 1958 年,以后在经历几次大洪水后,多次加高加固,生产堤走向与黄河流向一致。长平滩区生产堤最近一次决口为 1982 年。长平滩区生产堤高度一般 2.0 ~ 3.0 m,顶宽一般 4.5 ~ 8 m,边坡一般 1:1.2 ~ 1:2.5。济阳滩区生产堤高度一般高 3 m,顶宽 5 m,边坡一般 1:1.5。章丘生产堤高度一般 1 ~ 2 m,顶宽 3 ~ 5.5 m,边坡一般 1:1.3 ~ 1:3.2。

(5)德州市生产堤基本情况。德州市共有生产堤 19 段、15.87 km,对应大堤起止桩号 67 + 000 ~ 112 + 700,全部分布在齐河县境内,主要修建于 1963 年,部分修建于 1970

年。生产堤修筑标准较低、强度较差,生产堤高度一般 0.6 ~ 1.7 m,宽度一般 1.3 ~ 3.5 m,最宽 5 m,曾经多次决口。

(6)淄博市生产堤基本情况。淄博市共有生产堤 14 段、30.58 km,对应大堤起止桩号 113 + 600 ~ 159 + 408,全部分布在高青县境内。主要修建于 1963 年,1997 年进一步加修加固。高度一般 0.8 ~ 1.5 m,最高 2.0 m,宽度一般 1.5 ~ 3 m,最宽 5 m,边坡一般 1:1.5 ~ 1:1.2,曾多次发生决口。

(7)滨洲市生产堤基本情况。滨州市共有生产堤 14 段、25.55 km,对应大堤右岸起止桩号 92 + 453 ~ 188 + 620,左岸桩号 206 + 050 ~ 268 + 200。滨州市生产堤主要修建于 1963 年、1977 年、1988 年和 1996 年。高度一般 1 ~ 1.8 m,最高 3.8 m,顶宽 2 ~ 4 m,边坡 1:1.4 ~ 1:2.3,曾多次发生决口。

(8)东营市生产堤基本情况。该市共有生产堤 25 段、38.51 km,对应大堤右岸起止桩号 189 + 121 ~ 254 + 800,左岸桩号 297 + 050 ~ 354 + 800。主要修建于 1974 年,此后于 1978 年、1981 年和 1983 年进一步加修加固。高度一般 0.5 ~ 1.7 m,最高 1.95 m,顶宽一般 1.5 ~ 3.0 m,最宽 3.9 m,边坡 1:0.7 ~ 1:2.6。历史上多次发生决口漫滩。

4.3.2.2　典型生产堤

(1)东明南滩。老君堂下首生产堤位置见图 4-18,生产堤现状见图 4-19。

图 4-18　老君堂下首生产堤位置示意

图 4-19　老君堂下首生产堤现状

(2)东明西滩。高村险工上首生产堤位置见图 4-20,生产堤现状见图 4-21。

(3)牡丹滩。张阁楼控导工程下首生产堤位置见图 4-22,生产堤现状见图 4-23。

(4)董口滩。苏泗庄险工下首生产堤位置见图 4-24,生产堤现状见图 4-25。

(5)葛庄滩。营坊工程下延下首生产堤位置见图 4-26,生产堤现状见图 4-27。

(6)鄄城西滩。杨集上延工程上首生产堤位置见图 4-28,生产堤现状见图 4-29。

图 4-20　高村险工上首生产堤位置示意

图 4-21　高村险工上首生产堤现状

图 4-22　张阁楼控导工程下首生产堤位置示意

图 4-23　张阁楼控导工程下首生产堤现状

（7）鄄城东滩。伟庄险工上首生产堤位置见图 4-30，生产堤现状见图 4-31。

（8）梁山赵堌堆滩。朱丁庄控导工程上首生产堤位置见图 4-32，生产堤现状见图 4-33。

图 4-24　苏泗庄险工下首生产堤位置示意

图 4-25　苏泗庄险工下首生产堤现状

图 4-26　营坊工程下延下首生产堤位置示意

（9）长平滩。燕刘宋控导上首生产堤见图 4-34,生产堤现状见图 4-35。

4.3.2.3　生产堤典型断面

（1）东明南滩。东明南滩生产堤典型断面高度约为 2 m,顶宽约为 8 m,临水侧和背水侧边坡约为 1:2。

（2）东明西滩。东明西滩生产堤典型断面高度约为 2 m,顶宽约为 5 m,临水侧和背水侧边坡约为 1:2。

图 4-27　营坊工程下延下首生产堤现状

图 4-28　杨集上延工程上首生产堤位置示意

图 4-29　杨集上延工程上首生产堤现状

图 4-30　伟庄险工上首生产堤位置示意

(3)菜园集滩、牡丹滩、董口滩、葛庄滩、旧城滩、左营滩。董口滩、葛庄滩、旧城滩、左营滩生产堤典型断面高度约为 1.5 m,顶宽约为 6 m,临水侧边坡约为 1∶3,背水侧边坡约

图 4-31　伟庄险工上首生产堤现状

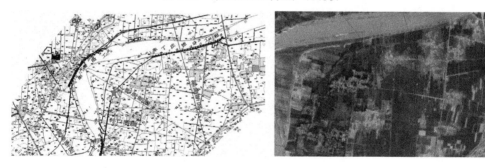

图 4-32　朱丁庄控导工程上首生产堤位置示意

图 4-33　朱丁庄控导工程上首生产堤现状

为 1:2。

（4）鄄城西滩、鄄城东滩、梁山赵堌堆滩。鄄城西滩、鄄城东滩、梁山赵堌堆滩生产堤典型断面高度约为 2.5 m，顶宽约为 6.5 m，临水侧和背水侧边坡约为 1:2.5。

（5）长平滩。长平滩生产堤典型断面高度约为 2.1 m，顶宽约为 5 m，临水侧和背水

图 4-34　燕刘宋控导上首生产堤位置示意

图 4-35　燕刘宋控导上首生产堤现状

侧边坡约为 1:1.5。

4.4　生产堤特点

生产堤是滩区群众自发修建的,由于历史原因和沿岸居民认识水平的不同,现状生产堤不论两岸间距,还是断面尺寸和施工质量都呈现出较大差异。根据实地勘查情况,现状生产堤具有以下分布特征:

(1)生产堤断面差别大。

保护滩区面积比较大、滩区村庄密集、经济较好的河段,生产堤断面较大,顶宽一般 6.0~8.0 m,高出当地滩面 2.0~3.5 m,主要分布在濮阳、范县、长垣、东明、兰考、台前、梁山等东坝头以下低滩河段;保护滩区面积不大、滩区村庄密集、经济状况一般的河段,生产堤顶宽一般 4.0~6.0 m,高出当地滩面 2.0 m,可防御当地流量 8 000 m³/s 左右,主要分布在郓城、鄄城、菏泽等地河段;滩面较高的东坝头以上河段,以及在嫩滩区修建的生产堤,顶宽 1.0~4.0 m,高出当地滩面 1.0~2.0 m,可防当地流量 4 000~5 000 m³/s,主要分布在原阳、开封、中牟等河段。

(2)生产堤间距上宽下窄,平面布局杂乱无章。

一方面受黄河下游河道形态及滩区范围影响,夹河滩以上河段两岸生产堤间距较大,一般都在 3.0 km 以上,夹河滩—高村河段 1.5~2.5 km,高村—孙口河段 0.8~2.0 km,孙口以下河段 1.0 km 左右;另一方面由于修建目的及时间不同,保护村庄、耕地、经济园区和兼作交通的生产堤横七竖八交织在一起,加之近几年汛期洪水很小,嫩滩裸露,不少地方与水争地现象十分严重,随着河槽的萎缩,生产堤修建不断向河道主槽推移,不少地方不仅修建一道生产堤还修有第 2 道,更有甚者在河槽中修建了第 3 道生产堤。

(3)堤身就地取土修筑,土质较差极易溃决或掉入河中。

由于生产堤是滩区农民自发、仓促就地挖土堆筑而成,堤身土质有沙土、壤土不等,松软未压实,临背边坡 1:1.5~1:2.0 不等,土坡没防护,同时很多堤段处于洪水容易顶冲或淘刷的范围,坐落的软弱河床冲积土层遇溜则塌,生产堤极易溃决或掉入河中。

(4)两岸生产堤间距不断减小,人与水争地日趋严重。

在 20 世纪六七十年代,两岸生产堤间距一般为 3.0~4.5 km。但是,进入 90 年代,随着黄河下游来水逐渐减小与河势变化的逐步控制,滩区群众向河中前移修筑新的生产堤,有些河段两岸生产堤间距仅有 600~700 m。

(5)生产堤预留(破除)口门,在一定程度上仍阻碍洪水漫滩淤积。

破除生产堤避重就轻,避实就虚,预留(破除)的口门宽度小或位置不合理或留有比较高的底坎,在洪水到来之前由附近村庄突击堵复现象相当普遍,正常漫滩洪水很难进去,达不到漫滩落淤的目的。

4.5　生产堤破坏形式分析

4.5.1　决口类型

按照引发堤防决口的主要动力,可将堤防决口划分为水力决口型和非水力决口型两大类。水力决口型按照水作用的形态不同可分为漫溢决口(漫决)、冲刷决口(冲决)、渗透决口(溃决)、凌汛决口(凌汛决)4 类;非水力决口型主要包括出于战争目的的决口和地震诱发的决口 2 类。

4.5.1.1　漫溢决口

堤防防洪标准过低或遇到超标准特大洪水,在河道水位猛涨超过堤顶高程且来不及抢护时,水流将漫溢堤顶,由此产生的堤防决口称为漫溢决口,简称漫决。从 1855~1938 年,黄河山东段共决口 424 处,其中漫决有 184 处。从抗御 1998 年特大洪水的实际看,很多堤防面临着漫顶的现实威胁,出现了靠子堤挡水 1~2 m 的超常状态,险情极为严重。

4.5.1.2　冲刷决口

当河道大堤堤外无滩或滩岸很窄,水流将直接顶冲淘刷堤脚,由此导致堤防崩塌而发生的决口,称为冲刷决口,亦即冲决。冲刷决口发生率比较高,据统计,黄河在山东境内历年 424 个决口中,属于冲决的就有 78 个。在弯曲河段的凹岸弯顶附近,由于主流顶冲以及横向环流作用,冲决危险更为严重。

4.5.1.3　渗透决口

由渗透破坏引起的堤防决口称为渗透决口,又称溃决。在堤防决口中绝大多数是由渗透破坏引起的溃决。河道堤防在洪水期间,易发生渗水、漏洞、管涌、塌陷等险情,若未及时发现或抢护不及时,都会导致堤防溃决。

4.5.1.4　凌汛决口

在北方严寒地区,由凌汛洪水导致的堤防决口称为凌汛决口,又称凌汛决。据统计,黄河下游自 1855 ~ 1938 年,有 24 年发生凌汛决口,决溢 74 处,特别是 1927 ~ 1937 年间,几乎连年凌汛决口。1951 年和 1955 年也因抢护不及时而决口,淹没山东省利津等 3 县农田 8.87 万 hm²,受灾人口 26 万多。

4.5.2　典型破坏形式分析

4.5.2.1　冲决破坏

(1)生产堤堤防工程条件分析。

黄河下游处于黄河冲积扇或冲积平原区,自孟津县宁嘴以下至东平湖为黄河冲积扇平原区,山东阳谷县陶城铺及东平湖西侧到垦利县宁海为黄河冲积平原区,垦利县宁海以下黄河河口及三角洲附近为冲海积平原区,其中从梁山县徐庄到济南市,长达百余千米的黄河右岸,为泰山山地及山前冲洪积倾斜平原区。分布的地层主要有第四系全新统河流冲积层(Q_4^{al})和第四系上更新统河流冲积层(Q_3^{al})。第四系全新统冲积层有粉细砂、砂壤土、壤土、黏土,是堤基土的主要组成部分。

生产堤一般为就近取土筑造,可以用滩地颗粒级配成果进行定性分析。以 2017 年 4 月汛期实测,绘制典型断面泥沙粒径累积频率分布曲线,见图 4-36、图 4-37。从图中可以看到,河床颗粒粒径主要分布在 0.062 ~ 0.25 mm。

(2)生产堤冲刷临界条件判别方法。

①泥沙起动流速。

当近堤水流强度达到一定条件时,组成堤防的泥沙颗粒由静止转为运动,冲刷开始。可以用泥沙起动流速或者起动拖曳力进行冲刷临界条件的分析,起动流速公式采用张瑞瑾公式:

$$U_c = \left(\frac{h}{d}\right)^{0.14}\left[17.6\frac{\rho_s - \rho}{\rho}d + 0.000\,000\,605\frac{10 + h}{d^{0.72}}\right]^{1/2} \tag{4-1}$$

②不冲允许流速。

参考渠道设计中不冲允许流速的推荐取值(见表 4-1),以此作为生产堤冲刷的判别条件。由于堤基土中以细砂、砂壤土、壤土、黏土为主,按照中壤土进行估算,水力半径按 $R = 1.5$ m 考虑,则不冲允许流速 0.74 ~ 0.97 m/s。

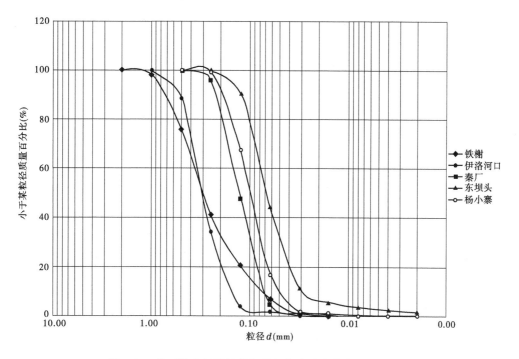

图4-36 半对数坐标泥沙粒径累积频率分布曲线(河南段)

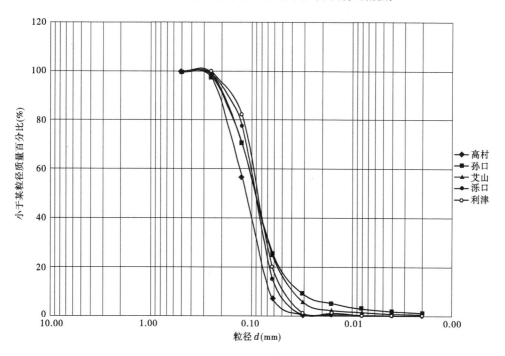

图4-37 半对数坐标泥沙粒径累积频率分布曲线(山东段)

表 4-1　渠道设计不冲允许流速

土质		不冲允许流速(m/s)
均质黏性土	轻壤土	0.60 ~ 0.80
	中壤土	0.65 ~ 0.85
	重壤土	0.70 ~ 1.0
	黏土	0.75 ~ 0.95
均质黏性土	土质	粒径(mm)	不冲允许流速(m/s)
	极细砂	0.05 ~ 0.1	0.35 ~ 0.45
	细砂、中砂	0.25 ~ 0.5	0.45 ~ 0.60
	粗砂	0.5 ~ 2.0	0.60 ~ 0.75
	细砾砂	2.0 ~ 5.0	0.75 ~ 0.90
	中砾石	5.0 ~ 10.0	0.90 ~ 1.10
	粗砾石	10.0 ~ 20.0	1.10 ~ 1.30
	小卵石	20.0 ~ 40.0	1.30 ~ 1.80
	中卵石	40.0 ~ 60.0	1.80 ~ 2.20

注:表中所列数据为水力半径 $R = 1.0$ m 的情况。当 $R \neq 1.0$ m,表中数值应乘以 R^{α},对于疏松壤土,黏土, $\alpha = 1/3$ ~ 1/4。

(3)生产堤冲刷临界条件分析。

根据 2017 年 4 汛前实测颗粒级配成果,按照表 4-2 中 d_{50} 代入式(4-1)计算如表 4-2 中起动流速。

表 4-2　黄河下游生产堤冲刷临界条件分析结果

河段	d_{50} 范围(mm)	起动流速(m/s)
河南段	0.04 ~ 0.19	0.30 ~ 0.42
山东段	0.07 ~ 0.13	0.28 ~ 0.34

注:计算起动流速时,水深暂按 $h = 1.0$ m 考虑。

张瑞瑾公式计算的散立体泥沙起动流速较小,对于压实的生产堤颗粒,可能偏小。初步考虑按照渠道设计不冲流速给出的参考值,取 0.74 ~ 0.97 m/s。

4.5.2.2　溃决破坏

仅以堤身渗漏产生的溃决进行计算分析。当堤身具有一定的透水性,产生渗流,背水侧堤坡及地基表面逸出段的渗流比降大于允许比降,就会在堤身背水侧产生渗透破坏,进而导致生产堤溃决。

(1)生产堤典型断面。

黄河下游生产堤典型断面见图 4-38,各典型断面主要属性见表 4-3。

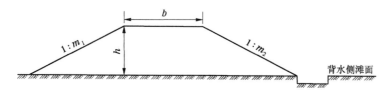

图 4-38　生产堤典型断面示意

表 4-3　黄河下游生产堤典型断面主要属性统计

断面位置		断面编号	堤顶宽度 b	边坡 m_1	边坡 m_2	高度 h
河南段	兰考北滩	1#	6	1.12	1.12	2
	渠村滩、习城滩	2#	5	2	2	3
	开封、陆集、长垣滩	3#	4	1.5	1.5	2
山东段	东明南滩	4#	8	2	2	2
	蔡楼滩	5#	6.5	2.5	2.5	2.5
	董口滩、葛庄滩、旧城滩、左营滩	6#	6	3	2	1.5

（2）渗流稳定分析方法。

生产堤渗流示意如图 4-39 所示，区域 Ω 上的渗流实际上仅在自由面 Γ_f 以下的湿区 Ω_w 中运动。显然，当自由面 Γ_f 确定时，湿区 Ω_w 也就随之确定。然而，自由面 Γ_f 在实际工程问题中一般是未知的。通过将 Darcy 定律重新定义为如下形式，变分不等式方法将湿区 Ω_w 上的渗流问题转化为全域 Ω 上的一个新的边值问题。

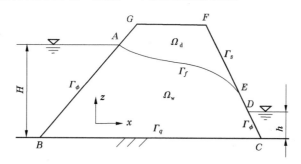

图 4-39　生产堤渗流示意

$$v = -k\,\nabla\phi + v_0 \tag{4-2}$$

式中：v 为渗流速度；v_0 为初流速；k 为二阶渗透张量；∇ 为梯度算子；ϕ 为总水头，$\phi = z + p/\gamma_w$，z 为垂直坐标分量，p 为孔隙水压力，γ_w 为水的容重。

初流速 v_0 的引入是为了消除干区 Ω_d 上的虚假渗流场，其表达式为

$$v_0 = H(\phi - z)k\,\nabla\phi \tag{4-3}$$

式中：$H(\phi - z)$ 为 Heaviside 函数。

$$H(\phi - z) = \begin{cases} 0 & \text{if}\phi \geqslant z(\Omega_w \text{内}) \\ 1 & \text{if}\phi < z(\Omega_d \text{内}) \end{cases} \tag{4-4}$$

全域 Ω ($\Omega_w \cup \Omega_d$) 上的渗流应满足如下连续性方程

$$\nabla \cdot v = 0(\Omega \text{内}) \tag{4-5}$$

和下列边界条件：

①水头边界条件。

$$\phi = \overline{\phi}(\Gamma_\phi = AB + CD \text{ 上}) \tag{4-6}$$

式中：$\overline{\phi}$ 为水头边界 Γ_ϕ 上的已知水头。

②流量边界条件。

$$q_n \equiv -n^T v = \overline{q}(\Gamma_q = BC \text{ 上}) \tag{4-7}$$

式中：$\overline{q}$ 为流量边界 Γ_q 上的已知流量；n 为边界上的单位外法线向量。

对隔水边界，$\overline{q} = 0$。

③出渗面 Signorini 型互补边界条件

$$\begin{cases} \phi \leqslant z, q_n(\phi) \leqslant 0 \\ (\phi - z)q_n(\phi) = 0 \end{cases} (\Gamma_s = DEFGA \text{ 上}) \tag{4-8}$$

式中：Γ_s 为潜在出渗边界。显然，在 DE 上，$\phi = z$ 且 $q_n \leqslant 0$；在 $EFGA$ 上，$\phi < z$ 且 $q_n = 0$；而在出渗点 E 上，则有 $\phi = z$ 且 $q_n = 0$。

④自由面边界条件。

$$q_n|_{\Omega_w} = q_n|_{\Omega_d} \quad (\Gamma_f = AE \text{ 上}) \tag{4-9}$$

式中：$\Gamma_f = \{x,y,z) \mid \phi = z\}$ 为自由面，即湿区 Ω_w 与干区 Ω_d 的分界面。式(4-9)表明稳定渗流自由面满足法向流速为零和孔压为零两个基本物理力学性质。

进行渗流计算时，需要首先对计算区域进行离散，结合计算区域的特点进行针对的网格布置，见图4-40。

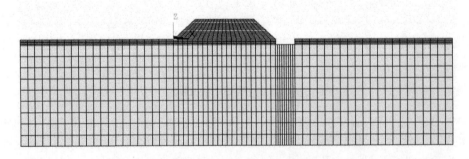

图 4-40　剖面渗流计算有限元模型

（3）渗流计算结果。

对不同典型生产堤断面,计算迎水面不同偎水深度生产堤渗流流场。根据计算结果,最大梯度一般出现在堤身背水侧,见图 4-41～图 4-46。

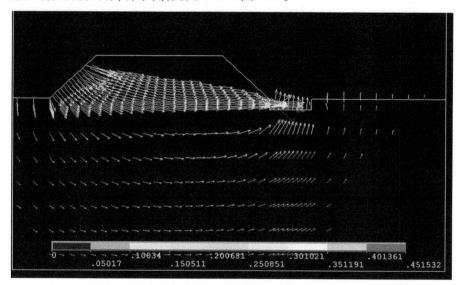

图 4-41　1[#]剖面 1.6 m 水位条件下渗透梯度矢量

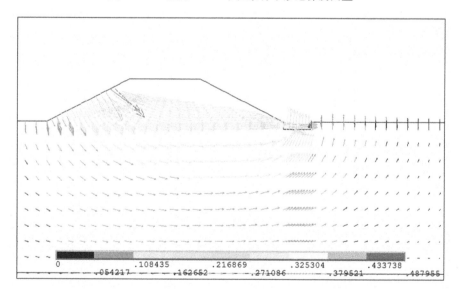

图 4-42　2[#]剖面 2.4 m 水位条件下渗透梯度矢量

（4）渗透破坏临界条件分析。

点绘不同典型生产堤断面最大渗流梯度和生产堤偎水深度关系曲线,见图 4-47 和图 4-48。渗透梯度均随生产堤偎水深度的增加而增加,渗透破坏的风险也在逐步增大,当渗透梯度达到堤防的允许渗透比降时,就会产生渗透破坏。

根据《水闸设计规范》(SL 265—2016),渗流出口段允许渗透比降在 0.4～0.5(砂壤

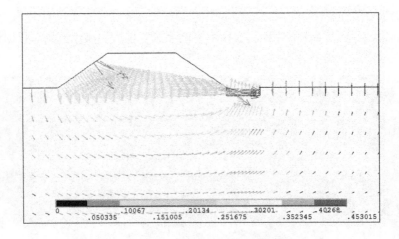

图 4-43　3# 剖面 1.6 m 水位条件下渗透梯度矢量

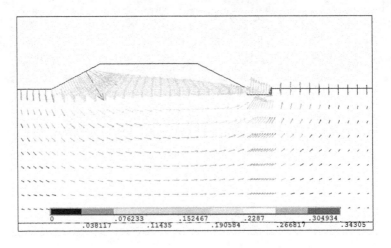

图 4-44　4# 剖面 1.6 m 水位条件下渗透梯度矢量

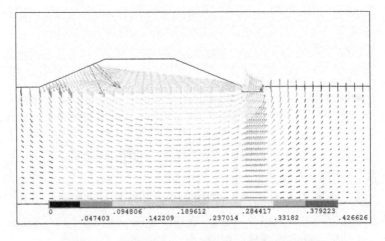

图 4-45　5# 剖面 2.1 m 水位条件下渗透梯度矢量

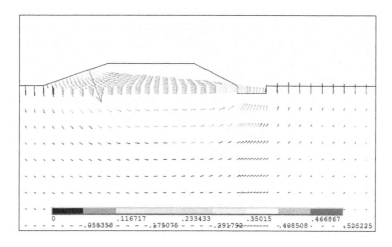

图 4-46　6[#]剖面 1.1 m 水位条件下渗透梯度矢量

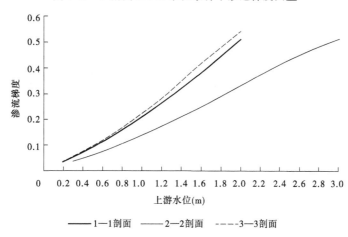

图 4-47　下游生产堤典型断面渗流梯度随上游水位变化(河南段)

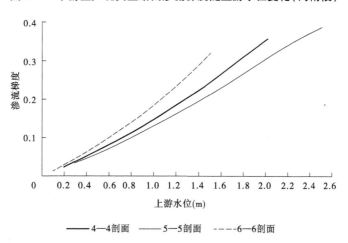

图 4-48　下游生产堤典型断面渗流梯度随上游水位变化(山东段)

土)。根据《水工建筑物》(第 5 版)(陈德亮主编),允许渗透比降在 0.35 ~ 0.5。由此确定渗透破坏临界水深在 1.5 m 左右。不同地基、不同破坏类型允许渗流坡降分别见表 4-4、表 4-5。

表 4-4　不同地基类别允许渗流坡降(《水闸设计规范》(SL 265—2016))

堤基类型	允许渗流坡降值	
	水平段	出口段
粉砂	0.05 ~ 0.07	0.25 ~ 0.30
细砂	0.07 ~ 0.10	0.30 ~ 0.35
中砂	0.10 ~ 0.15	0.35 ~ 0.40
粗砂	0.15 ~ 0.17	0.40 ~ 0.45
中砾、细砾	0.17 ~ 0.22	0.45 ~ 0.50
粗砾夹卵石	0.22 ~ 0.28	0.50 ~ 0.55
砂壤土	0.15 ~ 0.25	0.40 ~ 0.50
壤土	0.25 ~ 0.35	0.50 ~ 0.60
软黏土	0.30 ~ 0.40	0.60 ~ 0.70
坚硬黏土	0.40 ~ 0.50	0.70 ~ 0.80
极坚硬黏土	0.50 ~ 0.60	0.80 ~ 0.90

表 4-5　不同破坏类型允许渗流坡降(《水闸设计规范》(SL 265—2016))

允许渗流坡降	渗透变形形式					
	流土型			过渡型	管涌型	
	$C_\mu \leqslant 3$	$3 < C_\mu \leqslant 5$	$C_\mu \geqslant 5$		连续级配	不连续级配
$[j]$	0.25 ~ 0.35	0.35 ~ 0.50	0.50 ~ 0.80	0.25 ~ 0.40	0.15 ~ 0.25	0.10 ~ 0.20

4.6　生产堤决口概化模型试验研究

采用概化物理模型试验对堤防溃决过程进行模拟,通过系列模型试验对不同河道流量、洪水位、筑堤材料、堤身断面形状尺寸、材料比重和河床等条件下的溃口发展过程进行观测和分析,总结漫顶溃堤过程中水流演进、溃口形态变化规律,为堵复决口和防洪减灾提供基础性的技术依据,同时也为数学模型提供数据。

4.6.1　概化物理模型设计

4.6.1.1　模型的原型基础

采用多组概化物理模型试验对非黏性土堤漫顶溃决时的溃口水力特性进行了研究。自然界中弯曲河道水流受离心力作用在弯道处存在横比降和环流,凹岸易发生洪水位超高致使堤防漫顶溃决。根据此特性在弯曲河道的基础上加以概化,在 180°弯道水槽的弯顶及以下位置修筑堤防,将水槽分为河道主流洪水行进的外江和溃堤洪水演进的内江。弯道水槽凹岸弯顶所处堤防段是堤防最薄弱部位,故在此处设置诱导溃口(比正常堤顶略低)使水流漫过堤顶而发生漫顶溃决。

4.6.1.2　模型布置和操作

概化模型试验在武汉大学水资源与水电工程科学国家重点试验室 180°弯道水槽中完成,水槽宽 1.2 m,底坡 1‰,弯曲段内径 1.8 m,外径 3.0 m。水槽进口设有可以调节流量大小的闸门,槽内水深通过尾门控制。

试验材料选取粒径不同的天然沙和煤修筑堤防模型,如图 4-49 所示,堤防从弯顶开始修建,将水槽分割成两部分,河道主流行进区称为外江,溃堤洪水演进区称为内江。水流从顺直河道进入弯曲段后,横断面水位存在横比降,凹岸水位高于凸岸易导致水流漫堤,因此选择在弯顶偏下部位堤顶设置诱导溃口,当河道水位比诱导溃口堤顶略高时将会漫溢引起溃堤,诱导溃口长 20 cm,深 1.5 cm,弯道水槽总长度为 40 m,堤防长度为 13 m。

堤防溃决过程中,溃口形态不断变化,溃决水流流态复杂,溃口附近水位变化剧烈,因此分别在溃口附近内外江及水槽直段选择 9 处控制断面设置自动连续水位计,目的是记录溃决过程中水位变化,并在诱导溃口处布置一台自动地形仪用以记录溃口垂向发展过程。为了更加直观地观测和记录溃口横向发展过程,内外江侧溃口处各固定一台数码相机进行录像。试验平面布置见图 4-49,堤防模型布置见图 4-50。

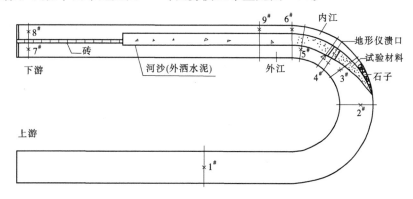

图 4-49　漫顶溃堤试验平面布置

试验前内江为干河床,外江下游尾门关闭,从外江下游缓慢注水使水位慢慢上升,以免堤防在水位过快上升发生失稳崩塌,当水位上升至低于诱导溃口顶部约 1 cm 时,不再注水,打开上游进水阀门的同时调节外江下游尾门,保持外江水位基本稳定。水位缓慢上升至诱导溃口开始漫过其顶部时,认为溃决过程开始,对水位、溃口底部高程以及溃口内

图 4-50　堤防模型布置

外江侧尺寸进行监测,并对溃决过程进行全程录相。水流未漫过诱导溃口之前,内江为干河床,试验过程中内江的控制尾门敞开保证自由出流。

4.6.1.3　试验条件

　　根据河道流量、洪水位、筑堤材料、横断面尺寸、河床是否可冲等条件,共进行了 18 组试验。各组试验的材料属性、流量、堤防尺寸等参数见表 4-6。不可冲河床是指试验水槽底部为硬边界,可冲河床是在堤防段外江底部铺上 6 cm 厚的沙或煤,长度约为 3 m。与不可冲河床相比,由于河底铺沙(或煤)造成河床抬高,河道过水断面面积减小,调节河道流量保证不可冲河床与可冲河床在溃堤时河道中水流断面平均流速基本一致,试验工况如表 4-6 所示,堤防横断面尺寸见图 4-51,试验材料级配曲线见图 4-52。

　　修筑堤防模型时分段修筑,制作与模型断面尺寸相同的模板用来保证断面制作的准确,并均匀拍压使堤身足够密实。为避免河道水位突然上升对堤防稳定性造成影响,试验前关闭外江下游的尾门,用水管从下游向外江慢慢注水,使水位缓慢上升到低于诱导溃口高度约 1 cm 时,停止注水,随后开始试验操作。以下叙述中描述溃口形态时称溃堤水流方向为纵向,顺堤方向为横向,沿水深方向为垂向。

4.6.2　口门发展过程分析

　　在充分考虑筑堤堤防断面、河道流量等条件下,试验分组观测了溃口横向展宽和纵向冲深过程、各个控制断面的水位变化,根据观测资料可对非黏性土堤漫顶溃决过程水力要素及溃口发展过程进行全面和系统的分析,总结漫顶溃堤发展规律,也为数学模型提供验证资料,同时为进一步探索其力学机制提供基础资料。

表4-6 试验工况

组次	工况	流量 (L/s)	河道初始水位 (cm)	河床条件	材料	D_{50} (mm)	堤身断面 (cm)	诱导溃口尺寸(cm) (长×宽×深)
Ⅰ	No.1	7.55	16.5	不可冲	粗沙	0.62	图4-51(a)	矩形 20×10× 1.5
	No.2	11.02	16.5	不可冲	粗沙	0.62	图4-51(a)	
	No.3	15.62	16.5	不可冲	粗沙	0.62	图4-51(a)	
Ⅱ	No.4	6.55	13.5	不可冲	粗沙	0.62	图4-51(b)	矩形 20×15×1.5
	No.5	11.79	13.5	不可冲	粗沙	0.62	图4-51(b)	
	No.6	14.94	13.5	不可冲	粗沙	0.62	图4-51(b)	
Ⅲ	No.7	7.28	13.5	不可冲	细沙(a)	0.40	图4-51(b)	
	No.8	11.57	13.5	不可冲	细沙(a)	0.40	图4-51(b)	
	No.9	15.08	13.5	不可冲	细沙(a)	0.40	图4-51(b)	
Ⅳ	No.10	5.64	13.5	不可冲	粗煤	0.33	图4-51(c)	
	No.11	8.94	13.5	不可冲	粗煤	0.33	图4-51(c)	
	No.12	12.10	13.5	不可冲	粗煤	0.33	图4-51(c)	
Ⅴ	No.13	3.87	13.5	可冲	粗煤	0.33	图4-51(d)	
	No.14	6.19	13.5	可冲	粗煤	0.33	图4-51(d)	
	No.15	7.55	13.5	可冲	粗煤	0.33	图4-51(d)	
Ⅵ	No.16	4.01	13.5	可冲	细沙(b)	0.22	图4-51(e)	
	No.17	6.37	13.5	可冲	细沙(b)	0.22	图4-51(e)	
	No.18	8.27	13.5	可冲	细沙(b)	0.22	图4-51(e)	

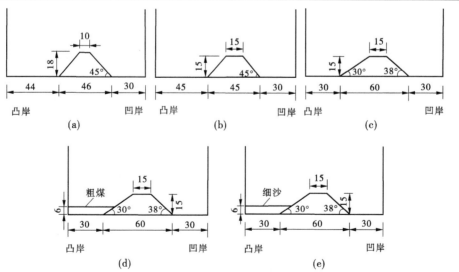

图4-51 堤防横断面示意 (单位:cm)

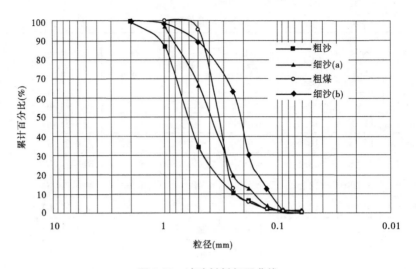

图 4-52　试验材料级配曲线

4.6.2.1　溃口发展概述及阶段划分

以 No.7 为例,试验中观测到的溃口发展过程见图 4-53。非黏性土堤漫顶溃决的溃口发展形式有水流直接冲刷堤身和重力作用下溃口边壁土体的坍塌。在河道来流恒定的条件下,外江水位与诱导溃口顶部一致时,溃口处水流漫过诱导溃口顶部流向内江,内江最初为干河床,溃决水流漫顶后在内江侧由势能转化为动能,堤防内江侧底部被高速水流侵蚀出一条狭窄的侵蚀槽,并迅速向堤顶扩展,由此可知该阶段侵蚀属溯源冲刷。当侵蚀槽发展到内江侧堤顶后逐渐扩展至外江侧,此时初始溃口形成,溃决水流冲刷溃口使其底部持续降低,外江水流迅速流入内江,可以观测到外江水流在溃口汇集流入溃口后水流流速骤增,外江侧口门处水流呈扇形波,经过溃口的水流在内江侧扩散翻滚,溃口区域水流同时存在缓流、急流和临界流。外江水位较高,内江逐渐有水流汇入,此时溃口出流属自由出流。溃口两侧边壁堤身水下部分被水流冲刷带走,水上部分受重力作用发生坍塌,坍塌的土体颗粒堆积在堤内坡坡角,随后被水流带走,在坡脚停留的时间取决于水流的冲刷强度,水流持续冲刷使堤内坡坡角变缓,到达某一临界值时不再变化,此后即保持为这一角度。溃决水流持续流入内江,堤内不断上涨的水位开始影响溃决水流,溃口水流由上一阶段的自由出流变为淹没出流,水流流速明显减小,溃口垂向冲刷减缓,但以溃口两侧边壁失稳坍塌为主要型式的横向扩宽仍在继续。随着溃口展宽和内外江水位差的减小,溃堤水流流速也逐渐减小,当溃口水流流速小于筑堤材料的起动流速时,泥沙不再被挟带走,冲刷侵蚀结束,溃口形态基本稳定,但此时外江水流仍有水流流入内江,内江水位升高至与外江水位一致时,内外江水流达到恒定状态,即溃决过程结束。

堤防在溃决过程中,前 30 s 内溃口基本以诱导溃口轴线为中心呈对称发展,由于堤外水流一直存在顺堤防流动的流速,上游部位的侵蚀则逐渐衰减并呈浅滩出露,溃决发生60 s 后堤防上游部分侵蚀基本结束。溃堤侵蚀发生的部位偏向溃口下游边壁部位,溃口也逐渐向下游发展。

外江侧溃口处溃决水流的冲刷力是促使溃口展宽的主要作用力,堤防材料的抗冲力是阻碍溃口展宽的作用力,其大小与材料粒径、级配、比重等属性有关,除了水流冲刷作

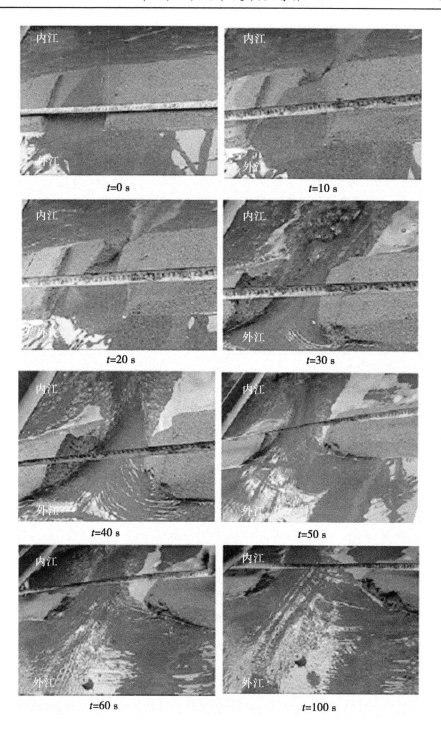

图4-53 堤防溃决过程

用,溃口两侧土体崩塌进一步促进了溃口展宽,溃决水流淘刷堤底坡脚,堤身上部失稳发生滑动和崩塌后堆积在坡脚,被水流冲走后继续坍塌。非黏性土体颗粒间黏结能力弱,溃口展宽模式仍遵循河床泥沙冲刷淤积的基本规律,粗煤材料比重较小,溃口底部在水流持续作用下一冲到底,溃口断面形状成矩形。与可冲刷河床相比,不可冲刷河床条件下溃口发展速度更快。

根据溃口区域水流形态与溃口发展,可将溃决过程划分为四个阶段:

第一阶段,漫流。外江水流逐渐漫过诱导溃口顶部呈舌状流向内江,水流平稳,漫溢水流到背水坡底部时该阶段结束。

第二阶段,冲槽。水流漫过诱导溃口后,内外江巨大的水位差使水流动能转化为势能,在内江侧坡面冲切出冲刷槽,并由底部向顶部迅速发展,逐渐由内江侧堤顶扩展至内江侧。此时水流流态复杂,外江水流流动缓慢,流速较小,水流进入冲槽后,流速急剧增大,挟带大量泥沙流向内江。外江水流在溃口处汇集,呈扇形波。

第三阶段,展宽。冲槽逐渐扩大形成溃口,外江水流在溃口处突然收缩以较大流速经过溃口流向内江,溃口底部高程降低造成两侧土体失稳继而发生坍塌,外江水流除了流向溃口,还存在顺主河道的流动,在外江溃口两侧形成坡角绕流,上游侧受侵蚀程度大于下游侧。溃决水流流经溃口流向与溃口呈一定交角,内江溃口下游侧受水流冲刷发展较快,平面形态上看,溃口呈不对称梯形。随着内江水位不断上升和外江水位持续下降,溃口水流由自由出流转变为淹没出流,溃口底部高程降低,速度逐渐减小,横向展宽仍在继续。

第四阶段,基本稳定。外江水位不断降低,内江水位升高与外江水位差别较小时,溃决水流流速也逐渐减小至堤防材料的起动流速以下,此时溃口形态基本稳定,垂向冲深和横向展宽不再继续。

4.6.2.2　溃口横向展宽过程及影响因素

溃口横向展宽过程的研究对于溃口复堵具有重要意义,堤防材料不同,起动流速也不同,在一定的水位条件下,河道流量大小不同则流速也不同,堤防两侧水位差造成的堤身压力与筑堤材料的抗压力直接影响溃决发生的时间和溃口发展速度,因此根据试验结果对河道流量、内外江水位差、材料粒径等因素对溃口横向展宽过程的影响进行分析。

(1)河道流量。

试验组次 No. 1 ~ No. 3、No. 4 ~ No. 6、No. 7 ~ No. 9、No. 10 ~ No. 12、No. 13 ~ No. 15、No. 16 ~ No. 18 除堤防溃决时河道来流量大小有区别外,其他因素均分别相同,内外江侧溃口顶部宽度的发展过程见图 4-54。

由图 4-54(a)、(b)、(c)、(f)可以看出,溃决前期口门展宽的速度较快,随后逐渐减小直至稳定。粗沙和细沙筑成的堤防,前 50 s 展宽速度很快,主要是由于该时间段外江水位较高,水流经溃口下泄的同时势能转化为动能,较大的流速造成水流的强冲刷力,溃口泥沙被水流挟带走,溃口以较快的速度展宽,外江侧水流顺溃口边壁流动,溃决水流在内江侧受弯道凹岸壁面阻挡分成左右两股,而在内江溃口两侧坡脚形成旋涡。因此,外江口门展宽速度较内江快,同一时刻外江口门的横向宽度也大于内江。50 s 以后溃口横向展宽速度减缓,原因是溃口处内江水位升高后,内外江水位差减小,水流流速减小,对溃口泥沙的冲刷减弱。

由图 4-54(d)、(e)可看出,对于粗煤筑成的堤防,前 100 s 溃口横向宽度发展速度较快,100 s 以后迅速减小,可见粗煤堤防的溃决过程持续时间较短。分析其原因,粗煤比重远小于粗沙和细沙,起动流速较小,同样的水流条件下被挟带走的量也较大,溃口发展速度较快,外江水流则以更快的速度流入内江,内外江水位差减小的速度也更快,水流可以更快地达到恒定状态。

从图 4-54 还可看出,同样的堤防断面形态、洪水位和河床条件下,河道来流量不同,溃决初期溃口展宽速度基本相同,无明显差异。随着溃口展宽速度的减缓,不同流量对于溃口横向宽度的影响才表现出来,流量大的情况溃口内外江侧宽度均较大。溃决初期,溃决水流流向垂直于溃口方向,且流速较大,对溃口横向宽度的发展有主要影响,洪水位相同,内外江水位差也相同,溃决水流的加速度也基本相同,漫顶水流横向流速为零,当溃口发展到一定程度,流量大的情况岸边流速也越大,溃口边壁受到的剪切应力也越大,溃口横向宽度也越大,此时由流量不同引起的差异才显现出来。

(2)内外江水位差。

No.1 和 No.4、No.2 和 No.5、No.3 和 No.6 流量分别相近,筑堤材料相同,初始堤防断面尺寸分别见图 4-55(a)和图 4-55(b),初始水位不同,No.1~No.3 河道初始水位 16.5 cm,No.4~No.6 河道初始水位 13.5 cm。图 4-55 表示了上述三组试验内外江两侧溃口展宽过程。

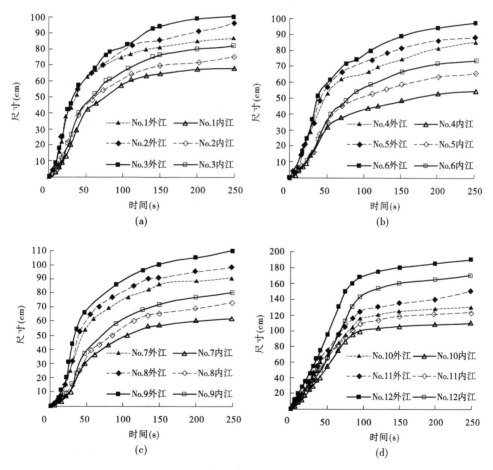

图 4-54　不同河道流量口门展宽过程

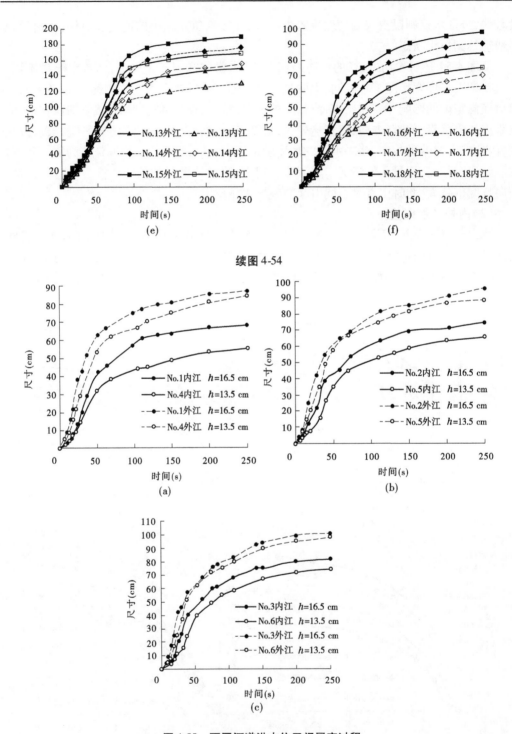

续图 4-54

图 4-55　不同河道洪水位口门展宽过程

由图 4-55 可见,河道洪水位对堤防溃决时溃口宽度发展过程影响很大,初始时刻内江为干河床,洪水位不同也可以看作是内外江水位差不同。堤防两侧不同水位给堤身带来的静水压力和动水压力也不同,当临水坡与背水坡的水位差所造成的压力超过堤身承受力时,土体颗粒黏结力、内摩擦角等发生变化,达到一定程度后边坡失稳,堤身局部或整体滑动从而发生溃决。

堤防溃决时外江水位越高势能也就越大,溃决水流经溃口流入内江后动能也就越大,水流流速越大,对溃口的冲蚀作用越强,口门横向宽度的发展集中在溃决前期,溃堤时河道洪水位对溃口宽度有着重要影响。堤身两侧水位差的大小直接影响堤防渗透压力,水位差越大时,堤身所受的渗透压力就越大,堤防稳定性、密实性就会降低,越容易发生渗透变形,发生溃决的可能性就越大。

由图 4-55 可见,内外江水位差对内江侧展宽速度的影响尤为显著。渗透变形对内江侧边坡的稳定性影响更为严重,有可能导致背水一侧边坡的坍塌和滑移;同时,水流在流经溃口的后半部分以及陡峭的外江侧边坡时,水流演变急剧加速的紊动急流,对内江侧堤防的冲刷作用很强,外江水位越高,这种作用越明显。

(3)材料的粒径。

分别对比 No.4 和 No.7、No.5 和 No.8,其流量分别相近,堤防横断面相同,河道洪水位及材料比重均相同,材料分别为粗沙和细沙。堤防内外江侧的溃口发展过程见图 4-56。

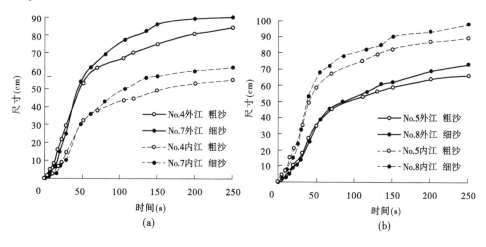

图 4-56　不同材料粒径口门展宽过程

由图 4-56 可见,溃决初始阶段,细沙堤防的展宽速度稍慢于粗沙堤防的展宽速度,该过程持续约 50 s,50 s 以后细沙的展宽速度逐渐大于粗沙的展宽速度,同一时刻细沙堤防的溃口宽度远小于粗沙堤防的展宽速度,原因在于溃决前期水流冲蚀溃口底部引起上部土体在重力作用下失稳坍塌,同样的堤防及水流条件下粗颗粒泥沙粒径较大,更容易坍塌。当溃口发展到一定阶段,水流流速减小,溃口展宽以水流冲刷作用为主要因素时,细沙起动流速较粗沙小,更容易被水流挟带走,溃口展宽速度就大于粗沙。

4.6.3　水位变化过程分析

堤防溃决时溃口水流流态复杂,水流变化对溃口发展有着重要影响,同时也受溃口形态的制约,溃口水位变化过程是溃堤水流运动的研究重点。

4.6.3.1　溃堤后内外江水位变化过程

No.7 和 No.11 的堤防分别由细沙和粗煤组成,以这两组为代表分析溃堤前后各监测点处的水位变化过程,见图 4-57 和图 4-58。以溃口附近区域内江 6# 监测点初始水位为参照零水位。

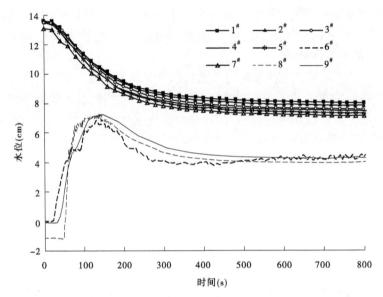

图 4-57　No.7 溃堤过程中各个监测点水位变化

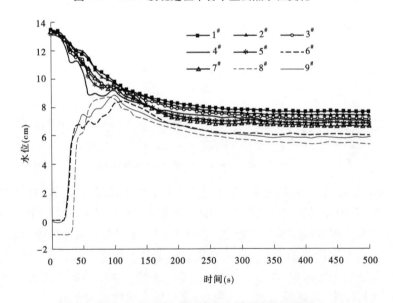

图 4-58　No.11 溃堤过程中各个监测点水位变化

1#～5#、7# 观测点位于外江侧,6#、8# 和9# 位于内江侧。堤防溃决瞬间内江为干河床,内外江水位差最大,漫流阶段和冲槽阶段仅有少量水流入内江,水位基本保持不变。进入展宽阶段后,水流通过溃口流入内江,内江水位逐渐升高,溃口发展集中在这一阶段,大量水流在短时间内涌入内江,内外江水位差迅速减小。整个决堤过程中,外江水位平稳下降至一定程度后保持不变,内江水位迅速升高至峰值后逐渐下降,随后保持稳定状态。位于内江溃口附近的6#、9#观测点水位波动幅度较大,图4-57中6#观测点水位上升阶段变化剧烈,粗煤堤防的间歇性坍塌对溃口水流影响很大,溃口附近水位呈现出强非恒定流的特性,可见溃口附近水流流态复杂,存在急流涌波。与细沙堤防水位变化过程相比,粗煤堤防内外江水位变化更为迅速,达到基本恒定状态时粗煤堤防的内外江水位差远小于细沙堤防。由于天然沙的比重比粗煤比重大,粗煤的起动流速较小,溃决速度较快,达到稳定的时间也较短,300 s时水位基本不变,细沙堤防在400 s时水位基本稳定。

4.6.3.2　溃口处水位变化过程及其影响因素分析

(1)河道流量对溃口处水位变化的影响。

No. 1 ~ No. 3、No. 4 ~ No. 6、No. 7 ~ No. 9 堤防溃决时河道流量大小不同,其他因素均分别相同,溃口附近外江侧4#观测点处、溃口下游6#观测点的水位变化过程分别见图4-59 ~ 图4-61。

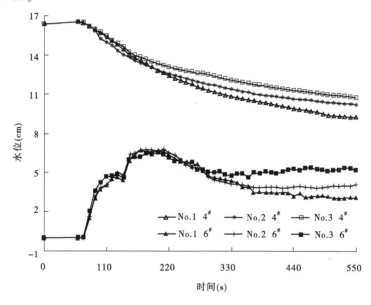

图 4-59　No. 1 ~ No. 3 溃口处水位变化

天然沙筑成的堤防,其他条件相同,河道流量不同情况下,溃堤初期外江溃口附近水位下降速度基本一致,内江水位上升速度也大致相同,这是因为在此阶段对溃口水位起主要影响的是溃决水流,当溃口展宽速度减缓,河道流量大的情况上游来流量较大,内外江容纳的水量也越大,水位越高。河道来流量越大,稳定后溃口区域的水位越高。

(2)河道洪水位对溃口水位变化的影响。

No. 1 和 No. 4、No. 2 和 No. 5、No. 3 和 No. 6 除堤防溃决时河道洪水位不同外,其他因素均基本相同,溃口附近4#、6#监测点水位变化过程见图4-62 ~ 图4-64。总体变化趋势一致,溃决时河道洪水位越高,溃口外江水位下降越快,内江水位峰值也越大,河道洪水位越高,稳定后内江水位也越高,而外江水位稳定后基本相等。

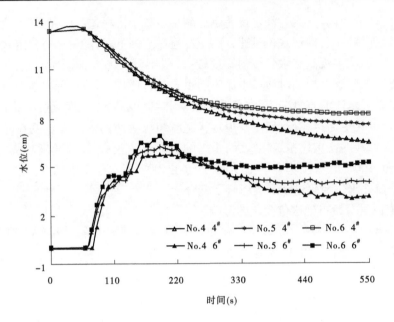

图 4-60　No. 4 ~ No. 6 溃口处水位变化

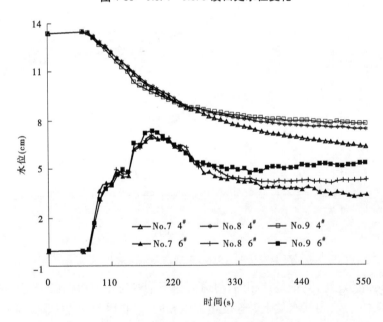

图 4-61　No. 7 ~ No. 9 溃口处水位变化

4.6.4　材料比重对溃决过程的影响

　　水流作用下筑堤材料的受力包括两种:一种是水流的推力、举力等促使材料起动的力,另一种是重力、颗粒间黏结力等抗拒材料运动的力。相同的水流条件下比重小的材料更容易起动,因此选用比重较小的粗煤作为试验材料,将其溃决过程与比重较大的天然沙进行对比,分析材料比重对溃口展宽、冲深及溃口水位和最终形态的影响。

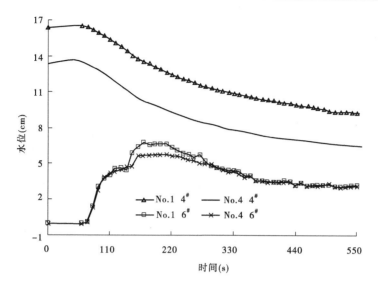

图 4-62 No.1 和 No.4 溃口处水位变化

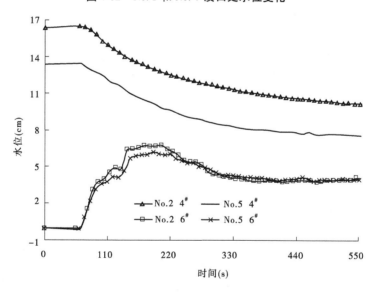

图 4-63 No.2 和 No.5 溃口处水位变化

4.6.4.1 材料比重对横向展宽过程的影响

No.7 和 No.10、No.9 和 No.12,堤防溃决时河道平均流速分别相近,材料分别为细沙和粗煤,初始堤防断面分别见图 4-51(b)、(c),起始水位相同。

由图 4-65 可见,溃堤前 50 s,粗煤堤防溃口展宽速度明显大于细沙堤防,且溃口内外江尺寸差别较细沙堤防小。100 s 时粗煤堤防溃口发展基本稳定,细沙堤防溃口发展速度较缓,在 150 s 时开始趋于稳定。由于粗煤比重较细沙小,相同水力条件下更容易起动,初始溃口形成后溃口展宽速度剧增,溃口流量和流速也迅速增加,促使溃口进一步发展,外江水流流向内江的同时内外江水位差迅速减小,整个发展过程持续时间较短。

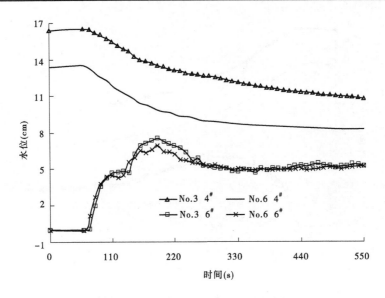

图 4-64　No.3 和 No.6 溃口处水位变化

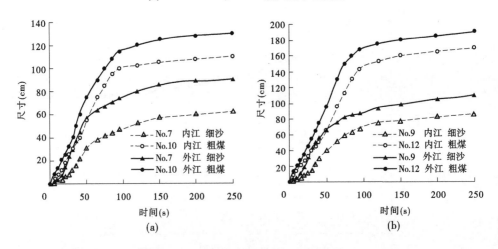

图 4-65　不同材料比重的口门展宽过程

4.6.4.2　材料比重对溃口垂向发展过程的影响

No.7～No.9 在溃口诱导口断面处的堤顶垂向变化过程见图 4-66。组次 No.7、No.17 为细沙筑成的堤防,河床条件分为不可冲和可冲;组次 No.10、No.13 为粗煤筑成的堤防,河床条件分为不可冲和可冲,粗煤堤防堤顶垂向变化过程见图 4-67。图 4-68 为这四组堤防在溃决过程中堤防断面形态变化过程。

由图 4-66 可见,天然沙修筑堤防的垂向侵蚀主要在前 50 s,前 50 s 溃口底部受水流冲蚀,泥沙被大量带走,底部高程迅速降低,50 s 以后冲蚀减弱垂向发展逐渐减缓直至稳定。对于粗煤组成的堤防,No.10～No.12 溃口垂向发展过程见图 4-67,溃口在 30 s 内一冲到底,随后又有水流挟带的粗煤在溃口呈薄层覆盖,整个溃口发展以横向展宽为主。

图 4-68(a)、(b)分别为细沙堤防在不可冲与可冲河床条件下溃决过程中横断面形态变化示意图,可以看出,前 150 s 溃口底部冲刷降低过程未受河床条件影响,150～250 s 时

不可冲河床溃口底部受水流冲蚀仍有大量泥沙被带走,垂向发展仍继续,可冲河床底部变化较小,溃口处有部分泥沙被冲刷至内江底部。

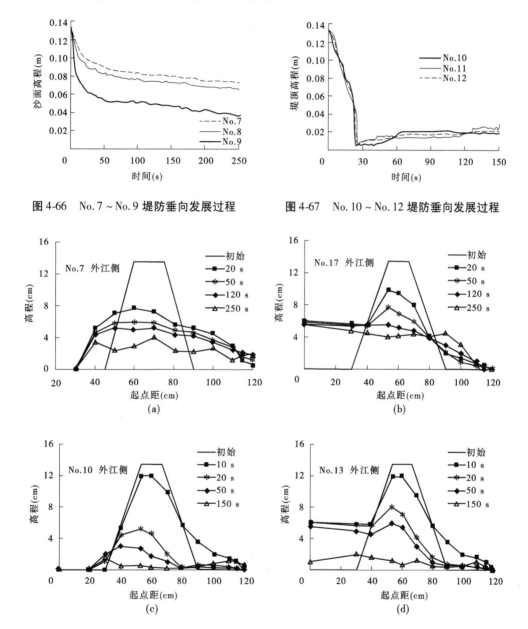

图 4-66　No.7 ~ No.9 堤防垂向发展过程　　　　　图 4-67　No.10 ~ No.12 堤防垂向发展过程

图 4-68　溃口横断面形态变化

图 4-68(c)、(d)是粗煤组成的堤防溃口横断面形态变化示意图,前者河床条件为不可冲,后者河床条件为可冲。可以看出,无论河床是否可冲,粗煤堤防的溃口垂向发展过程集中在前 50 s,粗煤比重远小于细沙,起动流速较小,冲刷过程发展迅速。不可冲河床条件下,150 s 时溃口底部粗煤仅剩下一薄层;可冲河床条件下,150 s 时河床粗煤厚度由最初的 5 cm 变为 1.5 cm,溃口底部粗煤厚度外江侧到内江侧逐渐变小。

可以看出,细沙堤防的抗冲力大于粗煤堤防,可冲河床的抗冲力大于不可冲河床,溃决初期溃口垂向发展较快,后期发展缓慢。

4.6.4.3 材料比重对溃口水位的影响

试验组次 No.6 和 No.9、No.12 堤防材料分别是粗沙、细沙和粗煤,溃决时河道流速基本相同,河道洪水位也相同,位于溃口区域的 4#、6# 观测点水位变化过程见图 4-69,将这三组水位变化过程进行对比分析,前 50 s 细沙的 4# 水位下降过程与粗沙堤防基本相同,50 s 后略低于粗沙堤防,变化趋势一致。细沙堤防 6# 观测点水位峰值出现略早于粗沙堤防,且峰值略大于粗沙堤防。

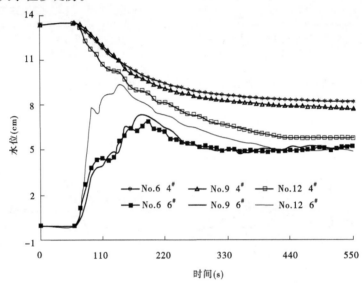

图 4-69 溃口处水位变化过程对比

粗煤堤防溃口水位变化过程与粗沙、细沙堤防差别较大,4# 观测点水位下降速度较快,且远低于另外两种材料堤防水位。6# 观测点水位在前 60 s 以很快的速度上升,峰值出现的时间略早,峰值远大于 No.6 和 No.9。分析其原因,与粗沙相比,细沙粒径偏小,起动流速较小,易被水流挟带走,溃口发展速度大于粗沙堤防,6# 水位峰值出现时间会略早且略大。粗煤堤防材料比重小,在水流作用下更容易被挟带走,溃口发展速度极快,溃口水位上升速度也较快,外江大量水位在短时间内涌入内江,水位峰值出现的时间较早,也相应较大。

4.6.4.4 溃口最终形态

图 4-70(a)、(b)分别为不可冲河床和可冲河床条件下细沙堤防的溃口最终形态图,平面形态上看沿溃决水流方向呈倒喇叭形,外江侧宽,内江侧窄,剖面形态上看,溃口断面上陡下缓,是因为上部是由堤身成块坍塌造成的,下部是水流冲刷塑造而成的。细沙不可冲河床 No.7 内外江侧口门宽度之比约为 1:1.3,堤顶宽度与堤底宽度比约为 1.1:1.4。细沙可冲河床 No.16 溃口内外江侧口门宽度比值 1:1.2,顶部与底部比值约为 1:1.6。溃口形态由水流流向决定,溃决水流与溃口呈一定角度交角,外江上游侧受到严重侵蚀,内江下游侧次之,可冲河床可以看出泥沙随溃决水流运动的路径。

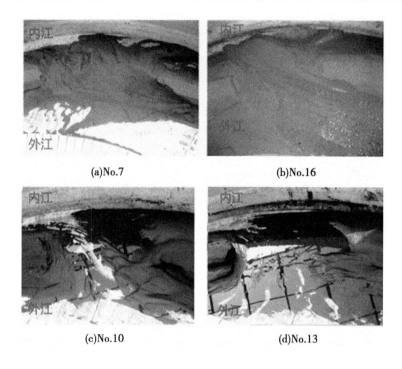

(a)No.7　　　　　　　　　　　(b)No.16

(c)No.10　　　　　　　　　　　(d)No.13

图 4-70　溃口最终形态

图 4-70(c)、(d)分别为不可冲河床和可冲河床条件下粗煤堤防的溃口最终形态图,平面、剖面形态与细沙堤防相似,不同的是溃口尺寸较大。不可冲河床条件下,溃口底部仅留有少量粗煤,与细沙堆积的坡脚角度相比,粗煤堆积形成的坡脚坡面角度较缓。随水流进入内江的粗煤在上游侧沉降形成淤积,下游侧被水流挟带走。不可冲河床溃口内江侧宽度小于外江侧,两者之比约为 1∶1.2。No.13 堤防材料是粗煤,河床条件可冲,与不可冲河床相比,溃口尺寸略小,内外江侧宽度之比约为 1∶1.1。

4.6.5　河床条件对溃决过程的影响

溃堤是水流运动引起溃口附近河床迅速变形的过程,河床的改变又会对水流运动状态产生影响,两者相互作用。因此,河床的可冲刷程度会对溃口发展产生一定影响,自然界中不同地域河流河床条件也不同,应考虑河床的可冲刷程度对溃决过程的影响。

4.6.5.1　河床条件对溃口展宽过程的影响

No.10 和 No.13、No.11 和 No.14、No.12 和 No.15 堤防材料均为粗煤,No.7 和 No.16、No.8 和 No.17、No.9 和 No.18 堤防材料均为细沙,溃决时河道平均流速分别相近,区别在于河床是否可冲。初始堤防断面分别见图 4-51(b)和图 4-51(c),起始水位相同。

由图 4-71 可见,粗煤组成的堤防,无论河床是否可冲,在溃决前 50 s 溃口发展速度基本相同,此后速度差异才开始显现。粗煤堤防在前 100 s 溃口发展迅速,100 s 后逐渐减缓,150 s 时基本稳定。前 100 s 细沙堤防溃口发展较为迅速,此后发展速度减缓直至稳定,不同河床条件下,同一时刻溃口尺寸差别较大,可冲河床溃口尺寸远小于不可冲河床溃口尺寸。粗煤堤防的溃口发展集中在前 100 s,细沙堤防的溃口发展缓慢持续,达到稳定状态所需时间较长。与不可冲河床相比,河床可冲条件下溃口发展速度较为缓慢,最终尺寸也较小。

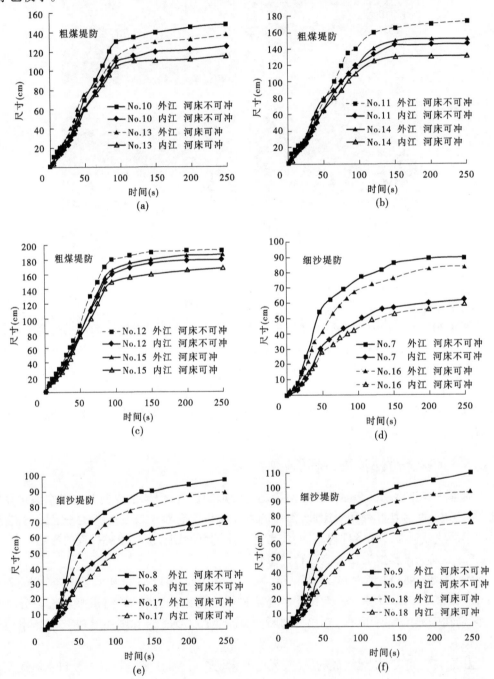

图 4-71　不同河床条件口门展宽过程

4.6.5.2　河床条件对溃口水位变化的影响

试验组次 No.7 和 No.16 堤防材料为细沙,河床条件分别为不可冲和可冲;No.10 和 No.13 堤防材料为粗煤,河床条件分别为不可冲和可冲。组次 No.7 和 No.16、No.10 和 No.13 溃决时河道断面平均流速基本相同,河道洪水位也相同,溃口水位变化对比分别见图 4-72 和图 4-73。

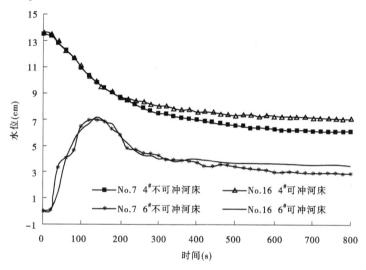

图 4-72　No.7、No.16 溃口处水位变化过程对比

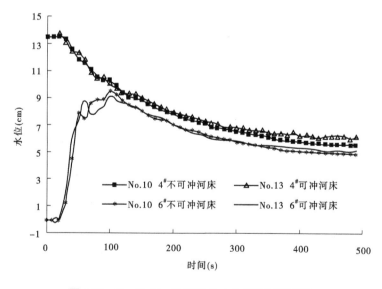

图 4-73　No.10、No.13 溃口处水位变化过程对比

$4^{\#}$、$6^{\#}$ 观测点分别位于溃口附近内江侧和外江侧,前 200 s 细沙堤防 $4^{\#}$ 观测点水位在可冲河床和不可冲河床条件下下降速度基本一致,200 s 以后不可冲河床条件下 $4^{\#}$ 水位下降速度较快,稳定后水位低于可冲河床条件。No.7 和 No.16 的 $6^{\#}$ 观测点水位变化趋势一致,均为先上升后下降,峰值出现的时间和大小基本相同,稳定后 No.7 的水位低于 No.16

的水位,可见河床是否可冲对于溃决前期溃口附近水位变化过程影响不大,溃决后期可冲河床溃口附近水位过程低于不可冲河床。

粗煤组成的堤防,溃决速度较快,通过4#、6#观测点水位变化过程可以看出前300 s河床条件对于溃口附近水位变化几乎没有影响,300 s以后不可冲河床溃口附近水位略低于可冲河床。与细沙堤防相比,粗煤堤防溃决过程发展较快,溃口外江侧水位下降速度较快,内江侧水位峰值也较大。

4.6.6　概化模型试验结论

非黏性土堤漫顶溃决过程与河道流量、洪水位、筑堤材料、河床条件和堤防断面形式等因素有关。

(1)根据溃口水流运动形态及溃口形态变化规律,将非黏性土堤漫顶溃决过程划分为四个阶段:堤内水流缓慢溢过堤顶呈水舌状的漫流阶段;堤防内江侧边坡被漫溢水流冲刷出一条狭窄冲刷槽的冲槽阶段;溃决水流冲刷使溃口迅速发展的展宽阶段;溃口流速减缓趋于稳定的基本稳定阶段。

(2)溃口横向展宽受河道流量、洪水位、材料粒径等因素影响。溃决初期河道流量对溃口展宽影响不明显,主要影响在溃决后期,河道来流量越大,溃口的最终宽度也越大。内外江水位差越大,溃口展宽速度越快,最终尺寸也越大。粗颗粒材料堤防在溃决前期展宽速度较快,后期逐渐减缓。溃决过程外江水位平稳下降,内江水位先急剧上升后缓慢下降,河道流量越大,稳定后的内外江水位也越高,内外江水位差越大,溃口内江附近的水位峰值越大。

(3)筑堤材料比重对溃口发展有重要影响,材料比重越小,起动流速就越小,堤防抗冲刷能力越弱,溃口冲蚀过程发展也越迅速,达到稳定的时间也越短,溃口最终宽度越大。溃口垂向发展主要在溃决初期,比重越小,垂向发展越迅速,溃口外江水位下降的越快,内江水位上升的越快,峰值出现的越早,值也越大。溃口最终形态从平面形态上看沿溃决水流方向呈倒喇叭形,外江侧宽,内江侧窄,剖面形态上看,溃口断面上陡下缓。

(4)溃决初期河床是否可冲对溃口发展基本无影响,进入展宽阶段后,河床可冲条件下,溃口展宽速度略慢,最终尺寸较小。河床可冲时,溃口附近水位变化过程较平稳,稳定后水位较高。

4.7　决口条件综合分析

黄河滩内生产堤是滩区群众为保护农田、滩区村庄自发修建的,现状生产堤不论两岸间距,还是断面尺寸、筑堤材料和施工质量都呈现出较大差异。主要表现在:

(1)生产堤间距上宽下窄,平面布局杂乱无章。河滩以上河段两岸生产堤间距较大,一般都在3.0 km以上,夹河滩—高村河段1.5~2.5 km,高村—孙口河段0.8~2.0 km,孙口以下河段1.0 km左右。

(2)生产堤断面差别大。生产堤顶宽一般4.0~6.0 m,高出当地滩面2.0 m;断面较大的,顶宽一般6.0~8.0 m,高出当地滩面2.0~3.5 m,靠近嫩滩修建的断面较小的生产堤,顶宽 1.0~4.0 m,高出当地滩面 1.0~2.0 m。

（3）堤身就地取土修筑,土质较差极易溃决或掉入河中。堤身土质有砂土、壤土不等,松软未压实,土坡无防护,同时很多堤段处于洪水容易顶冲或淘刷的范围,坐落的软弱河床冲积土层遇溜则塌,生产堤极易溃决或掉入河中。

（4）部分生产堤有预留（破除）口门,但预留（破除）的口门宽度小或位置大多不合理或留有比较高的底坎。

针对下游生产堤的特点,通过模型分析计算和概化模型试验,分析得出下游生产堤破坏形式主要为冲决和溃决。分析生产堤冲决条件时,考虑到生产堤一般为就近取土筑造,参考滩地颗粒级配,颗粒粒径主要分布在 0.062~0.25 mm。根据泥沙起动流速公式,综合分析下游生产堤不冲流速为 0.74~0.97 m/s。

生产堤堤身具有一定的透水性,产生渗流,背水侧堤坡及地基表面逸出段的渗流比降大于允许比降,就会在堤身背水侧产生渗透破坏,进而导致生产堤溃决。概化了下游滩区典型生产堤断面,进行了渗流分析,得出渗透梯度均随生产堤偎水深度的增加而增加,渗透破坏的风险也在逐步增大,当渗透梯度达到堤防的允许渗透比降时,就会产生渗透破坏。按照相关规范规定,砂壤土允许渗透比降为 0.35~0.5。由此确定生产堤渗透破坏临界水深在 1.5 m 左右。

另外考虑部分生产堤有预留（破除）口门和滩区生产堤决口具有一定的偶然性,在进行淹没风险分析时,生产堤决口位置也可以参考以往研究成果,结合专家经验,预设缺口。

第 5 章　黄河下游二维水沙演进模型

5.1　洪水淹没风险分析方法概述

洪水分析方法分为水文学法、水力学法和实际水灾法。

5.1.1　水文学法

水文学法通常是把水动力学模型方程组中的某些参数进行简化,得到水文学模型,用来解决洪水演进模拟、水量平衡计算等洪水问题。水文学法简单易行,在实际工程项目中运用效果较好。当实测资料缺乏时,可采用洪水风险要素简易估算法和简易破堤溢流计算方法等水文学方法进行洪水风险分析。

5.1.1.1　洪水风险要素简易估算法

洪水风险要素简易估算法即根据河道特征点同频率水位向河道两侧外延,并据以估算洪水要素。该法仅适用于水量小、山丘峡谷地区河流防洪保护区的洪水风险要素估计,是一种精度较低的方法。该方法分析步骤如下:①根据历史洪水调查资料,进行洪水频率分析和水面比降分析,得到调查断面不同洪水频率对应的水位。②根据调查断面不同水位,结合上下游水位落差,绘出不同频率河道水位纵剖面线,分别沿河道横断面两侧外延,水位以下部分为淹没剖面;把沿河若干断面上同频率水位标定在地形图上。③对比横断面上某频率水位与相应的地面高程,低于该水位的部分为该断面的淹没区,将两断面同频率水位连成的截面与截面投影范围内地面各点高程进行对比,凡低于截面上水位的部分,为两断面间的淹没范围。在淹没范围内,水面高程与地面高程之差,为淹没水深。在确定同频率水位时,必须考虑现状防洪系统的影响,并且要根据实际防洪能力对淹没范围做适当调整。

5.1.1.2　简易破堤溢流计算方法

简易破堤溢流计算方法适用于堤防保护区破堤溢流淹没计算与蓄滞洪区分洪淹没计算。该方法有两种途径:一种是采用简单方法估计分洪水量 V,然后按水位—容积曲线(H—V)查出相应的水位,得到洪水淹没范围,再结合地面高程反推各地淹没水深。另一种是根据洪水演算估计破堤分流过程,求得时段累积分洪量,再用水位—容积曲线(H—V)查出相应水位并反算出淹没范围和淹没水深。

5.1.2　水力学法

水力学法分为实体模型模拟和数值模拟方法。

(1)实体模型模拟。将某一区域的地形、河流、水利工程等按一定比尺缩小,进行洪水的水力学实体模型试验。由于比尺效应问题、场地及费用的原因等,整体模型目前已较少采用。实体模型模拟大多是对局部区域的模拟。进行局部模型模拟时应当注意模型的加糙及变态影响,以及较好地提供周边的控制条件。

（2）数值模拟方法。基于水量守恒及水动量守恒原理,通过计算机数值求解一组偏微分方程组以模拟洪水的非恒定演进过程。数值模型已可模拟单一河道、多汊河道、河网,单一区域,多区域及河道与区域复杂连接的洪水过程。

二维水动力学洪水分析参考步骤如下:

第一步:确定洪水来源,即风险辨识。可能的洪水来源包括漫溢、决堤、溃坝、分洪、当地暴雨等。某一洪水风险区的洪水可能包括几个来源,例如多条河道之间的区域,需要分别或同时考虑各河道洪水的淹没情况。

第二步:根据上述洪水可能波及的区域确定计算的地理边界。地理边界的确定办法包括参考历史洪水淹没情况,咨询当地水利专家,利用地形图和水利工程布置图等,通常是综合上述各种信息确定洪水分析的地理边界。

第三步:分析确定计算边界条件。不同类型的洪水来源其边界条件各不相同,同一类型洪水因基础资料的差异其边界条件的表现形式也不尽相同。

外边界条件:河道洪水的上边界条件宜采用计算区域所在河流上游距离最近的水文站的实际洪水流量过程或设计洪水流量过程,当上游有控制工程时,采用其设计的下泄流量过程;溃坝洪水的上边界条件则需通过计算确定坝址的溃坝流量过程;当地降雨内涝计算的上边界条件为设计暴雨或实测暴雨过程。下边界条件可以是下游距离最近的水文站的水位—流量关系,或大水体,例如湖泊、水库、海洋的水位、水位过程,控制性水利工程的调度规则等,在无上述资料时,可在计算区域下游河道至少五个断面距离以外近似采用曼宁公式计算确定下边界条件。

数学模型的精度和稳定性是模型开发者和使用者比较关注的两个方面。在二维水动力学模型的运行过程中,可能会出现程序崩溃的现象。程序提示出错原因常见的有分母为零、负值求开平方等,或者是程序虽然能计算完成,但是得出的结果确是非常不合理的,如出现了负的水深,或者出现了没有实际物理意义的很大的流速值等。出现这些情况的原因很多,情况也比较复杂,模型使用者首先检查计算区域的概化是否准确,边界条件设置是否合理,模型的输入文件是否正确,以及启动模型的初始参数设置是否在合理的范围内,如初始水深的设置是否合理、时间步长的设置是否合理等,一般来讲,如果不是模型本身的问题,通过上述检查应该能够驱动模型获得合理的计算结果。如果经上述检查依然出现程序运行崩溃的现象,模型使用者可以咨询模型的研发者或者开发商,进行详细的模型调试来寻找出错的真正原因。

5.1.3　实际水灾法

实际水灾法以区域洪水的自然特征和洪水重现规律为基础,根据区域的社会、经济、防洪工程建设等背景,通过典型场次水灾的水文分析、灾害特性指标分析,得到频率洪水发生时的风险信息。

使用实际水灾法进行洪水分析主要有两部分内容:一是还原当时洪水发生时的灾害情况,二是还原当时洪水在现状社会经济分布、工程建设等基本背景下的洪水风险情况。

前者主要是根据实测资料,分析历史洪水的重现期、洪水历时、洪峰、洪量及洪水流速等洪水特征信息,分析历史洪水的实际淹没范围、淹没水深、淹没历时等灾情指标。后者主要是根据历史洪水灾害调查,建立洪水灾害序列,对降雨、洪水等进行频率分析,根据当地洪水灾害的成因,以降雨或洪水频率为依据,综合考虑当年的洪水灾害损失情况,还原不同频率历史洪水的洪水淹没等风险信息,根据现状社会经济分布、防洪工程修建、防洪调度预案的实施情况等,局部修正历史洪水的淹没范围、水深分布等,使重现的典型场次洪水淹没范围反映当前的洪水风险信息。

实际水灾法反映了实际发生的洪水灾害,通常可与水文学法、水动力学法相结合,利用经验数据和数值模拟的手段来相互验证。实际水灾法也可以为水文学法和水动力学法的模拟提供基本数据信息。

5.2 模型控制方程和定解条件

采用 RSS 河流数值模拟系统中的平面二维模型作为分析计算模型。RSS 河流数值模拟系统界面见图 5-1。

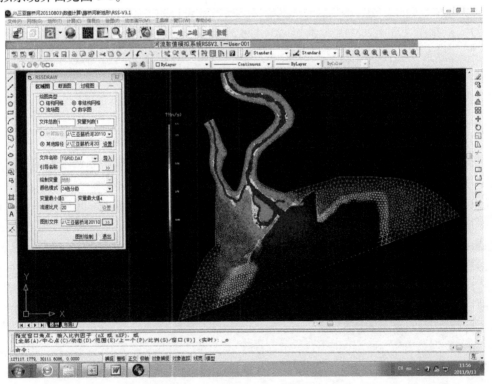

图 5-1 RSS 河流数值模拟系统界面

5.2.1 模型控制方程

数学模型控制方程如下:以 u、v 分别表示 x、y 方向的水深平均流速,直角坐标系中平面二维数学模型的控制方程包括：

水流连续方程

$$\frac{\partial Z}{\partial t} + \frac{\partial Hu}{\partial x} + \frac{\partial Hv}{\partial y} = q \tag{5-1}$$

水流动量方程

$$\frac{\partial Hu}{\partial t} + \frac{\partial Hu^2}{\partial x} + \frac{\partial Huv}{\partial y} = -gH\frac{\partial Z}{\partial x} - g\frac{n^2\sqrt{u^2+v^2}}{H^{\frac{1}{3}}}u + \frac{\partial}{\partial x}\left(\nu_{\mathrm{T}}\frac{\partial Hu}{\partial x}\right) +$$

$$\frac{\partial}{\partial y}\left(\nu_{\mathrm{T}}\frac{\partial Hu}{\partial y}\right) + \frac{\tau_{sx}}{\rho} + f_0 Hv + qu_0 \tag{5-2}$$

$$\frac{\partial Hv}{\partial t} + \frac{\partial Huv}{\partial x} + \frac{\partial Hv^2}{\partial y} = -gH\frac{\partial Z}{\partial y} - g\frac{n^2\sqrt{u^2+v^2}}{H^{\frac{1}{3}}}v + \frac{\partial}{\partial x}\left(\nu_{\mathrm{T}}\frac{\partial Hv}{\partial x}\right) +$$

$$\frac{\partial}{\partial y}\left(\nu_{\mathrm{T}}\frac{\partial Hv}{\partial y}\right) + \frac{\tau_{sy}}{\rho} - f_0 Hu + qv_0 \tag{5-3}$$

式中：Z 为水位与河底高程；q 为单位面积的源汇强度；H 为水深；n 为糙率；g 为重力加速度；ν_{T} 为水流湍动扩散系数；f_0 为科氏力系数，$f_0 = 2\omega_0\sin\psi$，ω_0 地球自转角速度，ψ 为计算区域的地理纬度；ρ 为水流密度；u_0、v_0 分别为水深平均源汇速度在 x、y 方向的分量；τ_{sx} 和 τ_{sy} 分别表示 x、y 方向的水面风应力。

5.2.2　定解条件

定解条件包括边界条件与初始条件。边界条件可以分为如下三类：

（1）上游进口边界（开边界）Γ_1。

$$U = U(x,y,t)(x,y) \in \Gamma_1 \tag{5-4}$$

$$V = V(x,y,t)(x,y) \in \Gamma_1 \tag{5-5}$$

对于河道模型上游进口边界一般给定进口断面流量，需要将进口断面流量转化为进口边界上的流速。假定进口边界各点水流为均匀流且水力坡降相等，则应用曼宁公式可得：

$$Q_{\mathrm{in}} = \sum_{i=1}^{NB} \frac{B_{\mathrm{in},i} H_{\mathrm{in},i}^{\frac{11}{6}}}{n_{\mathrm{in},i}}\sqrt{J} \tag{5-6}$$

$$\sqrt{J} = Q_{\mathrm{in}}\left(\sum_{i=1}^{NB}\frac{B_{\mathrm{in},i}H_{\mathrm{in},i}^{\frac{5}{3}}}{n_{\mathrm{in},i}}\right)^{-1} \tag{5-7}$$

$$U_{\mathrm{in},j} = \frac{1}{n_{\mathrm{in},j}}H_{\mathrm{in},j}^{\frac{2}{3}}\sqrt{J} = Q_{\mathrm{in}}H_{\mathrm{in},j}^{\frac{2}{3}}\left(n_{\mathrm{in},j}\sum_{i=1}^{NB}\frac{B_{\mathrm{in},i}H_{\mathrm{in},i}^{\frac{5}{3}}}{n_{\mathrm{in},i}}\right)^{-1} \tag{5-8}$$

式中：$U_{\mathrm{in},j}$ 表示进口第 j 个节点的流速；$H_{\mathrm{in},j}$ 表示进口第 j 个节点的水深。

（2）下游出口边界（开边界）Γ_2。

$$Z = Z_s(x,y,t)(x,y) \in \Gamma_2 \tag{5-9}$$

模型出口采用艾山站水位—流量关系。

（3）岸壁边界（闭边界）Γ_3。

$$U = 0; V = 0$$

5.2.3 泥沙问题处理

5.2.3.1 挟沙力公式采用

挟沙力是指在一定水沙综合条件下,水流能够挟带的悬移质中的床沙质的临界含沙量,当含沙量大于挟沙力时,河床淤积,反之则冲刷。水流挟沙力是数学模型的关键变量,张红武公式不仅适用于一般挟沙水流,还适用于高含沙水流。本次模型计算采用张红武挟沙力公式作为挟沙力计算公式,张红武挟沙力公式如下:

$$S_* = K\left[\frac{(0.002\ 2 + S_v)U^3}{\kappa\ \dfrac{\lambda_s - \lambda_m}{\lambda_m}gh\omega_m}\ln\left(\frac{h}{6D_{50}}\right)\right]^m \tag{5-10}$$

其中

$$\omega_m = \left(\sum_{k=1}^{M}\beta_{*k}\omega_k{}^m\right)^{\frac{1}{m}} \tag{5-11}$$

上式单位均为 kg - m - s 制。式中:λ_s、λ_m 分别为泥沙和浑水的密度;κ 为 Karman 常数,与含沙量有关;S_v 为体积含沙量;ω_m 为混合沙挟沙力的代表沉速;D_{50} 为床沙的中值粒径。K、m 分别为挟沙力系数和指数,根据对张红武公式的适应性分析,率定时,挟沙力指数取 $m = 0.62$,系数 K 值可利用实测资料确定。

5.2.3.2 非均匀沙水流挟沙力

由于本次是非均匀沙计算,要考虑非均匀沙水流的计算,其非均匀沙水流挟沙力的具体公式如下:

分组沙挟沙力为

$$S_{*k} = \beta_{*k}S_* \tag{5-12}$$

式中:β_{*k} 为水流挟沙力级配,其计算式如下

$$\beta_{*k} = \frac{\dfrac{P_k}{\alpha_k\omega_k}}{\displaystyle\sum_{k=1}^{M}\frac{P_k}{\alpha_k\omega_k}} \tag{5-13}$$

式中:P_k 为床沙级配;α_k 为恢复饱和系数。

5.2.3.3 泥沙沉速

泥沙沉速的计算采用张瑞瑾泥沙沉速公式进行计算,其公式如下:

(1)在滞性区($d < 0.1$ mm)

$$\omega = 0.039\frac{\gamma_s - \gamma}{\gamma}g\frac{d^2}{\nu} \tag{5-14}$$

(2)在紊流区($d > 4$ mm)

$$\omega = 1.044\sqrt{\frac{\gamma_s - \gamma}{\gamma}gd} \tag{5-15}$$

(3)在过渡区(0.1 mm < d < 4 mm)

$$\omega = \sqrt{\left(13.95\frac{v}{d}\right)^2 + 1.09\frac{\gamma_s - \gamma}{\gamma}gd} - 13.95\frac{v}{d} \tag{5-16}$$

式中:γ_s 为泥沙容重;γ 为水流容重;d 为泥沙粒径;黏滞系数 v 的计算公式为

$$v = \frac{0.017\,9}{(1 + 0.033\,7t + 0.000\,221t^2) \times 10\,000} \tag{5-17}$$

式中:t 为水温。

5.2.3.4　床沙起动条件

本次计算采用的床沙起动条件公式如下:

$$u_{ck} = \left(\frac{h}{d_k}\right)^{0.14}\left[17.6\frac{\rho_s - \rho}{\rho}d_k + 6.05 \times 10^{-7}\left(\frac{10 + h}{d_k^{0.72}}\right)\right]^{0.5} \tag{5-18}$$

式中:h 为断面平均水深;ρ_s 为泥沙密度;ρ 为水流密度。

5.2.3.5　恢复饱和系数

本次计算采用的恢复饱和系数公式如下:

不同粒径组采用不同的 α 值,在求解 S 时,取:

$$\alpha_k = 0.001/\omega_k^{0.5} \tag{5-19}$$

试算后判断是冲刷还是淤积,然后用下式重新计算恢复饱和系数。

$$\alpha_k = \begin{cases} \alpha_* / \omega_k^{0.3} & S > S^* \\ \alpha_* / \omega_k^{0.7} & S < S^* \end{cases} \tag{5-20}$$

式中:ω_k 的单位为 m/s;α_* 为根据实测资料率定的参数。

5.2.3.6　河道糙率

对非漫滩水流,河道糙率随流量的增加而减小。本次计算主槽糙率取 0.009 ~ 0.014,滩地糙率取 0.032 ~ 0.040。进行长系列水沙条件下河床冲淤变形计算时,随着水流条件的变化和河床冲淤状态变化,河道糙率也会发生变化。本次工作建立了糙率系数与河道冲淤面积之间的关系,计算时根据河道冲淤面积变化适时调整河道糙率。

$$n_{t,i} = n_{t-1,i} - \alpha\frac{\Delta A_{t,i}}{A_0} \tag{5-21}$$

式中:t 为时间;i 为断面编号;$\Delta A_{t,i}$ 为某时刻各子断面的冲淤面积;常数 α、A_0 和起始糙率根据实测河道水面线、断面形态、河床组成等综合确定,计算过程中,限定糙率计算值不超出一定的范围。

5.2.3.7　断面概化

黄河河道形态奇异,尤其是下游河道,需要进行概化。为了尽可能准确反映黄河下游的过流特点,需要将河道分为河槽、滩地并采用滩槽分区标记法对子断面进行标记,计算过程中优先满足主槽区域过流,只有在满足主槽过流,且水位大于主槽两侧滩顶高程的情况下,才使两侧滩地过水。

5.2.3.8　断面冲淤面积分配

根据黄河下游河道冲刷特性对冲淤面积分配方法进行修正。

(1)当淤积时,淤积物等厚度沿湿周分布,考虑黄河下游大洪水具有淤滩刷槽的作用,若断面过流量大于 1.5 倍的平滩流量,将淤积物等厚度沿滩面分布。

（2）当冲刷时，若断面过流量小于平滩流量，沿湿周将冲刷量等深度分配；当断面过流量大于平滩流量时，将冲刷量等深度分配在河槽内，滩地按不冲处理。

5.2.3.9 平滩流量估算

（1）根据曼宁公式估算平滩流量，即首先根据河道平滩流量的预估值采用一维模型推算河道沿程水面线，计算水面比降，然后根据断面形态确定各个断面的滩面高程，计算平滩河槽面积和槽深，进而采用曼宁公式计算各断面的平滩流量。曼宁公式如下：

$$\overline{Q}^1_{pt} = AC\sqrt{RJ} = \frac{1}{n^1_c}B^1_c(H^1_c)^{\frac{5}{3}}\sqrt{J^1_c} \tag{5-22}$$

式中：$\overline{Q}^1_{pt}$ 表示当前时刻平滩流量；n^1_c 为当前时刻河槽糙率；B^1_c 为当前时刻平滩水位对应的河宽；H^1_c 为当前时刻平滩水位对应的水深；J^1_c 为平滩流量对应的水面比降。

（2）根据数学模型计算的滩槽冲淤厚度分析滩槽高差来估算平滩流量变化。其估算公式为

$$\frac{\overline{Q}^1_{pt}}{\overline{Q}^0_{pt}} = \frac{\frac{1}{n^1_c}B^1_c\sqrt{J^1_c}}{\frac{1}{n^0_c}B^0_c\sqrt{J^0_c}}\left(\frac{H^1_c}{H^0_c}\right)^{\frac{5}{3}} = C_{coef}\left(\frac{H^1_c}{H^0_c}\right)^{\frac{5}{3}} \tag{5-23}$$

式中：$\overline{Q}^0_{pt}$ 为初始时刻平滩流量；n^0_c 为初始时刻河槽糙率；B^0_c 为初始时刻平滩河宽；H^0_c 为初始时刻平滩水深；J^0_c 为初始时刻平滩流量对应的水面比降。

5.3 网格剖分和地形处理

5.3.1 网格生成技术

在进行复杂河道数值模拟时，网格的形式和布置将直接影响计算精度，因此研究复杂河道的网格剖分技术对提高模拟精度具有重要的意义。

5.3.1.1 网格分类

数值模拟中所采用的计算网格按其拓扑结构可分为结构网格和非结构网格。结构网格的网格单元之间具有规则的拓扑结构，相互联接关系较为明确，根据某一网格编号很容易确定其相邻单元的编号。非结构网格的网格单元之间没有规则的拓扑结构，网格布置较为灵活，仅根据某一网格编号无法确定其相邻单元的编号。此外，按照网格单元的形状还可将计算网格分为三角形网格、四边形网格和混合网格。本书不讨论基于无网格法的流动模拟问题。

图 5-2 给出了数值模拟常用的计算网格分类，其中：结构网格包括直角网格（也称笛卡儿网格）和（非）正交曲线网格，此类网格的单元形状一般是单一的四边形；非结构网格包括非结构三角形网格、非结构四边形网格和非结构混合网格。不同网格的示意图见图 5-3。

5.3.1.2 数值模拟对网格的要求

网格是数值模拟的载体，其形式、布局及存储格式对计算精度和计算效率具有很大的

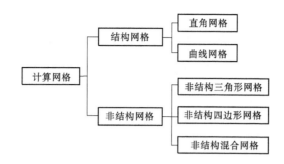

图 5-2 网格分类图

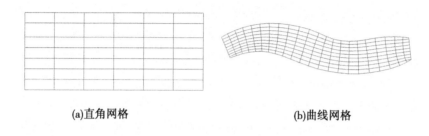

(a)直角网格   (b)曲线网格

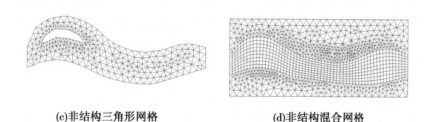

(c)非结构三角形网格   (d)非结构混合网格

图 5-3 网格示意图

影响。数值模拟对计算网格的要求一般表现在如下几个方面。

1. 网格正交性

网格正交性是指两个相邻网格单元控制体中心连线与其界面之间的垂直关系,如图 5-4 所示,若控制体中心连线 PE 垂直于界面 AB,则网格正交。网格正交性对计算精度具有一定的影响,非正交的计算网格可能会引入如下计算误差:①沿控制体界面的扩散项可分为垂直于界面的正交扩散项和垂直于控制体中心连线的交叉扩散项,对于非正交网格需计算交叉扩散项,但目前尚无法准确计算这一项;②在计算过程中常需

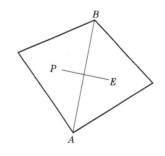

图 5-4 不规则网格正交性示意

要将变量由控制体中心插值到界面,如果网格非正交,则插值过程中必将引入计算误差;③如采用正交曲线坐标系下的控制方程,网格非正交也必将引入计算误差。因此,在条件许可的情况下尽量采用正交网格,不宜采用过分扭曲的网格。

2. 网格尺度

网格尺度是指网格单元的大小,网格尺度对数值模拟的精度及计算工作量具有重要影响。从计算精度来看,控制方程的离散格式一经确定,网格的尺度及其分布特性就成为决定计算精度的关键因素。直观来看,网格尺度越小计算误差也越小,而实际上却并非如此。这是由于影响计算精度的因素非常复杂,尤其是对非恒定流计算,大量的计算实践表明:若网格尺度太大,计算精度肯定会较低;反之,若网格尺度过小,除计算量较大外,内部网格上的变量对边界条件变化的反映较为迟缓,计算所得数值流动过程和物理流动过程会存在较大相位差,计算精度相反不高。由此可见,数模计算所采用的网格尺度应与计算区域和拟建工程的尺度相匹配,并非越小越好,且尽量使网格过渡平顺,避免大网格直接连接小网格,否则会影响收敛,如果相邻两个网格的尺度之比在 1.5 ~ 2.0 之内不会对计算误差产生重大影响。

3. 网格布置

网格布置是指网格单元的形状与分布,如单元长宽比、走向等。网格布置对数值模拟的影响较大且非常复杂。目前对该问题的认识多是经验性的。在网格生成的过程中一般应注意以下几点:①对于规则的区域采用规则网格(如直角网格)的计算精度要高于非规则网格(如三角形网格);②在流动区域内垂直于流动方向上至少有 10 个以上的计算网格,否则将造成计算流场失真;③网格走向应尽可能与流动方向一致,以减小数值扩散或地形插值带来的误差,尤其是在靠近壁面或地形变化比较剧烈的区域,如天然河道的滩槽交界处(见图 5-5),在网格布置较稀或网格走向与水流方向夹角过大的情况下,地形插值后相当于将在河岸处附加一突起物[见图 5-5(a)],此时可以通过调整局部网格走向或局部加密等方法对网格进行优化[见图 5-5(b)],以尽可能减少计算误差。

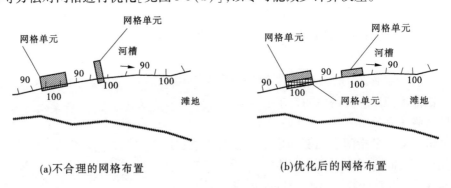

(a)不合理的网格布置　　　　　　　　(b)优化后的网格布置

图 5-5　网格布置示意图

4. 网格的存储格式

对于非结构网格,由于其网格单元之间没有规则的拓扑结构,存储网格信息时不仅需要存储网格节点的信息,还需要存储网格单元之间的连接关系。对于结构网格,由于其具有规则的拓扑结构,存储网格信息时一般只需要存储网格节点的信息,不需要存储网格单元之间的连接关系。考虑到在数值模拟过程中,往往需要根据计算工作的需要选择不同的计算网格。因此,可以考虑将不同的计算网格按照统一的格式进行存储,并编制一套通用的流场计算程序使其可直接基于所有的计算网格进行求解,这样不但可提高计算程序对复杂区域的适应能力,也能减少程序编制的工作量。

从拓扑结构来看,结构网格可以看作是非结构网格的特例,因此可以将结构网格按照非结构网格的存储格式进行存储,即存储时既记录节点的坐标,同时记录其连接关系,可采用如下格式存储网格信息:

$$\text{节点}\begin{cases}\text{坐标 } X \\ \text{坐标 } Y\end{cases}\qquad\qquad\text{单元}\begin{cases}\text{顶点 }1 \\ \text{顶点 }2 \\ \text{顶点 }3\end{cases}$$

5.3.1.3　网格适用性分析

不同的网格具有不同的优缺点,对计算区域的适应能力也有差别。网格适用性分析就是对不同网格的适用性进行评价,以便为数值模拟时选择网格提供参考。评价网格的适用性应该从数值模拟对计算网格的需求出发,从网格布置、计算精度、计算工作量、网格生成与后处理工作的难易程度等多方面综合评价。

1. 结构网格的适用性

目前,结构网格中的曲线网格是河流模拟中应用较为广泛的一种网格。河流数值模拟中的(非)正交曲线网格一般是由求解 Poisson 方程生成的,该过程与求解流动区域内的等势线和流线相似,由其所得的网格可以看成是由等势线和流线形成的,因此网格走向与水流方向基本上相互平行,这可以在一定程度上减少网格与流向非正交引起的数值耗散。由此可见,曲线网格是工程湍流模拟的首选网格。诸多天然河道的计算实践也表明:如果能够保证网格走向与水流方向基本平行,最小内角大于 88°,且网格布置比较合理,其计算精度将高于非结构网格。

2. 非结构三角形网格的适用性

非结构三角形网格的网格布置较为灵活,对复杂区域的适应能力较强,对汊道较多的复杂河道或需局部加密的计算区域,可有效提高计算精度。但是其生成较为困难,数据结构复杂,且计算量较大,在同样网格尺度下其计算量约是四边形网格的 2 倍。因此,进行流动模拟时,若生成布局合理的结构网格确实有困难,才应考虑使用非结构三角形网格。例如:对图 5-6 所示的复杂区域,河道内汊道众多,水流漫滩后的流向变化非常复杂,若采用曲线网格很难生成满足计算要求的网格,此时可考虑采用非结构三角形网格对计算区域进行剖分。

3. 非结构四边形网格的适用性

非结构四边形网格与非结构三角形网格相比,在网格尺度基本相同的情况下,网格数目较少,计算速度快,计算精度高,能适应复杂边界。但是其生成较为困难,目前一般采用三角合成法生成非结构四边形网格,即先生成非结构三角形网格,再将三角形合成生成非结构四边形网格。

4. 非结构混合网格的适用性

在对工程湍流运动进行数值模拟的过程中,如果流动边界发生变化,其计算区域也需要相应调整。例如:对于主河道较窄而滩地较宽的平原河道(或是串流区),水流漫滩前、后计算区域会发生明显的变化。如采用传统的(非)正交曲线网格,则网格走向难以与水流方向保持一致,且河槽内的网格数目较少[见图 5-7(a)],进行水流漫滩前的流动模拟

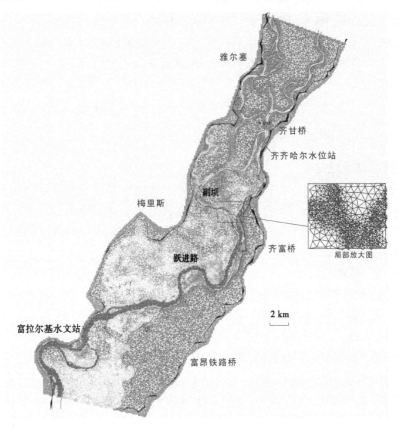

图 5-6　适应于复杂河道的非结构三角形网格

时计算误差较大；如采用非结构三角形网格，虽然其网格布置较为灵活且便于进行局部加密，但其计算工作量往往较大，在同样网格尺度下其网格数量约是四边形网格的 2 倍。在进行此类河道的网格剖分时，也可考虑采用混合网格，即沿主槽布置贴体四边形网格，以使网格顺应水流方向及减少网格数量，在滩地则布置非结构三角形网格，以使网格能够适应复杂的几何边界［见图 5-7(b)］。

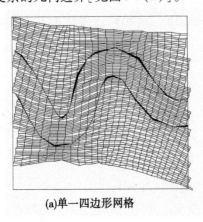

(a)单一四边形网格　　　　　　　　　(b)三角形四边形混合网格

图 5-7　复式河道的网格剖分示意图

5.3.1.4 网格生成方法

考虑到在水利水电工程领域对工程湍流进行模拟时三维计算网格一般都是以平面上的二维网格为基础的,在垂向上布置直角网格或 σ 坐标网格构成,因此下面主要讨论二维网格的生成方法。

1.结构网格的生成方法

(1)直角网格的生成方法。

直角网格是计算流体力学领域使用最早,也是最易生成的网格。该网格的主要生成方法就是根据计算区域的大小,划分包含计算区域的直角网格,与计算区域边界相交的网格按照流动边界条件处理,落在计算域的网格直接参与数值计算,落在计算区域外的网格不参与计算。这种方法虽然简单,但是在边界处容易出现"齿状"边界,因而不易准确处理边界条件。为克服直角网格的缺点,自 20 世纪 90 年代以来,又发展了自适应直角网格,其通过局部加密及边界上的一些特殊处理来适应不规则边界。考虑到目前直角网格在水利水电工程领域的流动计算中应用不多,因此不再做详细介绍,有兴趣的读者可参考相关计算流体力学专著。

(2)曲线网格的生成方法。

生成曲线网格的方法有多种,如代数法、求解微分方程法等,其中用得较多的是求解椭圆型微分方程法。求解椭圆型微分方程法最早是由 Thompson、Thames 和 Martian 等在 1974 年提出的,也称为 TTM 方法,其基本思想就是将物理平面 (x,y) 上的不规则区域变换到计算平面 (ξ,η) 上的规则区域,并通过求解 x,y 平面中一对拉普拉斯(Laplace)方程在物理平面和计算平面上生成一一对应的网格。拉普拉斯变换的控制方程:

$$\left.\begin{array}{l} \xi_{xx} + \xi_{yy} = 0 \\ \eta_{xx} + \eta_{yy} = 0 \end{array}\right\} \tag{5-24}$$

式(5-24)的边界条件为:

$$\left\{\begin{array}{ll} \xi = \xi_1(x,y),\eta = \eta_1 & [x,y] \in \Gamma_1 \\ \xi = \xi_2(x,y),\eta = \eta_2 & [x,y] \in \Gamma_2 \end{array}\right. \tag{5-25}$$

式中: Γ_1 和 Γ_2 分别为计算区域的内边界和外边界; η_1 和 η_2 分别为两任意给定的常数; ξ_1 和 ξ_2 分别为沿 Γ_1 和 Γ_2 的任意选定的单调函数。

将式(5-24)转化为以 (ξ,η) 为自变量,以 (x,y) 为因变量的控制方程:

$$\left.\begin{array}{l} \alpha x_{\xi\xi} - 2\beta x_{\xi\eta} + \gamma x_{\eta\eta} = 0 \\ \alpha y_{\xi\xi} - 2\beta y_{\xi\eta} + \gamma y_{\eta\eta} = 0 \\ \alpha = x_\eta^2 + y_\eta^2, \beta = x_\xi x_\eta + y_\xi y_\eta, \gamma = x_\xi^2 + y_\xi^2 \end{array}\right\} \tag{5-26}$$

式(5-26)的边界条件为:

$$\left\{\begin{array}{ll} x = f_1(\xi,\eta_1), y = f_2(\xi,\eta_1) & [\xi,\eta_1] \in \Gamma_1 \\ x = g_1(\xi,\eta_2), y = g_2(\xi,\eta_2) & [\xi,\eta_2] \in \Gamma_2 \end{array}\right. \tag{5-27}$$

求解方程(5-26)即可生成物理平面上的曲线网格。采用该方法所生成的网格虽然能适应较为复杂的边界,且网格线光滑正交,但因只能通过调整边界上的 ξ、η 来控制物理域的网格疏密,较难实现内部点的控制。为此,可以在 Laplace 方程的右端置以 P、Q 源项,使之成为如下的 Poisson 方程：

$$\begin{cases} \xi_{xx} + \xi_{yy} = P(x,y) \\ \eta_{xx} + \eta_{yy} = Q(x,y) \end{cases} \qquad (x,y) \in D \qquad (5\text{-}28)$$

将式(5-28)转化为以(ξ，η)为自变量，以(x，y)为因变量的控制方程，有

$$\begin{cases} \alpha x_{\xi\xi} - 2\beta x_{\xi\eta} + \gamma x_{\eta\eta} + J^2(Px_{\xi} + Qx_{\eta}) = 0 \\ \alpha y_{\xi\xi} - 2\beta y_{\xi\eta} + \gamma y_{\eta\eta} + J^2(Py_{\xi} + Qy_{\eta}) = 0 \end{cases} \qquad (x,y) \in D \qquad (5\text{-}29)$$

式(5-29)中的 P、Q 是调节因子，其作用是调整实际物理平面上曲线网格的形状及疏密程度；$J = x_{\xi}y_{\eta} - x_{\eta}y_{\xi}$。式(5-29)的源项控制方法有多种，目前常用的控制方法大致有两类：一类是根据正交性和网格间距的要求直接导出 P、Q 源项的表达式，如 TTM 方法；另一类是在迭代过程中根据源项的变化情况，采用"人工"控制实现所期望的网格，如 Hilgenstock 的方法。P、Q 的函数表达式为：

$$P(\xi,\eta) = -\sum_{i=1}^{n} a_i sign(\xi - \xi_i) \exp(-c_i |\xi - \xi_i|) -$$

$$\sum_{j=1}^{m} b_j sign(\eta - \eta_j) \exp(-d_j \sqrt{(\xi - \xi_j)^2 + (\eta - \eta_j)^2}) \qquad (5\text{-}30)$$

$$Q(\xi,\eta) = -\sum_{i=1}^{n} a_i sign(\eta - \eta_i) \exp(-c_i |\eta - \eta_i|) -$$

$$\sum_{j=1}^{m} b_j sign(\eta - \eta_j) \exp[-d_j \sqrt{(\xi - \xi_j)^2 + (\eta - \eta_j)^2}] \qquad (5\text{-}31)$$

式中：m 和 n 分别表示 ξ、η 方向上的网格数量；a_i 和 b_j 分别为控制物理平面上向 ξ、η 对应的曲线密集和向(ξ，η)对应的点密集度，取值 $10 \sim 1\ 000$；c_i 和 d_j 分别为控制网格线密集程度的渐次分布，称为衰减因子，取值 $0 \sim 1$。一般需要通过多次试算才能确定 a_i、b_j、c_i、d_j。

2. 非结构三角网格的生成方法

生成非结构三角形网格的方法有规则划分法、三角细化法、修正四权树/八权树法、Delaunay 三角化法、阵面推进法，其中比较成熟的方法为 Delaunay 三角化法和阵面推进法。由于采用 Delaunay 三角化算法生成网格具有速度快、网格质量好等优点，下面主要讨论如何利用 Delaunay 三角化算法生成非结构三角形网格。

1）Delaunay 三角化方法的原理

Delaunay 三角化方法的依据是 Dirichlet 在 1850 年提出的由已知点集将平面划分成凸多边形的理论，其基本思想就是：给定区域 Ω 及点集$\{P_i\}$，则对每一点 P，都可以定义一个凸多边形 V_j，使凸多边形 V_j 中的任一点与 P 的距离都比与$\{P_i\}$中的其他点的距离近。该方法可以将平面划分成一系列不重叠的凸多边形，称为 Voronoi 区域，并且使得 $\Omega = YV_i$，且这种分解是唯一的。如：在图 5-8 形成的 Voronoi 图中，由 9 个点组成的点集按照 Dirichlet 理论将平面划分为若干个凸多边形，其中有的凸多边形顶点在无穷远处，以点 5 为例，点 5 所拥有凸多边形 $V_2V_3V_4V_6V_8$ 中每一点距离点 5 都比其他 8 个点近。凸多边形的每一条边都对应着点集中的两个点，如 $V_2V_3V_4V_6V_8$ 中的边 V_2V_3 对应点对$(2,5)$，边 V_3V_4 对应点$(4,5)$，……这样的点称为 Voronoi 邻点，将所有的 Voronoi 邻点连线，则整个

平面就被三角化了。由此可见,对于给定点集的区域,该区域的 Voronoi 图是唯一确定的,相应的三角化方案也唯一确定。根据这一原理并结合上述数据关系,可以实现对任意给定区域的 Delaunay 三角化。

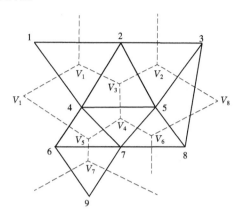

图 5-8　Voronoi 图形和三角化

Delaunay 三角形具有一些很好的数学特性:①唯一性,对点集 $\{P_i\}$ 的 Delaunay 三角剖分是唯一存在的;②外接圆准则,即 Delaunay 三角形的外接圆内不含点集 $\{P_i\}$ 中的其他点;③均角性,即给出网格区域内任意两个三角形所形成的凸四边形,则其公共边所形成的对角线使得其六个内角的最小值最大,这一特性能保证所生成的三角形接近正三角形。在这几条性质尤其是外接圆准则在 Delaunay 三角剖分算法中有着非常重要的作用。不少学者根据这些特性提出了一系列算法,其中 Bowyer 算法经过不断的改进已经成为比较成熟的算法之一。但是传统的 Bowyer 算法尚存在一些不足之处。

2)传统的 Bowyer 算法及讨论

要实现对给定区域的 Delaunay 三角剖分,首先要建立一套有效的数据结构来描述上述数据关系。数据结构要能有效地组织数据,以提高网格生成的效率。在二维网格情况下,网格生成要处理的集合元素包括点和三角形。传统的 Bowyer 算法一般采用如下数据结构:

$$
\text{节点}\begin{cases}\text{坐标}\ x\\ \text{坐标}\ y\end{cases}
\qquad
\text{三角形}\begin{cases}\text{顶点 1}\\ \text{顶点 2}\\ \text{顶点 3}\end{cases}
\qquad
\text{三角形}\begin{cases}\text{相邻三角形 1}\\ \text{相邻三角形 2}\\ \text{相邻三角形 3}\end{cases}
$$

为便于描述传统 Bowyer 算法的三角化过程,下面以图 5-9 为例对传统的 Bowyer 算法进行说明,其三角化过程如下:

第一步:数据结构初始化。

给定点集 $\{P_i\}$,要实现 Delaunay 三角划分首先需给出初始化的 Voronoi 图。为此可确定一个包含 $\{P_i\}$ 的凸多边形(一般给出一个四边形)并对其进行初始 Delaunay 三角划分,形成初始化的 Voronoi 图,如图 5-9(a)对于四边形 1234 的 Delaunay 三角划分。表 5-1 给出了初始化 Voronoi 图的数据结构。

第二步:引入新点。

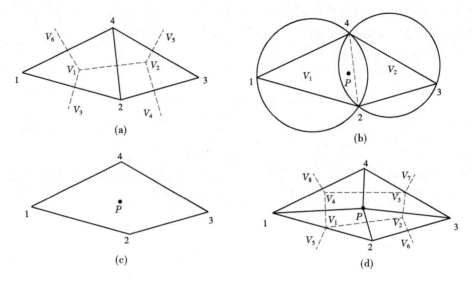

图 5-9　Delaunay 三角形的剖分过程

在凸壳内引入一点 $P \in \{P_i\}$，新引入的点将破坏原来的三角化结构，要删除一些三角形，并形成新的三角形。

第三步：确定将要被删除的三角形。

根据外接圆准则，如果新引入的点落在某个三角形的外接圆内，那么该三角形将被删除。确定与被删除的三角形相邻而自己又未被删除的三角形，记录其公共边，如图 5-9(b)所示，三角形 V_1、V_2 将被删除。

第四步：形成新的三角形。

将 P 点与第三步所确定的公共边相连，形成新的三角形。

第五步：找出新三角形的相邻三角形。

如果某一个三角形的三个顶点中有两个与新三角形中的两个顶点重合，则这个三角形是新三角形的相邻三角形。更新 Voronoi 图的数据结构重复第二步至第五步不断引入新点，直到所有的点都参加到平面划分中。

表 5-1　初始化时 Voronoi 图的数据结构

三角形	顶点			相邻三角形		
V_1	1	2	4	V_3	V_2	V_6
V_2	2	3	4	V_1	V_4	V_5
V_3	1	2	—	V_1	—	—
V_4	2	3	—	V_2	—	—
V_5	3	4	—	V_2	—	—
V_6	1	4	—	V_1	—	—

3）对传统 Bowyer 算法的讨论

从上面列举算法的步骤可以看出，Bowyer 算法的剖分过程中是一个不断加入新点，不断打破现有的 Voronoi 图和数据结构,同时又不断更新 Voronoi 图和数据结构的过程。这种算法为实现 Delaunay 三角剖分提供了思路,但其存在如下几点不足之处:

(1)Bowyer 算法容易破坏边界,并且对边界的恢复比较困难。对于边界的检查和恢复,现有文献中提到最多的、最实用的算法就是边界加密算法。

(2)Bowyer 算法在剖分过程中,既要搜索被删除的三角形,又要搜索被删除三角形的相邻三角形及其相邻边。所以,其搜索过程过于烦琐,对删除三角形的搜索和新三角形及其相邻三角形的确定将消耗大量机时,随着 $\{P_i\}$ 中点的个数的增加,计算量将呈平方级增加,剖分效率很低。虽然已有改进的 Bowyer 算法确实提高了它的剖分效率,但都没有设法回避烦琐的搜索过程。

(3)在 Bowyer 算法中判断一点在圆内还是在圆外是基于浮点数运算的结果,浮点运算的舍入误差可能误判三角形是否被破坏,而 Bowyer 算法又要基于这种判断来搜索被删除的三角形并确定新三角形及其相邻三角形。有时候一个三角形会找到 4 个或 4 个以上的相邻三角形,超出相邻三角形数组的下标范围,造成程序非正常中断。这种现象在均匀网格系统的剖分过程中一般表现不出来,但是在对复杂区域进行剖分时,特别是边界尺度对比较大或是点集 $\{P_i\}$ 分布极为不规则时,这种现象就很容易发生。这是 Bowyer 算法最致命的缺陷。徐明海,张俨彬,陶文铨的“一种改进的 Delaunay 三角形剖分方法”曾提及过这种缺陷并建议采用双精度数据类型计算圆心。

(4)在传统的 Bowyer 算法中,经常是先构造一个包含 $\{P_i\}$ 四边形凸壳,然后进行数据结构初始化。这种数据结构初始化方法简单易行,但是如果边界尺度对比较大就会造成某些三角形外接圆半径很大,计算这些三角形的外接圆圆心时就会有较大的浮点数运算误差从而为程序非正常中断埋下隐患,所以这种数据结构初始化方案并不理想。

对 Bowyer 算法的前两点不足之处已经有不少文献对其进行了探讨,并找到了许多方法解决上述缺陷。但是对于 Bowyer 算法的第三个缺陷,虽然现有资料对其描述很少,但并不说明这种缺陷不存在,武汉大学刘士和等曾用长江某河段 11 万个地形数据点做试验,用传统的 Bowyer 算法因上述原因中断,用 Matlab 中的 Delaunay(x,y) 函数进行剖分也不能输出正确的结果,这说明传统的 Bowyer 算法确实存在这方面的缺陷,因此迫切需要找出一种改进算法来解决这一问题。

4)改进的 Delaunay 三角化方法

从上面的分析可以看出,Bowyer 算法的第三个缺陷是由于错误的判断和烦琐的搜索过程相互影响而导致的。错误的判断将导致错误的搜索结果,形成非正常的三角形,从而形成连锁反应。这种错误在计算过程中一旦发生就会“愈演愈烈”形成“多米诺骨牌效应”。但是以前对 Bowyer 算法的改进主要是针对数据结构和搜索方法的修改,只是提高了剖分效率,并没有降低算法的复杂度也没有回避复杂的搜索过程,所以也就不可能从根本上解决这一问题。对传统的 Bowyer 算法,如果能回避不必要的搜索过程,用一种新的算法来确定新三角形及其相邻三角形,就可以避免出现错误的连锁反应。针对这一问题,作者曾提出了一种新算法,回避了一些不必要的搜索过程,避免了上述问题。同时,新算法还简化了数据结构,提高了计算效率,下面对其进行简要的介绍。

新算法在三角化过程中将传统算法的数据结构简化为:

$$\text{节点}\begin{cases}\text{坐标 } x\\ \text{坐标 } y\end{cases}\qquad\qquad\text{三角形}\begin{cases}\text{顶点 }1\\ \text{顶点 }2\\ \text{顶点 }3\end{cases}$$

在生成三角形的过程中,无须记录相邻三角形,具体步骤如下:

第一步:数据结构初始化。

对于给定的点集$\{P_i,i=1,\cdots,N\}$,利用平面点集的凸壳生成算法生成包含点集$\{P_i\}$凸壳,并用凸多边形三角剖分算法对凸壳进行三角剖分,形成初始数据结构。图 5-10(a)为由凸壳生成算法生成的凸壳(多边型 123456789)以及由凸多边形三角剖分算法生成的初始化的 Voronoi 图。

第二步:引入新点。

在凸壳内引入一点$P\in\{P_i\}$,新引入的点将破坏原来的三角化结构,要删除一些三角形,并形成新的三角形。

第三步:确定将要被删除的三角形。

根据外接圆准则,如果新引入的点落在某个三角形的外接圆内,那么该三角形将被删除。这些被删除的三角形的顶点,将构成P的相邻点集$\{PN_j,j=1,\cdots,N_{\text{PN}}\}$($N_{\text{PN}}$为$P$的邻点的个数)。

第四步:形成新的三角形。

将P点与$\{PN_j\}$内的各点连线,并按照线段PPN_j与X轴夹角$\theta_0(0°<\theta_0<360°)$的大小对$PN_j$进行排序。连接$P$、$PN_j$、$PN_{j+1}$形成新的三角形。

第五步:更新数据结构。

记录新三角形。重复第二步至第五步不断引入新点,直到所有的点都参加到平面划

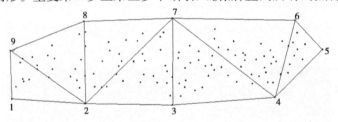

(a)由离散点生成的初始化Voronoi 图

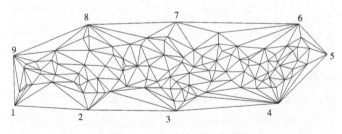

(b)由离散点生成的三角形网格

图 5-10　由离散点生成的初始化 Voronoi 图和三角形网格

分中,形成三角形网格见图 5-10(b)。

5)对改进算法的几点说明和讨论

(1)新算法的第一步比传统算法复杂,但是在对纵横尺度对比较大的区域进行剖分时,该方法能形成一个较理想的初始化数据结构,有利于程序运行的稳定。当计算区域纵横尺度对比接近 1 时,没必要这么做。

(2)新算法的第四步用一个排序过程代替了以往算法中复杂的搜索过程。这一改进减少了新三角形及其相邻三角形确定过程中的搜索步骤,防止出现"多米诺骨牌效应"。即使某步出现错误判断,也只会对该步生成的三角形质量造成影响,后插入的点还会对此影响进行修正,比较彻底解决了程序非正常中断这一问题。与此同时该算法还简化了数据关系,减少了搜索步骤。对 $\{PN\}$ 内的各点进行排序,实际上就是确立 $\{PN\}$ 内的各点的连接关系,生成一个顶点按逆时针排列的多边形空腔,然后将 P 与多边形空腔连线形成新的三角形。另外需要说明的是,新算法虽然增加了对 $\{PN_j\}$ 中的各点进行排序这一操作,但是 $\{PN_j\}$ 中点的数目 N_{PN} 并不多,一般 $6\sim8$ 个,并且不随点集中点数目的增加而增加,所以不会过多地耗费机时。图 5-11 显示了改进算法在 CPU2.6GHZ 电脑上运行时生成三角形数量 N_e 和所用时间 t 的关系。

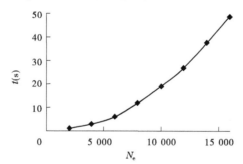

图 5-11　新算法生成三角形数量与运行时间关系

(3)由平面点集生成凸壳的算法。

平面点集生成凸壳的算法有多种,主要有卷包裹法、格雷厄姆法、分治法、增量法,在此不再一一论述,具体算法见周培德的《计算几何—算法分析与设计》。作者曾将卷包裹法和格雷厄姆法组合起来,提出了一种新的生成凸壳的算法,描述如下:

第一步:选取 y 值最小的点作为参考点 P_1,将离散数据点按照它们与参考点之间的线段的角度的大小对数组进行排序。在离散点数组后面追加一组数,将 P_1 的坐标值赋给这组数,则 P_1、P_2、P_n、P_{n+1} 均为凸多边形的顶点。

第二步:以 P_2 为参考点,从 P_2 后面的所有数据中搜索与 P_2 连线角度最小的点,这一点为凸多边型的新顶点 P_3。

重复第二步,不断搜索,直到搜索到的新顶点为 P_1。

（4）多边形三角化的算法。

文献给出了凸多边形的三角化方法。

第一步：求出凸多边形的直径，并记录直径的两个端点 P_i、P_j。

第二步：比较 $P_{i-2}P_i$、$P_{i-1}P_{i+1}$、P_iP_{i+2} 的大小，取较短对角线，删除相应的顶点，并输出相应的三角形。对 P_j 做同样的处理。如图 5-12 所示 15 为直径，经过判断输出三角形 129、456，删除顶点 1、5。

第三步：由剩余的点构成新的多边形，重复 Step1、Step2 直到所有的凸多边形的顶点数为 3。

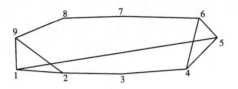

图 5-12　凸壳的三角化过程

6）用改进的 Delaunay 三角化方法生成非结构三角形网格

（1）需要解决的问题。

要实现利用 Delaunay 三角化方法生成自适应的非结构网格，还需要解决以下几个问题：

①内点自动插入技术。

Delaunay 三角化方法只提供了一种对于给定点集如何相连形成一个三角形网格的算法，但它并没有说明节点是如何生成的。因此，必须找到一种有效的方法来生成节点，尤其是内部节点。对于区域内部节点的生成，主要有两种方法，即外部点源法和内部节点自动生成法。外部点源法通过采用结构化背景网格方法或其他方法，一次性生成区域剖分所需的全部内部节点，这种方法虽然简单易行，但不易实现自适应技术。对于内部节点自动生成法有许多布点策略，朱培烨的"Delaunay 非结构网格生成之布点技术"提到 3 种布点技术：重心布点、外接圆圆心布点和 Voronoi 边布点策略。建议采用田宝林的《基于 Delaunay 三角剖分的非结构网格生成及其应用》文中提出的节点密度分布函数这一概念，定义边界点的节点密度：

$$Q_i = \left[d(P_i, P_{i-1}) + d(P_i, P_{i+1}) \right] / 2 \tag{5-32}$$

式中：$d(P_i, P_j)$ 为两点之间的距离，首先计算边界点的节点密度 Q_i。由边界点生成 Delaunay 三角形，在三角形形心处定义一待插节点 P_{add}，P_{add} 的节点密度 $Q_{P_{add}}$ 可以由它所在的三角形的顶点的节点密度插值得到，然后计算 P_{add} 到所在的三角形每个顶点的距离 d_m（$m = 1, 2, 3$），如果 $d_m > \alpha Q_{P_{add}}$（α 为一经验系数），则将该点确定为待插节点。

②边界的完整性。

对于一个剖分程序，十分重要的一点就是要求确保边界的完整性，而 Delaunay 三角化方法的缺点之一就是容易造成边界被破坏，所以用 Delaunay 三角化方法生成非结构网格时一定要检查边界的完整性并恢复被破坏的边界。对于边界完整性的处理，文献中提到最多的算法就是边界加密算法，即在网格剖分前建立边界连接信息表，剖分完毕后检查边界是否被破坏,如果边界被破坏,就在丢失的边的中点处加一个点,并将这点加入新的点集中参与三角剖分。

③多余三角形的删除。

在三角形网格剖分的过程中,会产生一些三角形落在计算区域之外,需要将其删除。对于外形简单的区域删除多余三角形是比较容易的,但是对于像河道边界这样外形比较复杂的区域,多余三角形的删除是非常麻烦的,需要具体问题具体分析。对于新算法来说,假如初始点集为区域边界$\{P_i\}$,如果将内边界按顺时针排序,外边界按逆时针排序,那么凡是有三个顶点在边界上的三角形都有可能被删除。再对这些三角形按顶点编号的大小进行排序,如果某个三角形(如$\triangle P_i P_j P_k, i < j < k$)在计算区域外,那么排序后的三角形的形心一定在$P_i P_j$的右侧,可以根据这个原理编程删除多余的三角形。

④网格优化技术。

按照 Delaunay 方法生成网格后,虽然所生成的网格对于给定的点集是最优的,但网格质量必然受到节点位置的影响,因此还需对网格进行光顺,它对提高流场计算的精度有重大意义,是网格生成过程不可缺少的一环。常用的网格光顺方法称为 Laplacian 光顺方法。

这种光顺技术是通过将节点向这个节点周围三角形所构成的多边形的形心移动来实现的。如果$P_i(x_i, y_i)$为一内部节点,$N(P_i)$为与P_i相连的节点总数,则光顺技术可表示如下:

$$
\left.
\begin{aligned}
x_i &= x_i^0 + \alpha_G \sum_{k=1}^{N(P_i)} x_k / N(P_i) \\
y_i &= y_i^0 + \alpha_G \sum_{k=1}^{N(P_i)} y_k / N(P_i)
\end{aligned}
\right\}
\tag{5-33}
$$

式中:α_G为松弛因子;x_i^0和y_i^0分别表示节点初始坐标。

(2)非结构三角形网格剖分算法。

为了便于生成非结构三角网格,可建立数据结构如下:

$$
节点 \begin{cases} 坐标\ x \\ 坐标\ y \\ 边界类型 \\ 节点密度 \end{cases} \qquad 三角形 \begin{cases} 顶点\ 1 \\ 顶点\ 2 \\ 顶点\ 3 \\ 是否位于边界外 \end{cases}
$$

由 Delaunay 三角化算法生成非结构三角网格的步骤如下:

第一步:输入边界点,确定边界类型,并计算边界点的节点密度Q_i。

第二步:根据边界点生成包含所有边界点的凸壳。

第三步:根据多边形三角化算法对凸壳进行三角化,初始化数据结构,引入所有的边界点进行三角剖分,屏蔽位于边界外的三角形。

第四步:在没有屏蔽的三角形形心处引入内部节点,并判断是否将其确定为待插节点。将所有的待插节点插入到计算区域中去。

第五步:检查边界的完整性,恢复丢失的边界。重复第三步、第四步,直到待插点集中的元素为零。

第六步:优化内部节点。

第七步:输出剖分区域内的三角形。

7)非结构三角形网格剖分算例

根据上述思想,已成功实现了对长江、淮河、海河等流域数 10 个河段的网格剖分,计算实践表明该程序运行稳定,即使对区域纵横尺度对比较大的区域进行剖分时也没有出现非正常中断。在此,给出两个算例。

算例一:翼形非结构网格剖分。前面已经分析过,改进算法和传统算法在原理上是一致的,图 5-13 给出了算例一的剖分过程,从剖分结果可以看出,在控制条件相同的情况下,两种算法生成的网格是相同的。

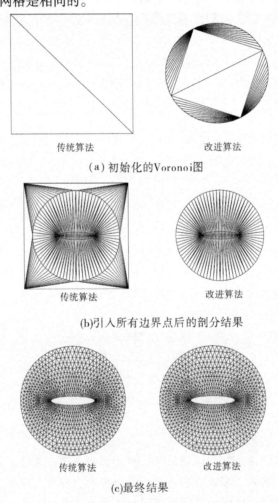

传统算法　　　　　　　　改进算法

(a)初始化的Voronoi图

传统算法　　　　　　　　改进算法

(b)引入所有边界点后的剖分结果

传统算法　　　　　　　　改进算法

(c)最终结果

图 5-13　翼形非结构网格的生成

算例二:天然河道的非结构网格剖分。对于诸如河道这样纵横尺度对比较大的区域(见图 5-14),用传统算法剖分极易出现程序中断,而改进的算法程序运行良好。

上述两个算例中三角形的质量都比较好,网格剖分花费的时间也不长,具体参数见表 5-2。

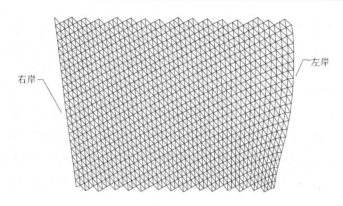

图 5-14　某段河道非结构网格的局部放大图

表 5-2　网格剖分过程中的主要参数

	项目	传统算法	改进算法
算例一	三角单元总数	1 968	1 968
	所用时间（s）	5	1
	平均网格质量参数	0.982 3	0.982 3
算例二	三角单元总数	程序中断	100 008
	所用时间（s）	—	1 409
	平均网格质量参数	—	0.941 6

3. 非结构四边形网格的生成方法

非结构四边形网格的生成方法有直接生成四边形的直接算法和通过三角形转化四边形的间接算法。相对而言，通过三角形转化四边形的间接算法较为简单，该算法主要是将满足一定条件的两个相邻三角形合并为一个四边形（删除公共边），很多文献通过定义三角形及四边形的形状参数给出合成条件，并据此判断是否将两个相邻三角形合成为四边形。具体步骤如下：

（1）定义三角形的形状参数。

定义任意三角形 $\triangle ABC$ 的形状参数 $\alpha_{\triangle ABC}$ 如下：

$$\alpha_{\triangle ABC} = 2\sqrt{3}\,\frac{S_{\triangle ABC}}{|CA|^2 + |AB|^2 + |BC|^2} \tag{5-34}$$

式中：$S_{\triangle ABC} = AB \times AC$；$|CA|$、$|AB|$、$|BC|$ 分别为 $\triangle ABC$ 的三个边长。若三角形顶点按照逆时针排列，α 在 $0\sim1$ 之间取值；若三角形顶点按照顺时针排列，α 在 $-1\sim0$ 之间取值。α 绝对值越接近 1，说明三角形越接近正三角形，图 5-15 给出了几种典型三角形形状参数。

（2）定义四边形的形状参数。

基于三角形的形状参数，可以定义四边形的形状参数。例如图 5-16 所示的任意四边形 $ABCD$，将其顶点按照逆时针排列，沿着四边形的两个对角线 AC、BD 可以将四边形分为四个三角形 $\triangle ABC$、$\triangle ACD$、$\triangle BCD$ 和 $\triangle BDA$（注意顶点的排列均为逆时针），将这四个三

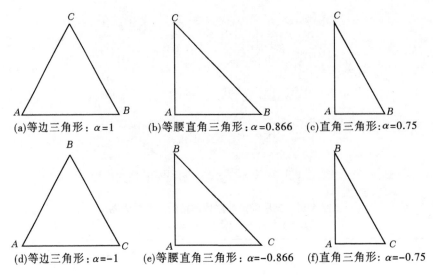

图 5-15　典型三角形形状参数

角形对应的形状参数进行排序使 $\alpha_1 \geq \alpha_2 \geq \alpha_3 \geq \alpha_4$，则四边形的

形状参数可定义为 $\beta = \dfrac{\alpha_3 \alpha_4}{\alpha_1 \alpha_2}$。

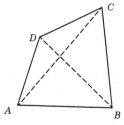

凹四边形的 β 值在 $-1 \sim 0$；凸四边形的 β 值在 $0 \sim 1$，β 接近 1 说明四边形接近矩形，β 为 0 四边形退化为三角形。图 5-17 给出了几个典型四边形的形状参数。

图 5-16　任意四边形 ABCD

（3）合成三角形生成四边形。

根据已有的三角形网格（见图 5-18），计算所有相邻三角形可能形成的四边形的形状参数 β，每次仅生成具有最大 β 值的四边形。在实际工作中，为提高效率合成过程中常常先指定四边形的最小形状参数 $\beta_{\min}$，再将 $1 \sim \beta_{\min}$ 分为 k_β 级。以 $\beta \geq \beta_k (1 \geq \beta_k \geq \beta_{k+1} \geq \beta_{\min}, k = 1, \cdots, k_\beta)$ 作为合成条件生成四边形单元。不同控制条件（$\beta_{\min}$）下生成的非结构四边形网格见图 5-19，由图可以看出，即使取 $\beta_{\min} = 0$，在合并之后仍会在计算区域内存在一些尚未合并的三角形，对于这些剩余的三角形，可以将其视为一个顶点重合的四边形，不再另做处理。

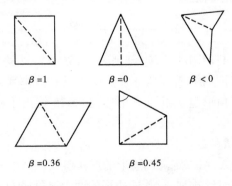

图 5-17　典型四边形的形状参数

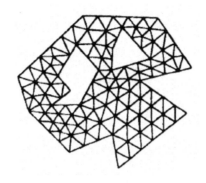

图 5-18　三角形网格

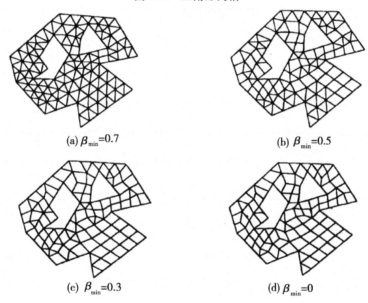

(a) $\beta_{min}=0.7$　　　　　　　　　　　　　　(b) $\beta_{min}=0.5$

(c) $\beta_{min}=0.3$　　　　　　　　　　　　　　(d) $\beta_{min}=0$

图 5-19　不同控制条件下合并后的网格

4. 非结构混合网格的生成方法

（1）分块对接法。

对于主河道较窄滩地较宽的平原河道（或是串流区），采用混合网格方可合理布置网格。可采用分区对接的方法生成混合网格，即在主河道生成贴体四边形网格，在左右岸滩地生成非结构三角形网格，并进行拼接（在生成三角形网格和四边形网格交界面上边界点需一一对应，见图 5-20）。

（2）三角形网格合成法。

对凸四边形而言，其对角线之比越接近 1，该四边形越接近矩形。基于四边形单元的这种特性可对三角形网格内的部分单元进行合并进而生成混合网格，详细步骤如下：

①在三角形网格中搜索每一个三角形的最长边，记录该边以及该边的相邻三角形，如图 5-21（a）所示，三角形 △123 最长边为 23，相邻三角形是 △234。

②根据 $abs(1-l_{14}/l_{23})\leqslant\varepsilon_{HBG}$（$\varepsilon_{HBG}$ 为网格合成参数）判断是否将三角形合成。

③如果满足合成条件，进一步判断可能形成的四边形是否为凸四边形。如果是则形

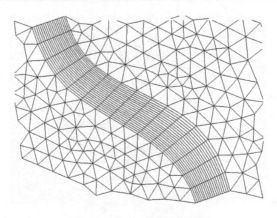

图 5-20　分块对接混合网格

成四边形网格,更新数据结构。图 5-21(b)给出了某天然河道的混合网格合成示意图。

类似于非结构四边形网格的生成方法,同样可以采用分级合并的方法生成混合网格。

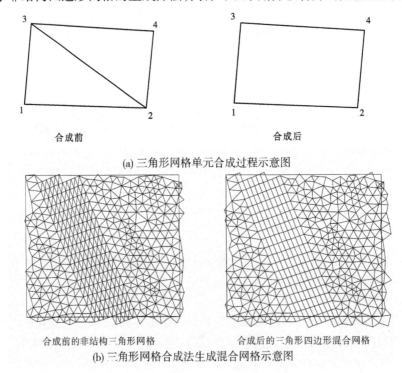

(a) 三角形网格单元合成过程示意图

合成前的非结构三角形网格　　　　　合成后的三角形四边形混合网格

(b) 三角形网格合成法生成混合网格示意图

图 5-21　利用三角形网格合成法生成混合网格

5.3.2　三维数字地形网格的生成技术

对水沙运动与河床冲淤变形的数值模拟,在网格剖分之后,必须对网格点进行地形插值后才能进行流动模拟。地形插值就是根据河道地形给网格点赋以相应的高程值,构建三维数字地形网格。目前,河流模拟中主要采用两种方法进行插值:①基于原始数据点插值,即由距离网格点最近的一个或多个原始地形点确定网格点的高程;②基于数值高程模型插值,即首先要生成数字高程模型(DEM),然后基于数字高程模型(DEM)对网格点进行插值。

5.3.2.1　地形数据的获取

地形数据是地形插值的基础,它包括平面位置和高程数据两种信息。获取地形数据方法有:从既有地形图上得到地形数据(通过航测、全站仪或者 GPS、激光测距仪等测量工具获取地形数据,然后形成地形图),通过影像图(如遥感图等)获取地形数据。

水沙运动及河床冲淤变形的数值模拟对水下地形要求较高,而从测图水平来看现有的卫星遥感图的精度尚难以满足要求,因此实际计算中采用的地形一般是从既有地形图上获取的。既有的地形图可分为电子地图和纸质地图两种。

AutoCAD 电子地图:AutoCAD 提供了数种接口方式与外部软件进行数据交换,因此可采用适当的接口方式通过 CAD 二次开发技术直接从 AutoCAD 电子地图中提取数据。

纸质地图:对纸质地图,可先将图纸扫描后转为电子图像,然后用矢量化软件转为 AutoCAD 图形,通过坐标和高程校正后也可用上述方法获取地形数据。

5.3.2.2　基于原始数据点的插值方法

基于原始数据点的插值方法是河流模拟中最简单的地形插值方法。该方法通常根据网格点周围一个或数个原始地形点按照距离倒数加权插出网格点高程。如图 5-22 中所示的网格点 G_1,如采用其周围三个点(P_1、P_2、P_3)进行插值,则插值公式为:

$$Z_{0G_1} = \frac{Z_{0P_1}/L_1 + Z_{0P_2}/L_2 + Z_{0P_3}/L_3}{1/L_1 + 1/L_2 + 1/L_3} \tag{5-35}$$

式中:Z_{0G_1} 为网格点的高程;Z_{0P_1} 为 P_1 点的高程,L_1 为 P_1 点距网格点的距离。

基于原始地形点进行插值不用专门构造数字地形高程模型,因此方法较为简单,编程计算也相对容易,但是该方法容易导致插值后地形坦化,地形点较多时插值速度也较慢。

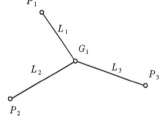

图 5-22　最近点插值示意

5.3.2.3　基于数字高程模型(DEM)的插值方法

1)数字高程模型(DEM)的分类

在地理信息系统中,DEM 主要采用如下三种模型:规则格网模型(Grid)、等高线模型和不规则三角网模型(triangulated irregular network,TIN),见表 5-3。从表 5-3 可以看出,TIN 数字高程模型适宜于处理复杂地形,并且容易插值求出任意点的高程,因此本文将基于 TIN 数字高程模型进行地形插值。

表 5-3　不同数字高程模型的比较

项目	等高线模型	规则格网模型	不规则三角网模型
存储空间	很小(相对坐标)	依赖格距大小	大(绝对坐标)
数据来源	地形图数字化	原始数据插值	离散点构网
拓扑关系	不好	好	很好
任意点内插效果	不直接且内插时间长	直接且内插时间短	直接且内插时间短
适合地形	简单、平缓变换	简单、平缓变换	任意、复杂地形

2）TIN 数字高程模型的构建

从 AutoCAD 图形中提取出来的地形点是不规则的离散点，可采用 Delaunay 三角化算法将其构造成 TIN 数字高程模型。由离散点生成 Delaunay 三角网一般都采用 Bowyer 算法或其改进算法，在此作者采用前文提到的改进算法生成非规则三角网，图 5-23 给出了 TIN 生成过程图。

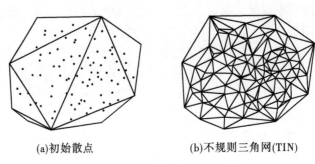

(a)初始散点   (b)不规则三角网(TIN)

图 5-23　初始化的 Voronoi 图

3）基于 TIN 数字高程模型的插值方法

对于三节点的三角形单元可以采用面积插值。为此，引入面积坐标系，对于如图 5-24 所示的三角单元 $\Delta i(i=1、2、3)$。为了描述 $P(x,y)$ 在三角形内的位置，可定义面积坐标：

$$A'_i = \frac{A_i}{A} = \frac{\dfrac{1}{2}\begin{vmatrix} 1 & x & y \\ 1 & x_j & y_j \\ 1 & x_k & y_k \end{vmatrix}}{\dfrac{1}{2}\begin{vmatrix} 1 & x_i & y_i \\ 1 & x_j & y_j \\ 1 & x_k & y_k \end{vmatrix}}(i=1、2、3)$$

式中：A 为三角单元的面积；A_i 为点 P 和序号不为 i 的另外两个三角形顶点所围成的三角形的面积。由于 $A_1+A_2+A_3=A$，所以 $A'_1+A'_2+A'_3=1$。按照面积坐标的定义，节点 1、2、3 的坐标分别为 $(1,0,0)$，$(0,1,0)$，$(0,0,1)$。单元内的任意函数值可表示为 $f=f_1A_1+f_2A_2+f_3A_3$，如果令 f 表示坐标点的高程，就可以求出三角形单元内任一点的高程。

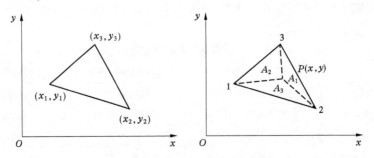

图 5-24　三角形线性插值示意图

5.3.3 基于实测大断面的三维地形生成技术

三维地形是开展平面二维模型计算必需的基础资料,由于黄河上的实测地形资料多为大断面资料,断面间距大,且河道形态奇异,采用常规的方法很难根据现有资料生成高精度的三维地形。以渭河下游长约8.5 km的某河道为例(见图5-25),该河段滩地宽阔,河槽狭窄弯曲,在断面1处河槽位于河道右岸,顺直下行2.3 km后左转于断面2处过渡至河道左岸,至断面3又逐渐回到河道右岸,沿河道布置3个大断面。

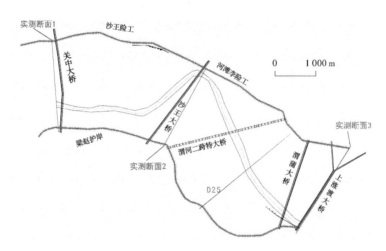

图5-25　试验河段河势及实测断面布置图

由实测断面生成河道三维地形,以往采用的方法一般是根据大断面位置和实测断面地形,生成各断面实测点的 x、y 坐标,再根据各实测断面生成的离散点构建数字高程模型(如构建非结构三角格网模型),对平面二维模型的计算网格进行插值。断面实测点 x、y 坐标的生成方法如下:

$$x_i = x_s + \frac{L_i - L_s}{L_{s,e}}(x_e - x_s)$$

$$y_i = y_s + \frac{L_i - L_s}{L_{s,e}}(y_e - y_s)$$

式中:x_s、y_s 分别为断面起点坐标;x_e、y_e 分别为断面终点坐标;$L_{s,e}$ 为断面长度;L_i、x_i、y_i 分别为断面上第 i 个实测点的起点距和 x、y 坐标。

利用试验河段3个断面的实测资料,采用该方法生成河道三维地形,如图5-26所示。可以看出,由于实测断面间距较远,且河道形态奇异,采用传统方法生成的三维地形主槽直上直下,滩槽区分模糊,没有准确反映河道的河势形态。

为了进一步检验该方法生成河道三维地形的能力,沿试验河段布置了31个实测断面(见图5-27,平均断面间距275 m),进行加密测量。利用加密后的实测数据重新生成了河道三维地形(见图5-28)。可以看出,由于采用了加密数据,生成的三维地形基本能够反映河道的河势形态,但主槽仍不连续,尤其在断面1至断面2之间,主槽由右岸过渡至左岸处,河势过渡不平顺。

图 5-26　试验河段三维地形(现有方法,采用 3 个实测断面)

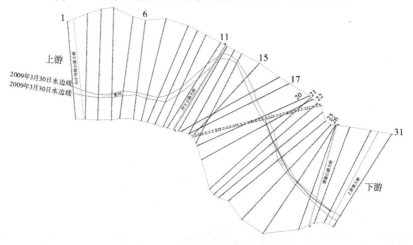

图 5-27　试验河段加密断面布置图

从上面分析结果可以看出,现有算法在利用实测大断面生成河道三维地形时,由于没有对实测断面的滩地和主槽加以区分,同时也没有考虑滩槽分区、河槽走向、深泓线走向等河势信息,尤其是实测断面较少时,可能误利用河槽地形信息生成滩面地形,也可能误利用滩地地形信息生成河槽地形,造成三维地形深槽垂直于实测断面直上直下,相互交错,没有连续贯通,质量差。

为了弥补现有算法在生成河道三维地形时存在的不足之处,本文首先根据计算河段的河势布置河势控制线,再按实测断面点所属区域(如主槽、滩地、深泓等)对其进行分类,然后根据断面点的分类情况由河势控制线引导插值方向补插断面,生成新的地形点,进而根据 Delaunay 三角化法建立计算河段的数字高程模型。目前已经开发了由河势及大断面资料生成河道三维地形的程序。

基于本文开发的地形生成程序,利用试验河段实测的三个大断面及河势控制线,生成了试验河段的三维地形(见图 5-28)。定性来看,生成的地形滩槽分区明显,河槽过渡平

图 5-28　试验河段三维地形（现有方法，采用 31 个实测断面）

顺，深泓随河槽弯曲变化过渡合理（弯顶靠凹岸），较为准确地反映了试验河道的河势特点。为进一步分析该方法的精度，在计算河段上截取了 D25 和实测断面 2 进行对比分析（断面位置见图 5-29），其中 D25 是在实测断面之外随意截取的断面，实测断面 2 是生成地形时采用的大断面。图 5-30 给出了对比结果，可以看出，改进算法生成的两个断面的地形和实测地形吻合较好，其中：生成的实测断面 2 地形和实测地形基本重合，说明在有实测断面的位置，改进算法较好地利用了实测地形信息；D25 断面生成地形和实测地形吻合较好，说明在没有实测资料的地形，改进算法也基本能够保证精度。由此可见，改进算法简单可行，在实测资料有限的条件下，能够较为准确地生成河道三维地形。

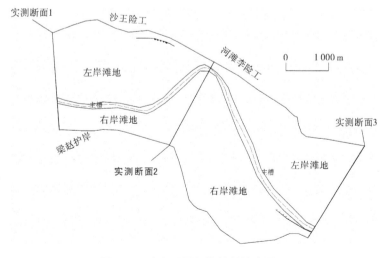

图 5-29　大断面及河势控制线布置图

图 5-30　试验河段三维地形（改进方法，采用 3 个实测断面）

5.4　控制方程离散和求解

5.4.1　控制方程离散

采用有限体积法对控制方程进行离散,用基于同位网格的 SIMPLE 算法处理水流运动方程中水位与速度的耦合关系。有限体积法的基本原理就是将计算区域离散为有限个多边形单元组成的控制体。离散时,选择边长数为 N_{ED} 的多边形单元为控制体,将待求变量存储于控制体中心,分别对动量方程和连续方程进行离散。

5.4.1.1　动量方程的离散

对流项和扩散项的离散是求解水流运动方程的难点。对流项的离散格式直接决定了算法的稳定性和计算精度。本次计算对流项的离散采用一阶迎风格式。沿控制体界面上扩散项的总通量可以分为沿 PE 连线的法向扩散项 D_{ej}^{n} 和垂直于 PE 连线的交叉扩散项 D_{ej}^{c}。对于准正交的非结构网格,通过控制体界面上的交叉扩散项一般很小,可以忽略,随着网格奇异度的增加,交叉扩散项也逐渐增加,但目前尚无办法准确计算这一项。建议在工作中,一方面尽可能减少网格的奇异度,另一方面采用已有的处理方法来计算交叉扩散项。动量方程最终的离散形式如下:

$$A_P \phi_P = \sum_{j=1}^{N_{ED}} A_{Ej} \phi_{Ej} + b_0 \tag{5-36}$$

式中:

$$A_{Ej} = -\min(F_{ej}, 0) + \nu_T H_{ej} \frac{d_j \cdot n_{1j}}{|d_j|^2}$$

$$A_P = \sum_{j=1}^{N_{ED}} A_{Ej} + g\frac{n^2\sqrt{u^2 + v^2}}{H^{1/3}}A_{CV} + \frac{H}{\Delta t}A_{CV}$$

$$b_0 = -\sum_{j=1}^{N_{ED}}\left[gHZ_{ej}n_{1j} + \nu_T\left(H_{ej}\frac{\phi_{C2} - \phi_{C1}}{|l_{1,2}|}\frac{n_{1j}n_{2j}}{|n_{2j}|}\right)\right] + \frac{H}{\Delta t}A_{CV}\phi_P^0 + b_0^{uv}$$

式中:d_j 为向量 $\overrightarrow{PE}$;n_{2j} 为向量 $\overrightarrow{PE}$ 的法线;$l_{1,2}$ 为边界长度;n_{1j} 为界面的法方向;F_{ej} 为界面处的质量流量;A_{CV} 为控制体的面积;H_{ej} 为控制体界面上的水深;Z_{ej} 为控制体界面上的水位;b_0^{uv} 为由风应力、科氏力等形成的源项。源项 b_0 中等号右边第二项为交叉扩散项;上标 0 表示括号内的项采用上一层次的计算结果。

在求解过程中为了增强计算格式的稳定性,采用了欠松弛技术。将速度欠松弛因子 α_1 直接代入式(5-36)即可得到离散后的动量方程为:

$$\frac{A_P}{\alpha_1}\phi_P = \sum_{j=1}^{N_{ED}} A_{Ej}\phi_{Ej} + b_0 + (1 - \alpha_1)\frac{A_P}{\alpha_1}\phi_P^0 \qquad (5\text{-}37)$$

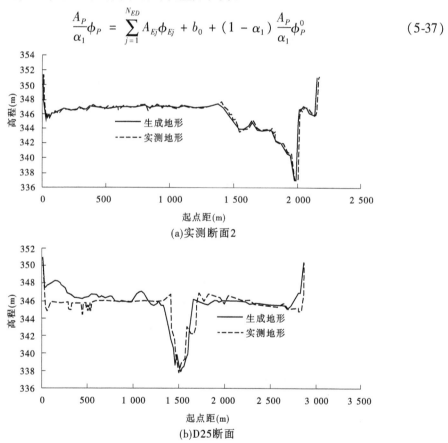

图 5-31　生成地形和实测地形对比

5.4.1.2　水位修正方程

在非结构网格中,由于网格形状的特殊性和网格编号的复杂性,采用交错网格处理流速和水位的耦合关系将会使程序编制变得非常复杂。因此,采用基于非结构同位网格的 SIMPLE 算法处理流速和水位的耦合关系,引入界面流速计算式和流速修正式:

$$u_{ej} = \frac{1}{2}(u_P + u_E) - \frac{1}{2}g\Big[\Big(\frac{HA_{CV}}{A_P}\Big)_P + \Big(\frac{HA_{CV}}{A_P}\Big)_E\Big]\Big[\frac{Z_E - Z_P}{|d_j|} - \frac{1}{2}\Big(Z_P + Z_E\Big)\frac{d_j}{|d_j|}\Big]\frac{n_{1j}}{|n_{1j}|}$$

$$(5-38)$$

$$u'_{ej} = \frac{1}{2}g\Big[\Big(\frac{HA_{CV}}{A_P}\Big)_P + \Big(\frac{HA_{CV}}{A_P}\Big)_E\Big]\Big[\frac{Z'_P - Z'_E}{|d_j|}\Big]\frac{n_{1j}}{|n_{1j}|} \qquad (5-39)$$

式中:u_P、u_E 分别为控制体和其相邻控制体上的流速;Z_P、Z_E 分别为控制体和其相邻控制体上的水位;A_P 为动量方程的主对角元系数。

将求解动量方程得到的流速初始值和上一层次的水位初始值代入式(5-39)即可得到界面流速 u_{ej}^*。将 $u_{ej}^* + u'_{ej}$ 代入式(5-37)中,沿控制体积分可得水位修正方程为:

$$A_P^P Z'_P = \sum_{j=1}^{N_{ED}} A_{Ej}^P Z'_{Ej} + b_0^P \qquad (5-40)$$

式中:上标 P 表示水位修正方程中的系数,且有

$$A_{Ej}^P = \frac{1}{2}g\Big[\Big(\frac{HA_{CV}}{A_P}\Big)_P + \Big(\frac{HA_{CV}}{A_P}\Big)_E\Big]\frac{|n_{1j}|}{|d_j|}H_{ej}$$

$$A_P^P = \sum_{j=1}^{N_{ED}} A_{Ej}^P + \frac{A_{CV}}{\Delta t}$$

$$b_0^P = -\sum_{j=1}^{N_{ED}}(u_{ej}^* H_{ej}) \cdot n_{1j}$$

式(5-40)中 b_0^P 为流进单元 P 的净质量流量。在获得水位修正值 Z'_P 以后,分别按如下方式修正水位和速度:

$$Z_P = Z_P^* + \alpha_2 Z'_P \qquad (5-41)$$

$$u_P = u_P^* - gH_P\frac{A_{CV}}{A_P} \quad Z'_P = u_P^* - \sum_{j=1}^{N_{ED}}gH_{ej}\frac{Z'_{ej}n_{1j}}{A_P} \qquad (5-42)$$

式中:α_2 为水位的欠松弛因子。

5.4.2 离散方程求解

离散方程采用 Gauss 迭代法求解。具体步骤如下:

(1)给全场赋以初始的猜测水位。

(2)计算动量方程系数,求解动量方程。

(3)计算水位修正方程的系数,求解水位修正值,更新水位和流速。

(4)根据单元残余质量流量和全场残余质量流量判断是否收敛。在工程计算中,一般当单元残余质量流量达到进口流量的 0.01%,全场残余质量流量达到进口流量的 0.5% 时即可认为迭代收敛。

5.4.3 动边界处理

干湿动边界处理技术采用赵棣华等(1994)和 Sleigh 等(1998)的研究成果,当网格单元上的水深变浅但尚未处于露滩状态时,相应水动力计算采用特殊处理,即该网格单元上的动量通量置为 0,只考虑质量通量;当网格上的水深变浅至露滩状态时,计算中将忽略

该网格单元直至其被重新淹没。

模型计算过程中,每一计算时间步长均进行所有网格单元水深的检测,并依照干点、半干湿点和湿点三种类型进行分类,且同时检测每个单元的临边以找出水边线的位置。

满足下面两个条件的网格单元边界将被定义为淹没边界:首先,单元的一边水深必须小于干水深而另一边水深必须大于淹没水深;其次,水深小于干水深的网格单元的静水深加上另一单元表面高程水位必须大于 0。

满足下面两个条件单元会被定义为干单元:首先,单元中的水深必须小于干水深;其次,该单元的三个边界中没有一个是淹没边界。被定义为干的单元在计算中会被忽略不计。

单元被定义为半干:如果单元水深介于干水深和湿水深之间,或是当水深小于干水深但有一个边界是淹没边界。此时动量通量被设定为 0,只有质量通量会被计算。

单元被定义为湿:如果单元水深大于湿水深,此时动量通量和质量通量都会在计算中被考虑。

5.5　模型计算速度提升技术

5.5.1　基于多核并行的计算速度提升技术

河流数值模拟属于计算密集型任务。在多核处理器普及以前,对河流数值模拟这样的计算密集型任务,利用并行机群进行并行计算是提高计算速度的唯一途径。多核处理器是在一个 CPU 上集成多个核心,通常情况下计算程序仅能利用处理器的一个核心,其他核心则处于空闲状态。因此,可以作为并行计算的硬件平台,采用并行编程实现多个核心的并行计算,有效提高计算速度。

5.5.1.1　OMP 多核并行计算原理

并行平台的通信模型包括消息交换(MPI、PVM)和共享数据(POSIX、windows 线程、OpenMP)两种。消息交换(MPI、PVM)是一种分布式存储环境的消息交换模式。共享内存通信通常是由一个进程创建一个通用的内存区域,其他进程共享通用内存实现并行计算,在共享存储的硬件环境下应该优先采用共享内存通信模式。OpenMP 是一种支持共享存储的并行编程标准。OpenMP 并行程序采用 fork/join 并行模式(见图 5-32),即程序执行时启动一个主线程,程序中的串行部分由主线程执行,遇到并行指令将自动派生多个线程进行并行处理,并行模块执行完毕只保留主线程。利用 OpenMP 并行编程标准可以很方便地将程序执行过程中派生的多个线程自动分配在多个核心上进行并行处理(见图 5-32),程序执行效率较高。同消息传递(MPI)和 HPF 等并行编程模型相比,OpenMP 并行编程标准更适合开发基于多核处理器的计算程序。有研究者曾对 n 皇后算法进行了改进并利用 OpenMP 多线程编程模型开发了基于多核处理器的计算程序,结果表明在双核处理器上优化后的算法运行速度提高了 70% ~98% 。

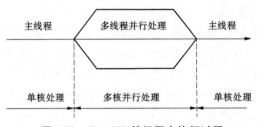

图 5-32　OpenMP 并行程序执行过程

5.5.1.2　基于多核并行的模型优化

1. 并行计算平台

OpenMP 的并行指令是通过一套编译执导语句和一个用来支持他的函数库创建的。OpenMP 编译执导指令每一行都是以! \$ OMP 开头,仅需要对现有代码增加一些简单的引导指令。这些引导指令本身处于注释语句的地位,在编译时加上 OpenMP 并行选项才能使其生效,如果不加编译参数,编译出来的程序仍旧是串行程序。目前,Intel Visual Fortran9.0 以上版本的编译器均提供了对 OpenMP 的支持,将基于 Intel Visual Fortran9.0 编译器开发基于多核处理器的水沙计算程序。

2. OpenMP 程序的结构

OpenMP 程序的并行过程是通过派生多个线程来实现的,程序基本如下:

! \$ omp parallel CLAUSE

! \$ omp DIRECTION

[structured block of code]

! \$ omp end DIRECTION

! \$ omp end parallel

若编译器不支持 OpenMP 标准,omp 优化代码将作为注释语句处理;若编译器支持 OpenMP 标准,将生成支持多核处理器的计算程序。对于优化后的可执行程序,采用的 fork/join 的并行模式,程序开始时启动一个主线程,遇到! \$ OMP PARALLEL 语句,自动开启多个线程在多个核心上并行处理循环过程。OpenMP 程序中,CLAUSE 从句对并行进行限制和说明,比如,需要对私有变量进行声明时就需要用到 private 从句,再如对并行任务的分配采用 SCHEDULE(DYNAMIC)从句等;DIRECTION 是 OpenMP 指令,有 sections、DO 等,指定并行行为,上面的示例程序段都需要用上 DO 指令。最常用的 DIRECTION 指令是 DO 和 sections。DO 指令通常用来并行化 DO 循环。本来用一个线程来执行的长的 DO 循环被分割成几个部分让多个线程同时执行,这样就节省了时间。sections 指令通常用来将前后没有依赖关系的程序块(原本不分先后,若换下顺序也无所谓)并行化。

3. 并行模块变量声明

在 OpenMP 并行模块中必须正确区分并定义并行过程中共享变量和私有变量。Fortran 中如果不特别声明,变量都是默认公有的。并行模块的默认变量可以用 DEFAULT (PRIVATE/SHARED)从句强行改变。循环指标默认是私有的,无须自己另外声明。

另外,对于多重 DO 循环,如果中间变量太多,对私有公有弄不清楚或者虽然清楚但是嫌麻烦,可以保留最外层循环,将里面的循环在别处写成一个子函数或子程序,然后在此处调用。这样从结构上看就是对一重循环进行并行化,条理清楚不容易出错。

4.负载分配

在 OpenMP 并行模块中使用 SCHEDULE 从句进行并行结构的任务调度。SCHEDULE 语法结构为 SCHEDULE(kind,[size])。Kind 可以取值为 static、dynamic、guidied、auto、runtime 等不同类型。一般情况下,可以采用 SCHEDULE(DYNAMIC) 从句告诉程序动态调整并线方式,那些任务轻松运算快的线程会自动去帮任务重运算慢的线程,力争所有线程同时完成任务。

5.二维模型程序优化

基于 OpenMP 的并行技术适合开发粒度为循环级的并行程序,而平面二维模型的计算负载也主要集中在大型循环上,因此本文利用 OpenMP 并行指令对二维模型中的主要循环过程逐一进行了优化。如:对平面二维模型通用离散方程的求解:

DO WHILE(离散方程收敛收敛条件)

! $ OMP PARALLEL PRIVATE(err),SCHEDULE(DYNAMIC)

! $ OMP DO

DO I = 1,NV　! NV 单元个数

离散方程求解表达式(函数)。

ENDDO

! $ OMP END DO

! $ OMP END PARALLEL

ENDDO

程序中,! $ OMP PARALLEL DO 和! $ OMP END PARALLEL DO 是针对多核处理器而加入的代码。

5.5.1.3　多核并行优化效果分析

采用黄河下游 2015 年汛前调水调沙期间的实测流量过程资料分别进行并行和串行程序模拟计算,从计算速度、成果精度等方面分析多核并行优化效果。

1.计算采用的流量过程

采用黄河下游 2015 年汛前调水调沙期间的实测流量过程资料分别进行不同网格优化方案的模拟计算,2015 年调水调沙历时约 15 d,西霞院出库、黑石关和武陟的洪峰流量分别为 3 850 m³/s、410 m³/s 和 197 m³/s。图 5-33 给出了西霞院出库、黑石关和武陟的实测流量过程。

2.计算网格及参数取值

(1)计算网格。

根据黄河下游河道的特点,在主河槽内布置贴体四边形网格,在左、右滩地布置三角形网格,采用滩槽复合网格,对计算区域内堤防、道路、河道整治工程等周围网格适当加密,计算网格尺度滩地为 250 m,主槽为 150 ~ 300 m,网格数为 207 494 个。

(2)糙率取值。

参考已有研究成果,黄河主槽糙率取值范围为 0.009 ~ 0.015,滩地糙率取值范围为 0.023 ~ 0.030。

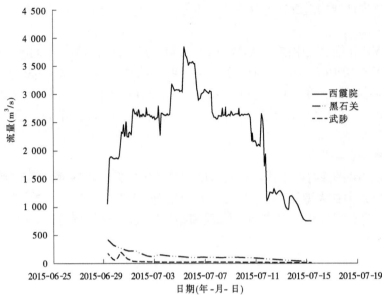

图 5-33　2015 年调水调沙期间西霞院出库、黑石关和武陟的实测流量过程

3. 计算速度

模型计算采用 Del9020MT 台式机,CPU 为 Intel Core(TM)i5 – 4570,主频为 3. 2 GHz, 为 4 核处理器。从并行计算和串行计算的计算速度来看:串行计算 CPU 利用率最大为 25% ,15 d 调水调沙洪水过程模拟时间为 14 小时 02 分,而并行计算 CPU 利用率则能够 达到 80% ~98% ,15 d 调水调沙洪水过程模拟时间为 4 小时。

4. 计算精度分析

从计算的收敛过程来看,并行程序和串行程序计算在迭代初期略有差别,但不明显, 且随着迭代的进行逐渐消失,迭代终止时,相对残余质量流量在 0. 3% 左右,均满足收敛 标准。这种现象主要是由于程序并行后离散方程的求解次序有所改变造成的,对最终收 敛解不会产生明显影响。从 2015 年汛前调水调沙实测流量过程的洪水演进和最高洪水 的并行程序及串行程序的计算结果来看,下游各控制站的洪峰流量和最高洪水位计算结 果也是相同的。

(1)洪峰流量和流量过程。

从并行程序和串行程序计算结果来看,两种计算方式计算速度不同收敛过程有差异, 但最终计算的黄河下游各控制站的洪峰流量和流量过程都是相同的。表 5-4 为黄河下游 各控制测站洪峰流量并行程序和串行程序计算值和实测值的对比。由表 5-4 可知,各测 站洪峰流量的计算值和实测值之间的相对误差均在 1. 73% ~10. 84% 。图 5-34 为黄河下 游主要测站流量过程计算值和实测值的比较,由图可知计算所得的流量过程和实测成果 基本吻合。

(2)水位计算成果。

从并行程序和串行程序计算结果来看,两种计算方式计算的黄河下游各控制站的最 高洪水位结果是相同的。表 5-5 为各控制测站最高水位计算值和实测值的对比情况。由

表 5-5 可知,各测站最高水位计算值和实测值之间的误差范围为 0.07~0.16 m,图 5-35 为各控制测站水位过程计算值和实测值的比较,由图可知计算所得的水位过程和实测成果基本吻合。

表 5-4　各控制测站洪峰流量计算值和实测值的对比

项目	花园口	夹河滩	高村	孙口	艾山
实测值(m^3/s)	3 520	3 500	3 220	3 300	3 080
并行程序计算值(m^3/s)	3 581	3 598	3 541	3 632	3 414
串行程序计算值(m^3/s)	3 581	3 598	3 541	3 632	3 414
绝对误差(m^3/s)	61	98	321	332	334
相对误差(%)	1.73	2.8	9.97	10.06	10.84

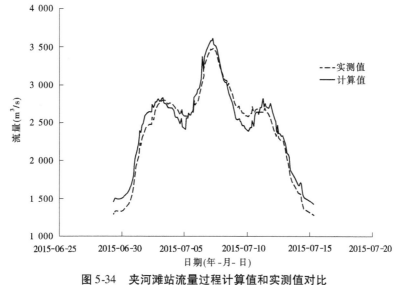

图 5-34　夹河滩站流量过程计算值和实测值对比

表 5-5　各控制测站最高水位计算值和实测值对比

项目	花园口	夹河滩	高村	孙口	艾山
实测值(m)	91.78	74.84	61.26	47.43	40.25
并行程序计算值(m)	91.87	74.97	61.41	47.59	40.32
串行程序计算值(m)	91.87	74.97	61.41	47.59	40.32
绝对误差(m)	0.09	0.13	0.15	0.16	0.07
相对误差(%)	0.10	0.17	0.24	0.34	0.17

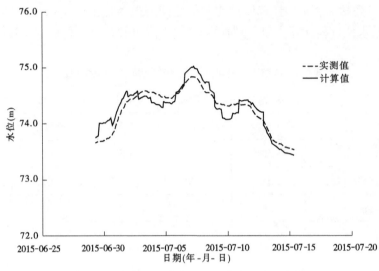

图 5-35　夹河滩站最高水位计算值和实测值对比

5.5.2　基于网格优化的计算速度提升技术

5.5.2.1　网格优化方案

网格是影响二维水力学模型成果精度和计算速度的关键。研究在兼顾计算速度和计算精度的前提下,不断调整滩槽网格尺度,实现高速计算和实时分析。针对计算区域采用了四种网格剖分方案,见表 5-6。针对不同网格剖分方案分别开展模型模拟计算,通过计算速度和计算精度对比,优选适宜的计算网格。

表 5-6　计算区域网格优化方案

方案	节点数(个)	网格数(个)	网格尺度
方案 1	116 548	207 494	滩地 250 m,主槽 150~300 m
方案 2	85 309	163 915	滩地 400 m,主槽 200~400 m
方案 3	68 469	131 013	滩地 600 m,主槽 200~600 m
方案 4	57 458	109 384	滩地 800 m,主槽 200~600 m

5.5.2.2　网格优化效果分析

采用黄河下游 2015 年汛前调水调沙期间的实测流量过程资料分别进行各网格优化方案的模拟计算,从计算速度、成果精度等方面分析各网格优化方案的计算结果。

1. 各网格剖分方案计算速度

采用四套不同网格尺度计算方案分别开展洪水演进模拟计算,模型计算时间见表 5-7。计算网格数量分别为 10 万个、13 万个、16 万个和 20 万个时,进行 15 d 左右的洪水演进模拟,四套网格的计算时间分别为 4 h、3 h、2.2 h 和 1.8 h。当网格优化至 16 万个以下时,通过多核并行计算均能将二维模型计算时间控制到 3 h 以内。

表 5-7 计算区域网格优化方案

方案	节点数(个)	网格数(个)	计算时间(h)
方案 1	116 548	207 494	4.00
方案 2	85 309	163 915	3.00
方案 3	68 469	131 013	2.20
方案 4	57 458	109 384	1.80

2. 计算精度分析

从各网格优化方案计算结果来看,计算精度随着网格尺度的降低有所降低,但不同尺度的网格都能够反映黄河下游洪水演进过程。

(1)洪峰流量和流量过程。

表 5-8 为各网格优化方案黄河下游各控制测站洪峰流量计算值和实测值的对比。由表 5-8 可知,各网格优化方案,洪峰流量的计算误差随着网格尺度的增大而增加,模型计算时间在 3 h 以下的方案 2、方案 3 和方案 4,各测站洪峰流量的计算值和实测值之间的相对误差范围分别为 1.90% ~ 11.10%、2.02% ~ 11.30% 和 2.10% ~ 12.50%。图 5-36 为各网格优化方案黄河下游主要测站流量过程计算值和实测值的比较,由图可知各网格优化方案计算所得的流量过程和实测成果基本吻合。

表 5-8 各控制测站洪峰流量计算值和实测值的对比

	项目	花园口	夹河滩	高村	孙口	艾山
	实测值(m³/s)	3 520	3 500	3 220	3 300	3 080
方案 1	计算值(m³/s)	3 581	3 598	3 541	3 632	3 414
	绝对误差(m³/s)	61	98	321	332	334
	相对误差(%)	1.73	2.80	9.97	10.06	10.84
方案 2	计算值(m³/s)	3 587	3 606	3 554	3 651	3 422
	绝对误差(m³/s)	67	106	334	351	342
	相对误差(%)	1.90	3.03	10.37	10.64	11.10
方案 3	计算值(m³/s)	3 591	3 618	3 573	3 661	3 428
	绝对误差(m³/s)	71	118	353	361	348
	相对误差(%)	2.02	3.37	10.96	10.94	11.30
方案 4	计算值(m³/s)	3 594	3 625	3 592	3 682	3 465
	绝对误差(m³/s)	74	125	372	382	385
	相对误差(%)	2.10	3.57	11.55	11.58	12.50

(2)水位计算成果。

表 5-9 为各网格优化方案黄河下游各控制测站最高水位计算值和实测值的对比情

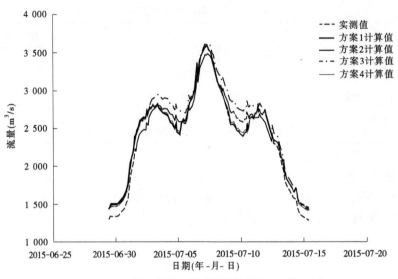

图 5-36 夹河滩站流量过程计算值和实测值对比

况。由表 5-9 可知,各网格优化方案,最高水位的计算误差随着网格尺度的增大而增加,模型计算时间在 3 h 以下的方案 2、方案 3 和方案 4,各测站最高的计算值和实测值之间的绝对误差范围分别为 0.09 ~ 0.17 m、0.09 ~ 0.18 m 和 0.10 ~ 0.19 m。图 5-37 为各网格优化方案黄河下游主要测站水位过程计算值和实测值的比较,由图可知计算所得的水位过程和实测成果基本吻合。

表 5-9 各控制测站最高水位计算值和实测值对比

	项目	花园口	夹河滩	高村	孙口	艾山
	实测值(m)	91.78	74.84	61.26	47.43	40.25
方案 1	计算值(m)	91.87	74.97	61.41	47.59	40.32
	绝对误差(m)	0.09	0.13	0.15	0.16	0.07
	相对误差(%)	0.10	0.17	0.24	0.34	0.17
方案 2	计算值(m)	91.87	74.99	61.43	47.59	40.33
	绝对误差(m)	0.09	0.15	0.17	0.16	0.08
	相对误差(%)	0.10	0.20	0.28	0.34	0.20
方案 3	计算值(m)	91.90	75.01	61.44	47.60	40.34
	绝对误差(m)	0.12	0.17	0.18	0.17	0.09
	相对误差(%)	0.13	0.23	0.29	0.36	0.22
方案 4	计算值(m)	91.92	75.02	61.44	47.62	40.35
	绝对误差(m)	0.14	0.18	0.18	0.19	0.10
	相对误差(%)	0.15	0.24	0.29	0.40	0.25

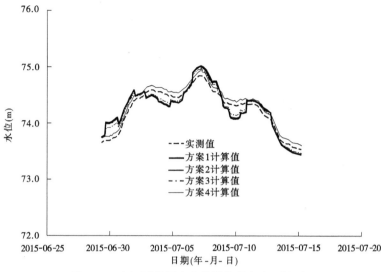

图 5-37　夹河滩站最高水位计算值和实测值对比

第6章　黄河下游滩区洪水淹没风险

6.1　模拟范围与参数取值

6.1.1　建模范围

数学模型建模范围为黄河下游西霞院—艾山河段,两岸以大堤为计算边界,支流伊洛河和沁河模拟范围到支流河口。

模型进口边界包括黄河干流、伊洛河和沁河,分别给定西霞院、黑石关和武陟流量过程,出口边界采用艾山站2016年汛前的水位流量关系。黄河干流大洪水和汶河、金堤河洪水遭遇概率较小,且两河入黄均由退水闸控制,一般在黄河洪水过后退水,本次模拟暂不考虑汶河、金堤河入流。

6.1.2　网格剖分

网格是影响二维水力学模型成果精度和计算速度的关键。二维模型经常采用的计算网格包括贴体四边形网格、三角形网格和滩槽复合网格。贴体四边形网格主要适用于河段相对规则、河宽沿程变化不大的天然河道,该网格能够较好地顺应水流方向,模拟精度高;三角形网格主要适合边界极不规则,且计算过程中需要进行局部加密的区域(如河道、湖泊等),但是三角形网格生成复杂,且计算量较大,在同样网格尺度下其计算量约是四边形网格的2倍;滩槽混合网格是结合贴体四边形网格和三角形网格的特点衍生出来的非结构网格,兼备四边形网格和三角形网格的优点,能够达到网格的优化布置。

根据黄河下游河道的特点。从河道形态来看,黄河下游属于平原冲积性河道,具有滩地宽、主槽窄的特点,见图6-1和图6-2。此外,由于泥沙大量淤积,部分河道逐渐变成"地上悬河",甚至形成主河槽高于两岸滩地,滩地又高于大堤背河地面,形成"槽高、滩低、堤根洼"的"二级悬河"。从过流特点来看,黄河流域洪枯季流量变幅大,当遭遇平滩流量以下的中、小流量时,河道水面宽度窄,流速流向变化不大,当遭遇平滩流量以上的漫滩洪水时,水面宽度会增加数倍或数十倍的变化,流速、流向也会发生较大的变化,部分河段甚至存在斜河、横河、顺堤行洪、河槽滚河、主流顶冲大堤等特殊水流现象。

根据黄河下游河道的特点,在主河槽内布置贴体四边形网格,在左、右滩地布置三角形网格,见图6-3,采用滩槽复合网格,对计算区域内堤防、道路、河道整治工程等周围网格适当加密,见图6-4。

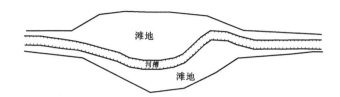

图 6-1　黄河下游河道平面形态示意

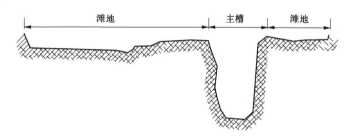

图 6-2　黄河下游河道横断面形态示意

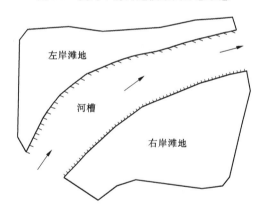

图 6-3　黄河下游宽浅复式河道概化

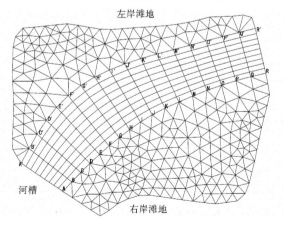

图 6-4　黄河滩槽复合网格布置示意

6.1.3　模型参数选取与率定

6.1.3.1　模型参数选取

黄河西霞院—艾山河段涉及的计算范围大,区域内地形地物复杂,还涉及生产堤、引水渠道、交通设施、穿黄管线等众多类型的线状工程,在以往研究成果中,对黄河下游主槽和滩地糙率取值已经多次率定和验证,确定主槽糙率为 0.009 ~ 0.015,滩地糙率为 0.023 ~ 0.035。本次研究糙率参数依据下垫面类型,结合专家经验和以往研究成果综合确定,并采用 2009 年汛前调水调沙洪水过程对糙率进行率定。

黄河西霞院—艾山河段滩地下垫面类型包括居民地及居民地设施、河渠水面、有植被覆盖的土地和无植被覆盖的空地。

其中,居民地包括房屋区、棚房区等;居民地设施包括露天采掘场等工业区,饲养场、水产养殖场等农业养殖区;河渠水面包括河流、干渠、池塘等;有植被覆盖的土地包括林地、草地、水田、荒地等;无植被覆盖的土地包括平沙地、龟裂地和石块地等。

1. 居民地及居民地设施糙率选取

居民地及居民地设施糙率按式(6-1)进行计算:

$$n = n_0(1.0 + \alpha)^2 \tag{6-1}$$

式中:n 为考虑居民地等阻水的糙率;n_0 为无居民地时的基本糙率;α 为网格内居民地所占面积比例。居民地糙率取值一般为 0.06 ~ 0.08。

2. 河渠水面糙率选取

本次研究区域内的河流、干渠、池塘等水面糙率范围按 0.015 ~ 0.020 考虑。黄河干流主槽糙率按 0.009 ~ 0.015 考虑。

3. 有植被覆盖的土地

本次研究区域内半荒草地、荒草地、草地等糙率范围按 0.023 ~ 0.035 考虑;高草地糙率范围按 0.03 ~ 0.05 考虑;幼林按 0.05 ~ 0.08 考虑;成林洪水在树枝以下的按 0.08 ~ 0.10 考虑,洪水在树枝以上的按 0.10 ~ 0.12 考虑。

4. 无植被覆盖的空地

本次研究区域内平沙地、龟裂地以及石块地等无植被覆盖的空地糙率范围按 0.026 ~ 0.035 考虑。

黄河西霞院—艾山河段不同地貌下垫面类型分区糙率选取见表 6-1。

6.1.3.2　模型参数率定

采用黄河下游 2009 年汛前调水调沙期间的实测水沙资料进行模型糙率参数率定。2009 年调水调沙期间,西霞院出库、黑石关和武陟的洪峰流量分别为 4 170 m³/s、97.1 m³/s 和 0.38 m³/s,三站总水量为 52.80 亿 m³。图 6-5 给出了西霞院出库、黑石关和武陟的实测流量过程。

1. 流量过程成果

表 6-2 为黄河下游各控制测站洪峰流量计算值和实测值的对比。由表 6-2 可知,各测站洪峰流量的计算值和实测值之间的相对误差均在 - 5.24% ~ 0.44%。图 6-6 ~ 图 6-10 为黄河下游主要测站流量过程计算值和实测值的比较,由图可知计算所得的流量过程和实测成果基本吻合。

表 6-1　黄河西霞院—艾山河段不同地貌下垫面类型分区糙率选取

序号	地类名称	内容	糙率取值范围	序号	地类名称	内容	糙率取值范围
1	居民地	房屋		16	河渠水面	干流主槽	0.009~0.015
2		棚房		17		坑塘	0.015~0.020
3		破坏房屋		18	有植被覆盖的土地	旱地	0.023~0.035
4		空地		19		水田	0.023~0.035
5		其他居民地		20		成林	0.08~0.12
6	居民地设施	露天采掘场		21		幼林	0.05~0.08
7		乱掘地		22		高草地	0.03~0.05
8		露天设备	0.06~0.08	23		草地	
9		露天选矿场、材料堆放场		24		半荒草地	0.023~0.035
10		饲养场		25		荒草地	
11		水产养殖场		26	无植被覆盖的土地	土堆	
12		温室、大棚		27		坑穴	
13		粮仓(库)		28		平沙地	0.026~0.038
14		储草场		29		龟裂地	
15		垃圾台(场)		30		其他地貌	

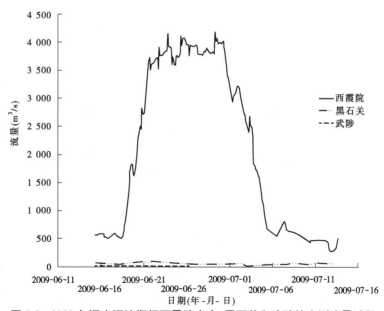

图 6-5　2009 年调水调沙期间西霞院出库、黑石关和武陟的实测流量过程

表 6-2　各控制测站洪峰流量计算值和实测值的比较

站名	花园口	夹河滩	高村	孙口	艾山
实测值(m³/s)	4 170	4 120	3 890	3 900	3 780
计算值(m³/s)	4 085	3 904	3 907	3 824	3 752
绝对误差(m³/s)	− 85	− 216	17	− 76	− 28
相对误差(%)	− 2.04	− 5.24	0.44	− 1.95	− 0.74

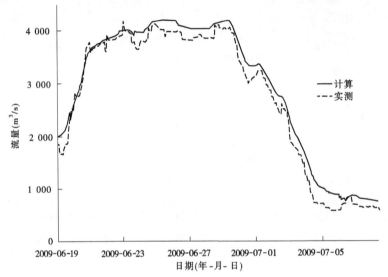

图 6-6　花园口站流量过程计算值和实测值对比

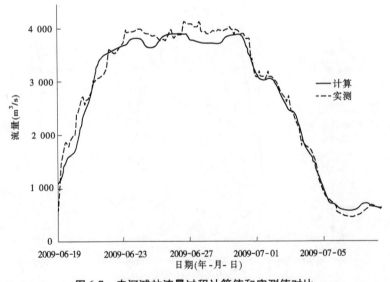

图 6-7　夹河滩站流量过程计算值和实测值对比

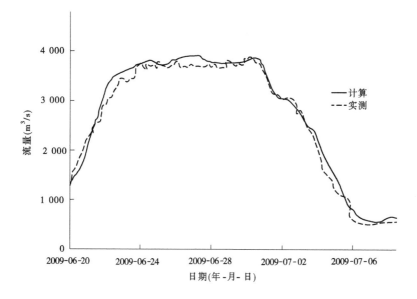

图 6-8　高村站流量过程计算值和实测值对比

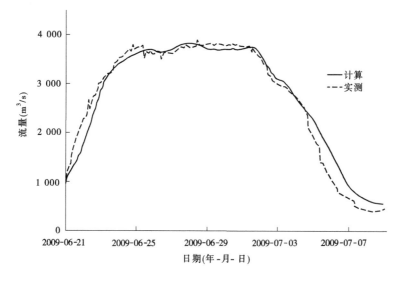

图 6-9　孙口站流量过程计算值和实测值对比

2. 水位过程成果

表 6-3 为各控制测站最高水位计算值和实测值的对比情况。由表 6-3 可知,各测站最高水位计算值和实测值之间的绝对误差范围为 − 0. 17 ~ 0. 12 m。图 6-11 ~ 图 6-15 为各控制站水位过程计算值和实测值的比较,由图可知计算所得的水位过程和实测成果基本吻合。

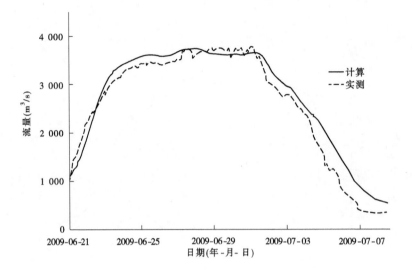

图6-10　艾山站流量过程计算值和实测值对比

表6-3　各控制测站最高水位计算值和实测值的比较

站名	花园口	夹河滩	高村	孙口	艾山
实测值(m)	93.44	73.87	62.28	48.46	41.42
计算值(m)	93.27	73.96	62.39	48.58	41.47
绝对误差(m)	-0.17	0.09	0.11	0.12	0.05
相对误差(%)	-0.18	0.12	0.18	0.25	0.12

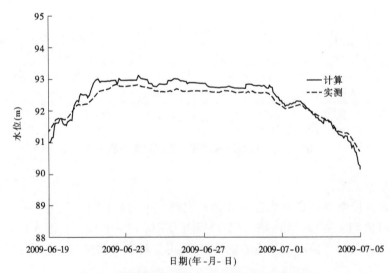

图6-11　花园口站最高水位计算值和实测值对比

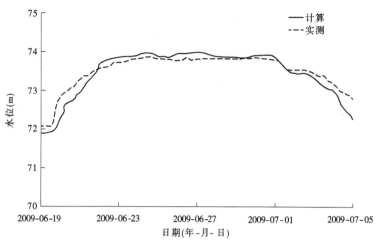

图 6-12 夹河滩站最高水位计算值和实测值对比

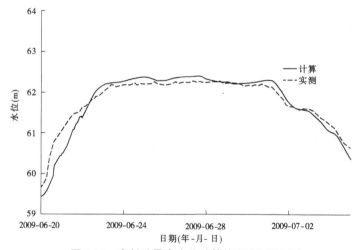

图 6-13 高村站最高水位计算值和实测值对比

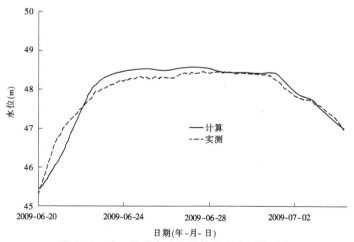

图 6-14 孙口站最高水位计算值和实测值对比

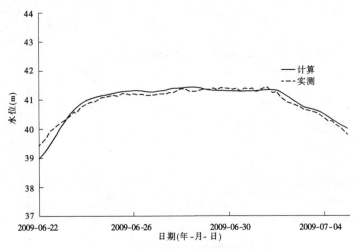

图 6-15　艾山站最高水位计算值和实测值对比

6.2　构筑物处理

黄河下游河道内有大量阻水建筑物,如生产堤、道路、控导工程、引水渠、村台等。本次主要考虑高于地面 0.5 m 的线状工程及地物。

6.2.1　生产堤及道路

参考 Mike 软件对堤防等线状地物的处理模式,将研究范围内高于地面 0.5 m 的生产堤、道路等按照线状要素加载在距离其最近的连续网格边界上,同时按照工程顶部高程给网格节点赋值,考虑其阻水作用。当水流漫过堤防所在的边界时,按照宽顶堰过流公式计算界面通量。界面通量按宽顶堰公式计算。宽顶堰过流计算见图 6-16。

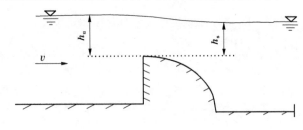

图 6-16　宽顶堰过流示意

宽顶堰单宽流量公式:

$$q_{\mathrm{m}} = \sigma m \sqrt{2g} H_0^{3/2}$$

式中:m 为流量系数,$m = 0.32 \sim 0.385$,取决于进口形状;$H_0 = h_{\mathrm{u}} + \alpha \dfrac{v^2}{2g}$,$v$ 为行近流速,h_{u} 为上游水深,α 取 $1.05 \sim 1.1$。

黄河下游生产堤主要为土质材料,建设年份不一,堤身材料以及堤防质量较差。在发生洪水时,生产堤易发生冲决和漫决,根据以往研究成果,当水流流速大于 1.8 m/s,且水流方向与生产堤附近单元网格夹角 α 大于 45°,水深 H 超过 1.5 m 就定性认为该段生产堤可能发生溃口;发生大洪水,当洪水水位与生产堤堤顶高差小于 0.2 m 时,即认为生产堤发生漫决。考虑滩区堤防决口具有一定的偶然性,模型计算时,生产堤决口位置也可以参考以往研究成果,结合专家经验,预设缺口。

6.2.2　其他构筑物

6.2.2.1　河道整治工程

河道整治工程按照阻水建筑物考虑,当洪水位超过其顶部高程时考虑漫顶。

6.2.2.2　引水渠

本次计算考虑南水北调中线干渠、南水北调东线干渠等主要引水渠道对洪水演进的影响,引水渠按照线状地物在模型中概化。

6.2.2.3　其他地物

1. 公路、铁路等

研究范围内公路以乡村级公路为主,路面高程都在附近滩面高程 0.5 m 以下;穿黄的铁路和高速公路基本以高架桥形式跨越河道。因此,滩区内的公路考虑局部地形调整法的方法进行概化,穿黄的铁路和高速公路,考虑采用局部地形调整法和局部糙率调整法相结合的方法进行概化。

2. 滩区居民地

对于滩区居民地等点状或面状构筑物,采用局部地形调整法和局部糙率调整法进行概化。

6.3　模型验证

采用黄河下游 2011 年汛前调水调沙期间的实测流量资料进行模型验证。2011 年调水调沙期间,西霞院出库、黑石关和武陟的洪峰流量分别为 4 180 m³/s、62.5 m³/s 和 20 m³/s,三站总水量为 49.28 亿 m³。图 6-17 给出了西霞院出库、黑石关和武陟的实测流量过程。

6.3.1　流量过程验证成果

表 6-4 为黄河下游各控制测站洪峰流量计算值和实测值的对比。由表 6-4 可知,各测站洪峰流量的计算值和实测值之间的相对误差均在 −1.66% ~ 7.03%。图 6-18 ~ 图 6-22 为黄河下游主要测站流量过程计算值和实测值的比较,由图可知计算所得的流量过程和实测成果基本吻合。

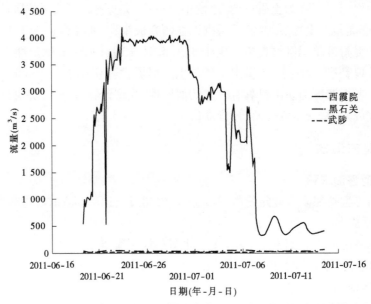

图 6-17　2011 年调水调沙期间西霞院出库、黑石关和武陟的实测流量过程

表 6-4　各控制测站洪峰流量计算值和实测值的比较

站名	花园口	夹河滩	高村	孙口	艾山
实测值(m³/s)	4 100	3 960	3 640	3 560	3 470
计算值(m³/s)	4 032	3 854	3 835	3 795	3 714
绝对误差(m³/s)	−68	−106	195	235	244
相对误差(%)	−1.66	−2.68	5.36	6.60	7.03

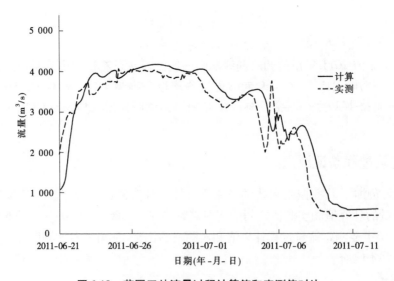

图 6-18　花园口站流量过程计算值和实测值对比

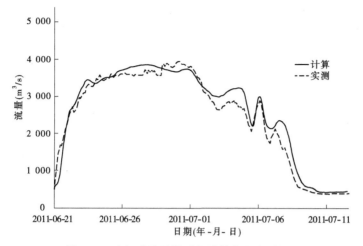

图 6-19 夹河滩站流量过程计算值和实测值对比

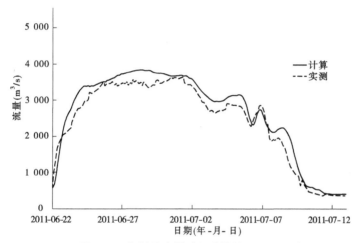

图 6-20 高村站流量过程计算值和实测值对比

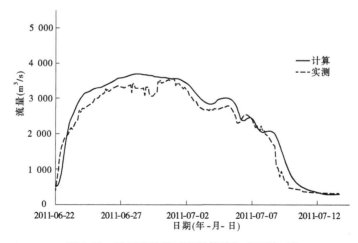

图 6-21 孙口站流量过程计算值和实测值对比

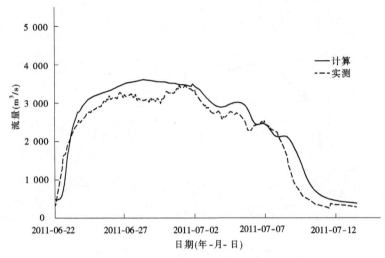

图 6-22 艾山站流量过程计算值和实测值对比

6.3.2 水位过程验证成果

表 6-5 为各控制测站最高水位计算值和实测值的对比情况。由表 6-5 可知,各测站最高水位计算值和实测值之间的绝对误差范围为 -0.15~0.17 m。图 6-23~图 6-27 为各控制站水位过程计算值和实测值的比较,由图可知计算所得的水位过程和实测成果基本吻合。

表 6-5 各控制测站最高水位计算值和实测值的比较

站名	花园口	夹河滩	高村	孙口	艾山
实测值(m)	93.13	73.38	61.94	48.62	41.68
计算值(m)	93.05	73.55	62.10	48.67	41.53
绝对误差(m)	-0.08	0.17	0.16	0.05	-0.15
相对误差(%)	-0.09	0.23	0.26	0.10	-0.36

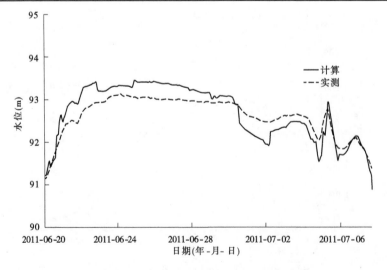

图 6-23 花园口站最高水位计算值和实测值对比

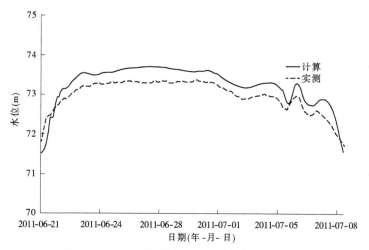

图 6-24　夹河滩站最高水位计算值和实测值对比

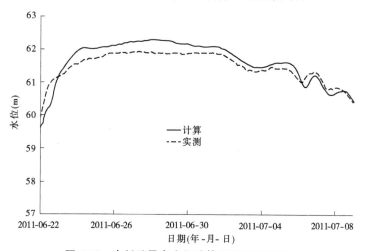

图 6-25　高村站最高水位计算值和实测值对比

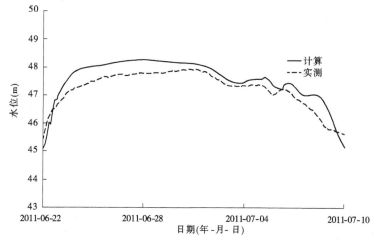

图 6-26　孙口站最高水位计算值和实测值对比

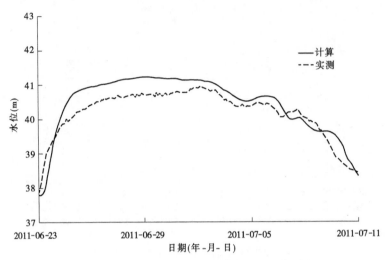

图 6-27　艾山站最高水位计算值和实测值对比

6.4　计算方案及初始、边界条件

6.4.1　计算方案设置

为反映不同典型洪水下游滩区的洪水淹没情况和洪水演进特性,选取 1 000 年一遇("58·7"型洪水)、10 年一遇("73·8"型洪水)、"96·8"实测洪水过程进行黄河下游河道二维数学模型计算。各典型洪水的洪水历时和进入下游的水量见表 6-6。

表 6-6　洪水计算方案

洪水典型	历时(d)	设计水量(亿 m³)			洪峰流量(m³/s)		
		西霞院出库	黑石关	武陟	西霞院出库	黑石关	武陟
1 000 年一遇"58·7"洪水典型	13	187.61	10.97	10.55	7 755	18 065	2 001
10 年一遇"73·8"洪水典型	46	51.35	49.96	7.60	9 584	753	1 680
"96·8"实测洪水	16	42.20	7.24	7.29	5 090	1 980	1 420

6.4.2　初始条件和边界条件

6.4.2.1　初始条件

初始条件即为计算范围内河道初始水位,根据各方案入流初始流量计算得到。

6.4.2.2　边界条件

1.进口边界条件

模型计算进口为西霞院水文站,黑石关和武陟水文站的流量作为支流汇入黄河,各典型洪水西霞院、黑石关、武陟流量过程见图 6-28 ～ 图 6-30。

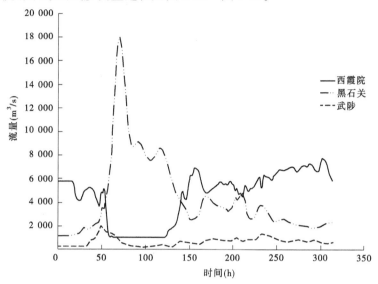

图 6-28　1958 年典型 1 000 年一遇洪水设计流量过程

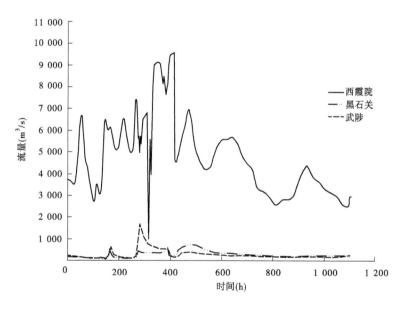

图 6-29　1973 年典型 10 年一遇洪水设计流量过程

2. 出口边界条件

以艾山断面为出口,采用该断面 2016 年汛前水位—流量关系作为边界条件,如图 6-31 所示。

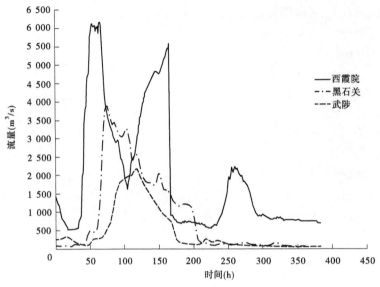

图 6-30 "96·8"实测洪水流量过程

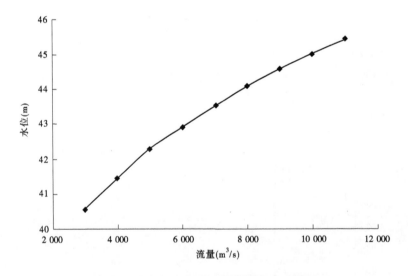

图 6-31 2016 年汛前艾山水文站水位—流量关系

6.5 滩区洪水淹没分析

6.5.1 洪水流量演进过程

表 6-7 给出了各流量级洪水在花园口、夹河滩、高村、孙口、艾山等水文站的演进情况统计,图 6-32 ~ 图 6-34 给出了各水文站的洪水演进过程。

(1)"58·7"洪水典型 1 000 一遇设计洪水计算流量过程。

根据数学模型计算结果,"58·7"洪水典型 1 000 年一遇设计洪水花园口、夹河滩、高村、孙口、艾山等断面的洪峰流量分别为 18 900 m³/s、14 621 m³/s、13 805 m³/s、13 352

m^3/s 和 10 000 m^3/s(考虑东平湖分洪);各站洪峰到达时间分别为 77 h、101 h、141 h、165 h 和 192 h,洪峰传播时间分别为 0、24 h、64 h、88 h 和 115 h。

(2)"73·8"洪水典型 10 年一遇设计洪水计算流量过程。

根据数学模型计算结果,"73·8"洪水典型 10 年一遇设计洪水花园口、夹河滩、高村、孙口、艾山等断面的洪峰流量分别为 10 000 m^3/s、9 881 m^3/s、9 773 m^3/s、9 512 m^3/s 和 9 184 m^3/s;各站洪峰到达时间分别为 377 h、406 h、449 h、472 h 和 483 h,洪峰传播时间分别为 0、29 h、72 h、95 h 和 106 h。

(3)"96·8"实测洪水计算流量过程。

根据数学模型计算结果,"96·8"实测洪水计算花园口、夹河滩、高村、孙口、艾山断面的洪峰流量分别为 7 860 m^3/s、7 214 m^3/s、6 590 m^3/s、4 485 m^3/s 和 4 331 m^3/s;各站洪峰到达时间分别为 136 h、151 h、165 h、238 h 和 247 h,洪峰传播时间分别为 0、15 h、29 h、102 h 和 111 h。

表 6-7　下游各主要水文站洪峰流量和最高洪水位统计

洪水典型		洪峰流量(m^3/s)				
		花园口	夹河滩	高村	孙口	艾山
1 000 年一遇 "58·7" 洪水典型	洪峰流量(m^3/s)	18 900	14 621	13 805	13 352	10 000
	洪峰到达时间(h)	77	101	141	165	192
	洪水传播时间(h)	0	24	64	88	115
10 年一遇 "73·8" 洪水典型	洪峰流量(m^3/s)	10 000	9 881	9 773	9 512	9 184
	洪峰到达时间(h)	377	406	449	472	483
	洪水传播时间(h)	0	29	72	95	106
"96·8" 实测洪水	洪峰流量(m^3/s)	7 860	7 214	6 590	4 485	4 331
	洪峰到达时间(h)	136	151	165	238	247
	洪水传播时间(h)	0	15	29	102	111

6.5.2　洪水淹没范围及影响

6.5.2.1　洪水淹没范围

表 6-8 为各典型洪水计算方案洪水淹没范围,从表中可以看出 1 000 年一遇"58·7"洪水典型洪水淹没范围为 3 188.20 km^2,其中淹没水深 0.5 m 以下的淹没范围最大,达到 1 025.24 km^2,占总淹没范围的 32.2%,3.0 m 以上水深淹没范围达到 615.29 km^2,占总淹没范围的 19.3%;10 年一遇"73·8"洪水典型洪水淹没范围为 3 038.58 km^2,其中淹没水深 0.5 m 以下的淹没范围最大,达到 1 343.59 km^2,占总淹没范围的 44.2%,3.0 m 以上水深淹没范围达到 507.89 km^2,占总淹没范围的 16.7%;"96·8"实测洪水淹没范围为 2 064.30 km^2,其中淹没水深 0.5 m 以下的淹没范围最大,达到 1 230.33 km^2,占总淹没范围的 59.6%,3.0 m 以上水深淹没范围达到 307.33 km^2,占总淹没范围的 14.9%。

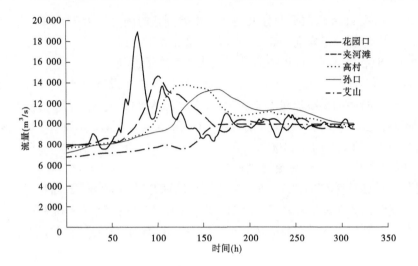

图 6-32 1958 年典型 1 000 年一遇洪水传播过程

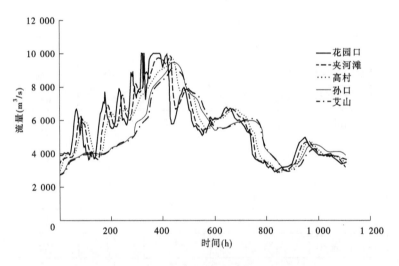

图 6-33 1973 年典型 10 年一遇洪水传播过程

表 6-8 各典型洪水计算方案洪水淹没范围

典型洪水 计算方案	不同水深淹没范围(km²)					合计
	0~0.5 m	0.5~1.0 m	1.0~2.0 m	2.0~3.0 m	3.0 m 以上	
1 000 年一遇"58·7" 洪水典型	1 025.24	389.53	728.75	429.39	615.29	3 188.20
10 年一遇"73·8" 洪水典型	1 343.59	348.54	523.31	315.25	507.89	3 038.58
"96·8"实测洪水	1 230.33	206.21	224.99	95.44	307.33	2 064.30

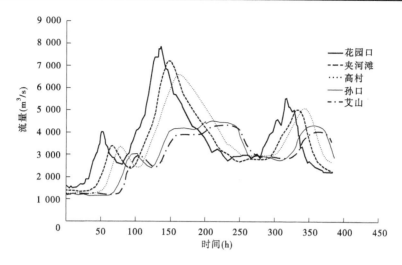

图 6-34　"96·8"实测洪水传播过程

6.5.2.2　洪水淹没影响

　　表 6-9 为各典型洪水计算方案洪水淹没影响信息表,从表中可以看出 1 000 年一遇"58·7"洪水典型洪水淹没影响人口共计 96.81 万人,淹没面积达到 3 188.20 km²,淹没耕地面积 295.85 万亩。其中,河南省淹没影响人口 72.31 万人,淹没面积达到 2 507.02 km²,淹没耕地面积 227.02 万亩;山东省淹没影响人口 24.50 万人,淹没面积达到 681.18 km²,淹没耕地面积 68.83 万亩。

　　10 年一遇"73·8"洪水典型淹没影响人口共计 85.08 万人,淹没面积达到 3 038.58 km²,淹没耕地面积 269.42 万亩。其中,河南省淹没影响人口 59.16 万人,淹没面积达到 2 305.91 km²,淹没耕地面积 198.26 万亩;山东省淹没影响人口 25.92 万人,淹没面积达到 732.67 km²,耕地面积 71.16 万亩。

　　"96·8"实测洪水淹没影响人口共计 52.97 万人,淹没面积达到 2 064.30 km²,淹没耕地面积 181.56 万亩。其中,河南省淹没影响人口 45.93 万人,淹没面积达到 1 680.93 km²,淹没耕地面积 143.91 万亩;山东省淹没影响人口 7.04 万人,淹没面积达到 383.37 km²,淹没耕地面积 37.65 万亩。

6.5.3　典型滩区淹没分析

　　通过与《黄河流域洪水风险图编制项目》(2014 年度)黄河下游滩区洪水分析成果对比,分析本次典型洪水计算成果的合理性。

6.5.3.1　"96·8"实测洪水计算结果合理性分析

　　"96·8"实测洪水过程中花园口站洪峰流量为 7 860 m³/s,与黄河下游滩区洪水风险图成果中 8 000 m³/s 常遇洪水方案洪峰量级相当,对比分析两个成果的典型滩区淹没情况,来说明本次成果的合理性。

表6-9　　各典型洪水计算方案洪水淹没影响

典型洪水计算方案	行政区	淹没影响人口（万人）	淹没面积（km²）	淹没耕地面积（万亩）
1 000 年一遇"58·7"洪水典型	河南省	72.31	2 507.02	227.02
	山东省	24.50	681.18	68.83
	合计	96.81	3 188.20	295.85
10 年一遇"73·8"洪水典型	河南省	59.16	2 305.91	198.26
	山东省	25.92	732.67	71.16
	合计	85.08	3 038.58	269.42
"96·8"实测洪水	河南省	45.93	1 680.93	143.91
	山东省	7.04	383.37	37.65
	合计	52.97	2 064.30	181.56

1. 温孟滩淹没情况分析

如图 6-35、图 6-36 所示，温孟滩位于黄河左岸，为安置小浪底水库移民，温孟滩已修建了防御标准为 10 000 m³/s 洪水的防护堤，中小洪水不受洪水漫滩影响。对比两次成果发现，从模型计算结果来看，温孟滩在 8 000 m³/s 常遇洪水条件下，由于滩区围堤的阻水作用，滩区没有发生洪水淹没，两次计算成果淹没范围差别不大，从洪水漫滩情况来看，两次计算成果，均有一股水流从裴峪工程下首漫上滩地，在神堤工程上首归槽，驾部工程上游局部出现漫滩，总体上看，两次成果温孟滩淹没范围接近。

2. 长垣滩淹没情况分析

如图 6-37、图 6-38 所示，两次成果计算的长垣滩淹没范围基本一致，淹没水深相当。长垣滩在常遇洪水条件下洪水从谢寨闸断面附近漫过生产堤顶进入滩区，而后向上下游演进，向上游演进的洪水演进至竹林断面附近，向下游演进的洪水部分洪水从长垣滩下首双井断面附近退回主槽，滩地淹没水深在 2 m 左右。

3. 习城滩淹没情况分析

如图 6-39、图 6-40 所示，习城滩位于黄河左岸，两次成果计算的长垣滩和东明南滩淹没范围一致，淹没水深相当。在常遇洪水条件下洪水仅从董口断面附近漫过生产堤顶进入滩区，大概一半面积的滩区被淹没，滩地淹没水深大部分为 1~2 m，最大水深达到 3 m 以上。

6.5.3.2　10 年一遇"73·8"洪水典型计算结果合理性分析

本次模型计算的"73·8"洪水典型洪峰流量与黄河下游滩区洪水风险图成果中 5 年一遇典型洪水洪峰量级相当，对比分析两个成果的典型滩区淹没情况，来说明本次成果的合理性。

1. 温孟滩淹没情况分析

如图 6-41、图 6-42 所示，对比两次成果，温孟滩淹没范围接近，温孟滩移民区仍没有发生洪水淹没，裴峪工程和神堤工程之间，滩地淹没范围增大，淹没水深增加，达到 2 m 以上，驾部工程上游滩地漫滩范围增大。

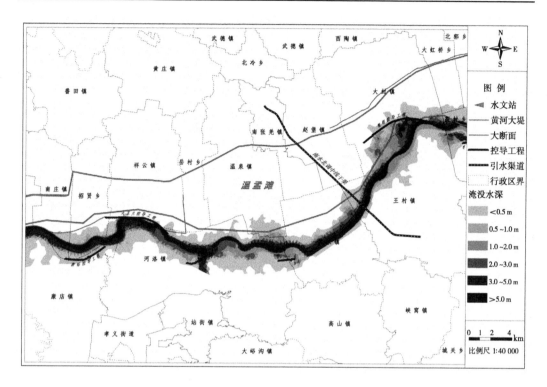

图 6-35　"96·8"实测洪水温孟滩淹没范围

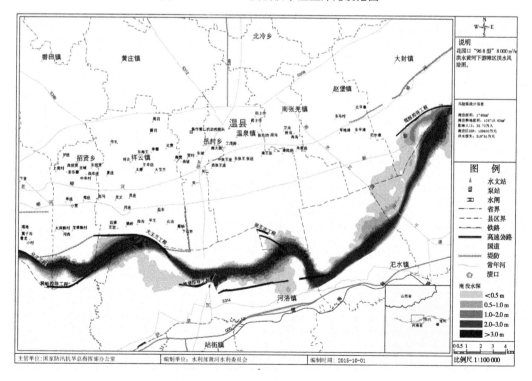

图 6-36　常遇洪水温孟滩淹没情况（黄河下游滩区洪水风险图成果）

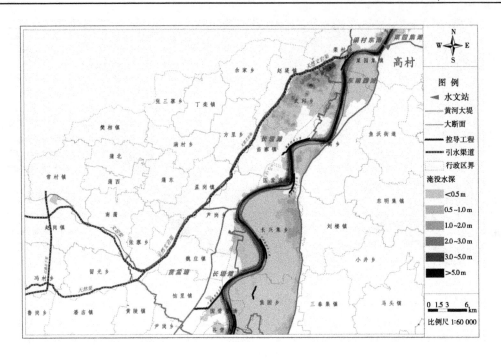

图 6-37　"96 · 8"实测洪水长垣滩淹没范围（本次计算成果）

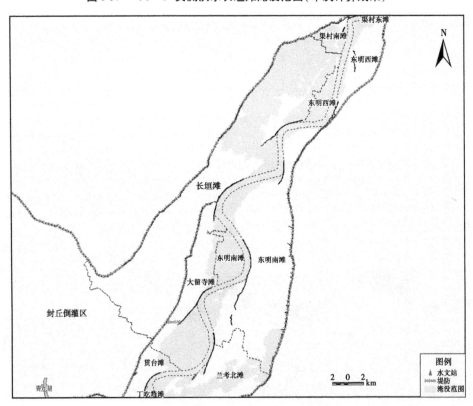

图 6-38　常遇洪水长垣滩淹没范围（黄河下游滩区洪水风险图成果）

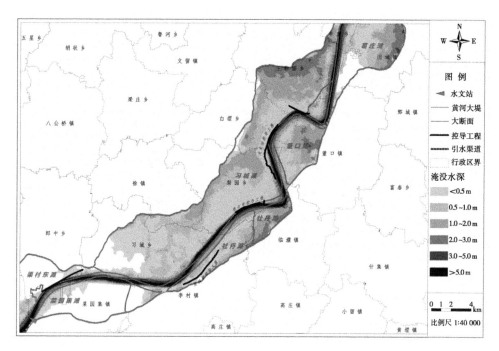

图 6-39　"96·8"实测洪水习城滩淹没范围(**本次计算成果**)

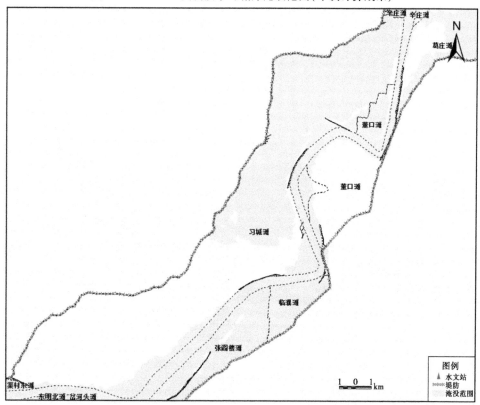

图 6-40　常遇洪水习城滩淹没范围(黄河下游滩区洪水风险图成果)

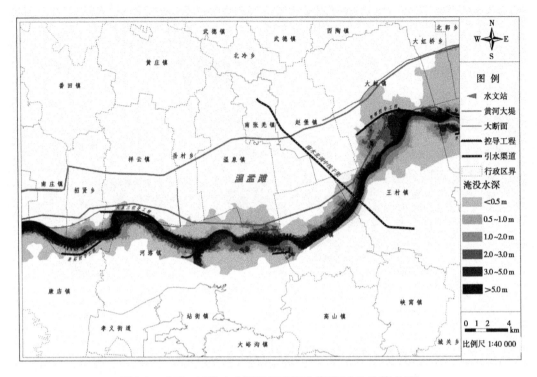

图 6-41　"73·8"洪水典型温孟滩淹没范围(本次计算成果)

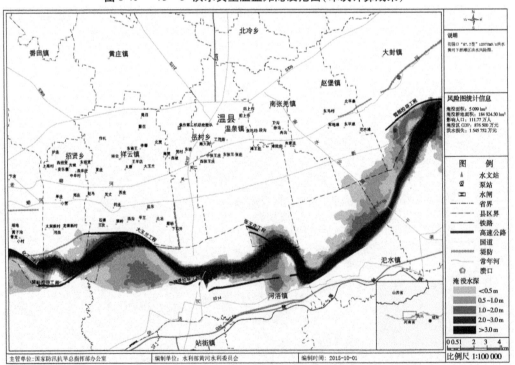

图 6-42　5 年一遇洪水温孟滩淹没范围(黄河下游滩区洪水风险图成果)

2.长垣滩淹没情况分析

如图 6-43、图 6-44 所示,两次成果计算的长垣滩淹没范围基本一致,淹没水深相当。在花园口洪峰流量 10 000 m³/s 的条件下,洪水从谢寨闸断面附近漫过生产堤顶进入滩区,向上游演进至石头庄断面,滩地淹没范围扩大,最大淹没水深达到 5 m 以上。

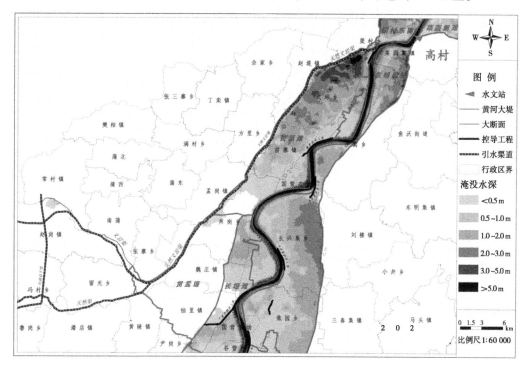

图 6-43　"73·8"洪水典型长垣滩淹没范围(本次计算成果)

3.习城滩淹没情况分析

如图 6-45、图 6-46 所示,两次成果计算的习城滩淹没范围一致,淹没水深接近。在花园口洪峰流量 10 000 m³/s 的条件下,洪水先后从董口、陈寨、梨园断面附近漫过生产堤顶进入滩区,基本淹没整个滩区,洪峰过后,部分洪水从习城滩下首彭楼断面附近退回主槽。

6.5.3.3　1 000 年一遇"58·7"洪水典型计算结果合理性分析

对比分析本次 1 000 年一遇洪水典型和下游滩区洪水风险图 1 000 年一遇洪水典型计算成果的典型滩区淹没情况,来说明本次成果的合理性。

1.温孟滩淹没范围分析

如图 6-47、图 6-48 所示,对比两次成果,温孟滩淹没范围接近,在 1 000 年一遇洪水条件下,温孟滩区洪水大面积漫滩,洪水漫滩后向下游演进,受南水北调干渠阻水影响,干渠西侧水深持续加大,最大水深达到 5 m 以上,洪峰过后,部分洪水从小马村断面附近退回主槽,裴峪工程和神堤工程之间滩地,驾部工程上游滩地淹没范围继续扩大,淹没水深增加。

2.长垣滩和东明南滩淹没范围分析

如图 6-49、图 6-50 所示,两次成果计算的长垣滩淹没范围基本一致,淹没水深相当。在 1 000 年一遇洪条件下向上游漫流的洪水已经延伸到封丘倒灌区留光乡和赵岗镇,淹

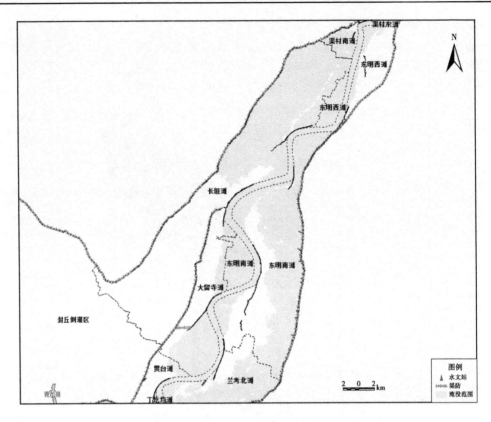

图 6-44　5 年一遇洪水长垣滩淹没范围(黄河下游滩区洪水风险图成果)

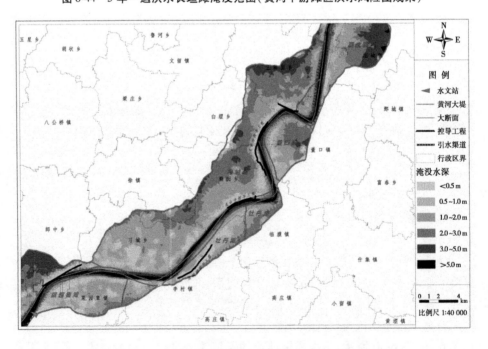

图 6-45　"73·8"洪水典型习城滩淹没范围(本次计算成果)

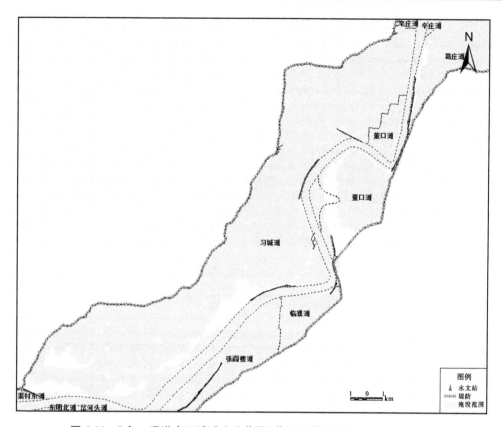

图 6-46　5 年一遇洪水习城滩淹没范围（黄河下游滩区洪水风险图成果）

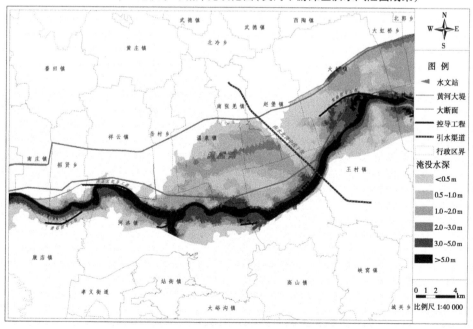

图 6-47　1 000 年一遇洪水温孟滩淹没范围（本次计算成果）

没范围达到最大,滩地淹没水深基本都在 2 m 以上,洪峰过后,部分洪水从长垣滩下首双井断面附近退回主槽。

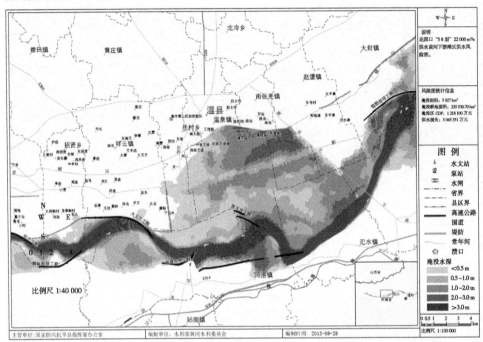

图 6-48　1 000 年一遇洪水温孟滩淹没范围(黄河下游滩区洪水风险图成果)

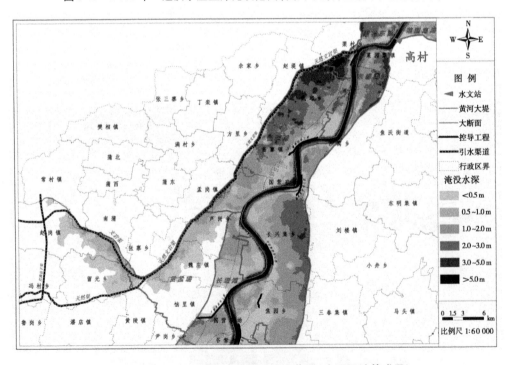

图 6-49　1 000 年一遇洪水长垣滩淹没范围(本项目计算成果)

3.习城滩淹没范围分析

如图6-51、图6-52所示,两次成果计算的习城滩淹没范围一致,淹没水深接近。从图

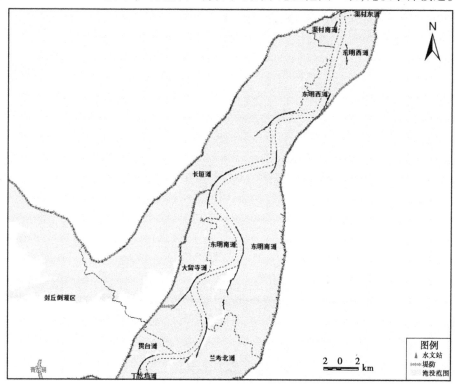

图6-50 1 000年一遇洪水长垣滩淹没范围(黄河下游滩区洪水风险图成果)

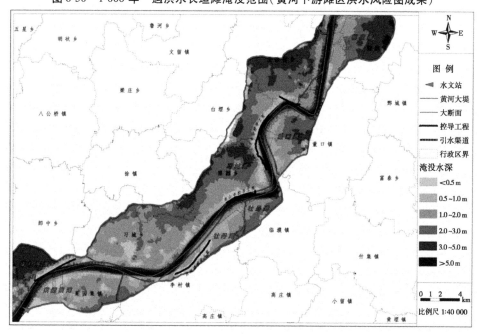

图6-51 1 000年一遇洪水习城滩淹没范围(本项目计算成果)

中可以看出,1 000 年一遇洪水淹没范围与花园口洪峰流量 10 000 m³/s 的淹没范围差别不大,但是淹没水深增加,滩地淹没水深基本上都在 2 m 以上,最大水深达到 5 m,洪峰过后,洪水从习城滩下首彭楼断面附近退回主槽。

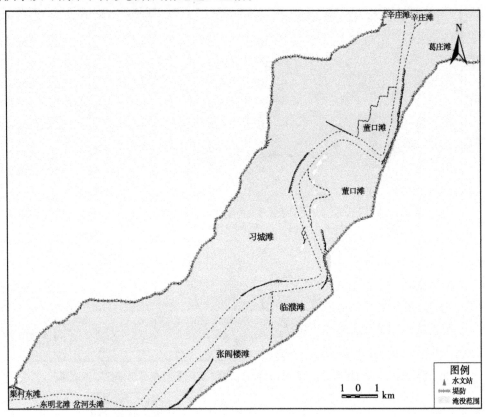

图 6-52　1 000 年一遇洪水习城滩淹没范围(黄河下游滩区洪水风险图成果)

6.6　泥沙对下游洪水淹没影响

6.6.1　计算方案

为评估现状生产堤条件下有无泥沙对洪峰演进的影响,选择 1933 年实测和 1996 年实测("96·8"洪水)洪水泥沙过程进行黄河下游河道二维水沙计算。中游水库均采用常规调度方案。

设计典型洪水进入下游河道的水沙特征值见表 6-10,流量及输沙率过程见图 6-53、图 6-54。1933 年实测洪水历时长,水沙量较大,水、沙量分别达到 224.45 亿 m³ 和 15.48 亿 t,平均含沙量 68.97 kg/m³,最大含沙量达 319.94 kg/m³。1996 年实测洪水历时 18.5 d,水沙量及洪峰流量相对较小,最大流量 7 860 m³/s,但含沙量较大,平均含沙量为 91.39

kg/m³,最大含沙量达 353.00 kg/m³,属于小流量高含沙型洪水。

表6-10　典型洪水进入下游河道的水沙特征值统计

典型洪水	历时 (d)	水量 (亿 m³)	沙量 (亿 t)	含沙量 (kg/m³)	最大流量 (m³/s)	最大含沙量 (kg/m³)
1933 年 实测洪水	45	224.45	15.48	68.97	9 828	319.94
1996 年 实测洪水	18.5	55.37	5.06	91.39	7 860	353.00

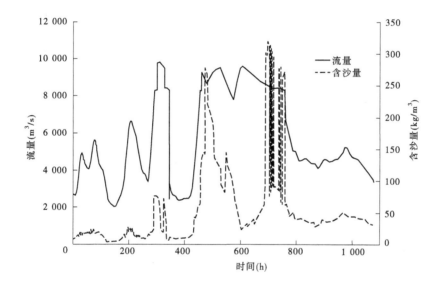

图 6-53　1933 年实测洪水流量及输沙率过程

6.6.2　典型洪水演进过程

不同洪水有无泥沙方案,各典型断面洪峰信息统计见表6-11。

1933 年实测洪水有泥沙方案时,花园口、夹河滩、高村、孙口等断面的洪峰流量分别为10 214 m³/s、10 028 m³/s、10 123 m³/s 和 10 424 m³/s,无泥沙方案时分别为 10 170 m³/s、9 974 m³/s、9 557 m³/s 和 9 924 m³/s。考虑泥沙的影响,各断面的流量均有所增加,花园口、夹河滩、高村、孙口等断面的洪峰流量分别增加44 m³/s、54 m³/s、566 m³/s 和 500 m³/s。

1996 年实测洪水有泥沙方案时,花园口、夹河滩、高村、孙口等断面的洪峰流量分别为7 690 m³/s、7 050 m³/s、6 230 m³/s 和 4 210 m³/s,无泥沙方案时分别为 7 860 m³/s、7 214 m³/s、6 590 m³/s 和 4 485 m³/s。考虑泥沙的影响,各断面的流量均有所减小,花园口、夹河滩、高村、孙口等断面的洪峰流量分别减小 170 m³/s、164 m³/s、360 m³/s 和 275 m³/s。

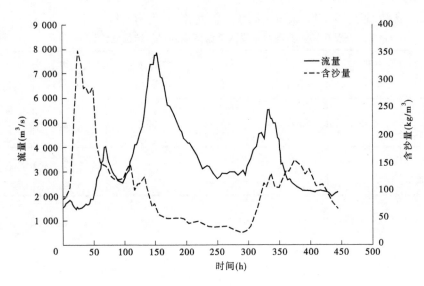

图 6-54 "96·8"实测洪水流量及输沙率过程

表 6-11 典型洪水各断面洪峰信息统计 （单位:m³/s）

项目		花园口	夹河滩	高村	孙口
1933 年 实测洪水	有泥沙	10 214	10 028	10 123	10 424
	无泥沙	10 170	9 974	9 557	9 924
	差值	44	54	566	500
1996 年 实测洪水	有泥沙	7 690	7 050	6 230	4 210
	无泥沙	7 860	7 214	6 590	4 485
	差值	−170	−164	−360	−275

6.6.3 典型洪水淹没情况

不同洪水有无泥沙方案,各典型河段淹没面积统计见表 6-12。

表 6-12 典型洪水各断面洪峰信息统计 （单位:km²）

项目		花园口以上	花园口—夹河滩	夹河滩—高村	高村—孙口
1933 年 实测洪水	有泥沙	222.54	487.00	679.98	650.90
	无泥沙	251.66	491.39	685.34	647.99
	差值	−29.12	−4.39	−5.36	2.91
1996 年 实测洪水	有泥沙	187.56	235.19	238.27	507.79
	无泥沙	190.08	215.72	230.93	479.45
	差值	−2.52	19.47	7.34	28.34

1933 年实测洪水有泥沙方案时,花园口以上、花园口—夹河滩、夹河滩—高村、高村—孙口淹没面积分别 222.54 km²、487.00 km²、679.98 km²、650.90 km²,无泥沙方案时分别为 251.66 km²、491.39 km²、685.34 km²、647.99 km²。考虑泥沙的影响,高村以上河段淹没面积有所减小,花园口以上、花园口—夹河滩、夹河滩—高村等河段淹没面积减小 29.12 km²、4.39 km²、5.35 km²,高村—孙口河段稍有增加,增加 2.91 km²。

1996 年实测洪水有泥沙方案时,花园口以上、花园口—夹河滩、夹河滩—高村、高村—孙口淹没面积分别 187.56 km²、235.19 km²、238.27 km²、507.79 km²,无泥沙方案时分别为 190.08 km²、215.72 km²、230.93 km²、479.45 km²。考虑泥沙的影响,花园口以上河段减小 2.52 km²;花园口以下河段淹没面积增加,花园口—夹河滩、夹河滩—高村、高村—孙口等河段分别增加 19.47 km²、7.34 km²、28.34 km²。

第 7 章　GIS 在洪水风险分析中的应用

7.1　地理信息系统概述

近些年来,计算机技术特别是地理信息系统(geographic information system,GIS)技术突飞猛进的发展,为洪水淹没风险评估提供了强劲的支持。本次采用由美国环境系统研究所(environment system research institute,ESRI)开发的 ArcGIS 软件,该软件是世界上最广泛的 GIS 软件之一。

7.1.1　基本概念

GIS 系统是自 20 世纪 60 年代起就迅速发展起来的地理学新技术,它是在计算机软硬件支持下,对整个或者部分地球表层空间中的有关地理分布数据进行采集、存储、管理、运算、分析、显示和描述的技术系统。

GIS 系统是以地图表达方式,对地理空间进行认识和分析,通过计算机把数字和图形融为一体,以数据表示空间分布,提取空间变量、量测数据和数字分析的结果,并以空间图形表达出来。以图形的数学性质与数据的图形模型进行定量分析和空间分析。它不仅具有地理意义明确的空间数据管理能力,更重要的是可以通过地理空间分析产生常规方法难以得到的分析决策信息,并可在系统支持下进行空间过程演化的模拟和预测,以高效率、高精度、定量和定位相结合,实现了真正地理意义上的区域空间分析。其在宏观决策尤其在空间决策方面正发挥着愈来愈大的作用,其强大的空间分析功能使得 GIS 正成为地学研究和规划管理的有用工具。

地理信息系统(geographic information system,GIS)、遥感(remote sensing,RS)和全球定位系统(global positioning system,GPS)简称为 3S 技术,它们提供了强大的空间信息获取、存储管理、信息更新、分析和应用功能,广泛应用于动态监测、信息管理和规划等领域。

近几十年,GIS 在理论方法和技术研究上都取得了很大的进展,这使得它越来越受到不同领域科学家的青睐,将其应用于各种专业领域。

7.1.2　GIS 系统构成

一个完整的地理信息系统主要由四个部分构成,即硬件系统、软件系统、地理空间数据和系统管理操作人员(见图 7-1)。其中,计算机硬件、软件系统是 GIS 使用工具,空间数据库反映了 GIS 的地理内容,而管理人员和用户则决定系统的工作方式和信息表达方式。

7.1.2.1　硬件系统

计算机硬件系统是计算机系统中的实际物理配置的总称,可以是电子的、电的、磁的、机械的、光的元件或装置,是 GIS 的物理外壳。系统的规模、精度、速度、功能、形式、使用方

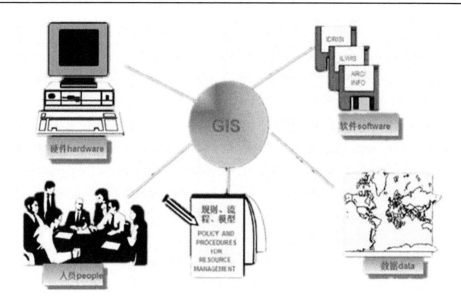

图 7-1 地理信息系统的构成

法甚至软件都与硬件有极大的关系,受硬件指标的支持或制约。GIS 由于其任务的复杂性和特殊性,必须由计算机设备支持。构成计算机硬件系统的基本组件包含输入/输出设备、中央处理单元、存储器等。这些硬件组件协同工作,向计算机系统提供必要的信息,使其完成任务,也可以保存数据以备现在或将来使用,或将处理得到的结果或信息提供给用户。

当代 GIS 技术体系中,网络系统成为不可或缺的核心组件,基于网络环境的 GIS,是现代 GIS 的重要特征,也代表着未来的发展方向。

7.1.2.2 软件系统

GIS 运行所需的软件系统如下。

1.计算机系统软件

计算机系统软件通常包括操作系统、汇编程序、编译程序、诊断程序、库程序以及各种维护使用手册、程序说明等,是 GIS 日常工作所必需的软件。

2.地理信息系统软件和其他支持软件

地理信息系统软件和其他支持软件包括通用的 GIS 软件包,也可以包括数据库管理系统、计算机图形软件包、计算机图形处理系统、CAD 等,用于支持对空间数据的输入、存储、转换、输出和与用户接口等操作。

3.应用分析程序

系统开发人员或用户根据地理专题或区域分析模型编制的用于某种特定任务的程序,是系统功能的扩展与延伸。在 GIS 工具支持下,应用程序的开发应是透明的和动态的,与系统的物理存储结构无关,并能随着系统应用水平的提高不断优化和扩充。应用程序作用于地理专题或区域数据,构成 GIS 的具体内容,这是用户最为关心的真正用于地理分析的部分,也是从空间数据中提取地理信息的关键。用于进行系统开发的部分工作是开发应用程序,而应用程序的水平在很多程度上决定系统应用的优劣和成败。

7.1.2.3 系统开发、管理与使用人员

人是构成 GIS 重要的因素。地理信息系统从其设计、建立、运行到维护的整个生命周

期,处处都离不开人的作用。仅有系统软硬件和数据还不能构成完整的地理信息系统,还需要人进行系统组织、管理、维护和数据更新,以及系统扩充完善、应用程序开发,并灵活采用地理分析模型提取多种信息,为研究和决策服务。地理信息系统专业人员是地理信息系统应用的关键,而强有力的组织是系统运行的保障。

7.1.2.4　地理空间数据

地理空间数据是以地球表面空间位置为参照的自然、社会和人文经济景观数据,可以是图形、图像、文字、表格和数字等。它是由系统的建立者通过数字化仪、扫描仪、键盘、磁带机或其他系统通信设备输入 GIS,是系统程序作用的对象,是 GIS 所表达的现实世界经过模型抽象的实质性内容。不同用途的 GIS,其地理空间数据的种类、精度均不相同,包括如下三种信息。

1. 已知坐标系中的位置

已知坐标系中的位置即几何坐标,标识地理景观在自然界或包含某个区域的地图中的空间位置,如经纬度、平面直角坐标、极坐标等。采用数字化仪输入时通常采用数字化仪直角坐标或屏幕直角坐标。

2. 实体间的空间关系

实体间的空间关系通常包括:度量关系,如两个地物之间的距离远近;延伸关系(或方位关系),定义了两个地物之间的方位;拓扑关系,定义了地物之间连通、邻接等关系,是 GIS 分析中最基本的关系,其中包括了网络结点与网络线之间的枢纽关系、边界线与面实体间的构成关系、面实体与岛或内部点的包含关系等。

3. 与几何位置无关的属性

与几何位置无关的属性即通常所说的非几何属性或简称属性,是与地理实体相联系的地理变量或地理意义。属性分为定性和定量的两种。定性包括名称、类型、特性等,定量包括数量和等级;定性描述的属性如土壤种类、行政区划等,定量描述的属性如面积、长度、土地等级、人口数量等。非几何属性一般是经过抽象的概念,通过分类、命名、量算、统计得到。任何地理实体至少有一个属性,而地理信息系统的分析、检索和表示主要是通过对属性的操作运算实现的。因此,属性的分类系统、量算指标对系统的功能有较大的影响。

7.1.3　GIS 基本功能

GIS 软件的基本功能包括数据的采集与输入、数据的存储与管理、空间数据的处理与分析、数据与图形的交互显示。

7.1.3.1　数据的采集与输入

数据的采集与输入是指将现有地图、野外观测数据、传感器等获取的数据通过计算机工具输入到 GIS 中的过程。目前,大多数的地理数据是从纸质地图输入到 GIS,常用的方法是数字化和扫描。数字化是通过数字化仪将地图中的点、线、面、拓扑关系等输入到GIS 中;扫描则是通过扫描仪输入后,再利用矢量化软件将栅格数据变换成 GIS 数据库通常要求的点、线、面、拓扑关系属性等数据。

另外,目前 GIS 的输入正在越来越多地借助非地图形式,遥感就是其中的一种形式,遥感数据已经成为 GIS 的重要数据来源。与地图数据不同的是,遥感数据输入到 GIS 较为容易,但如果通过对遥感图像的解释来采集和编译地理信息则是一件较为困难的事情。因此,GIS 中开始大量融入图像处理技术,许多成熟的 GIS 产品都具有功能齐全的图像处理子系统。

地理数据采集的另一项主要进展是 GPS 技术。GPS 可以准确、快速地定位在地球表面的任何地点,因而除作为原始地理信息的来源外,GPS 在飞行器跟踪、紧急事件处理、环境和资源监测、管理等方面有着很大的潜力。

7.1.3.2　数据的存储与管理

地理数据存储是 GIS 中最低层和最基本的技术,它直接影响到其他高层功能的实现效率,进而影响整个 GIS 的性能。

GIS 中的数据分为栅格数据和矢量数据两大类,如何在计算机中有效存储和管理这两类数据是 GIS 的基本问题。大多数的 GIS 系统中采用了分层技术,即根据地图的某些特征,把它分成若干层,整张地图是所有层叠加的结果。在与用户的交换过程中只处理涉及的层,而不是整幅地图,因而能够对用户的要求做出快速反应。

7.1.3.3　空间数据的处理与分析

GIS 既可以对图形数据(点、线、面)也可以对属性数据进行增加、删除、修改等处理,由于 GIS 中图形数据与属性数据是紧密结合在一起的,所以以对其中一类数据的操作势必影响到与之相关的另一类数据,因而操作带来的数据一致性和操作效率问题是 GIS 数据操作的主要问题。

地理数据的分析功能,即空间分析,是 GIS 得以广泛应用的重要原因之一。通过 GIS 提供的空间分析功能,用户可以从已知的地理数据中得出需要的重要信息,进而利用这些信息进行判断或决策,这一点对于许多应用领域是至关重要的。

GIS 的空间分析分为两大类:矢量数据空间分析和栅格数据空间分析。矢量数据空间分析通常包括:空间数据查询和属性分析,多边形的重新分类,边界消除与合并,点与线、点与多边形、线与多边形、多边形与多边形的叠加,缓冲区分析,网络分析,面运算,目标集统计分析。栅格数据空间分析功能通常包括记录分析、叠加分析、滤波分析、扩展领域操作、区域操作、统计分析。

7.1.3.4　数据与图形的交互显示

GIS 系统为用户提供了许多表达地理数据的工具,用户可将查询的结果或数据分析的结果以合适的形式输出。输出形式通常有两种:在计算机屏幕上显示或通过绘图仪输出。对于一些对输出精度要求较高的应用领域,高质量的输出功能对 GIS 是必不可少的。这方面的技术主要包括数据校正、编辑、图形整饰、误差消除、坐标变换、出版印刷等。

GIS 系统以数字形式表示自然界,具有完备的空间特性,它可以存储和处理不同地理发展时期的大量地理数据,具有极强的空间信息综合分析能力,是地理分析的有力工具。GIS 系统不仅要完成管理大量复杂的地理数据的任务,更为重要的是要完成地理分析、评价、预测和辅助决策的任务。

7.1.4　GIS 技术与发展

地理信息系统的发展已历经 30 余年,用户的需要、技术的进步、应用方法的提高以及有关组织机构的建立等因素,深深影响着地理信息系统的发展历程。

20 世纪 60 年代初期,地理信息系统处于萌芽和开拓期,注重空间数据的地学处理。该时期 GIS 发展的动力来自于新技术的应用、大量空间数据处理的生产需求等方面,专家兴趣与政府推动也起到积极的引导作用。进入 70 年代,地理信息系统进入巩固发展期,注重于空间地理信息的管理。资源开发、利用乃至环境保护问题成为首要解决的难题,需要有效地分析、处理空间信息。随着计算机技术的迅速发展,数据处理速度加快,为地理信息系统软件的实现提供了必要的条件和保障。80 年代是地理信息系统的大发展时期,注重于空间决策支持分析。地理信息系统应用领域迅速扩大,涉及许多的学科和领域,此时地理信息系统发展最显著的特点是商业化实用系统进入市场。90 年代是地理信息系统的用户化时代,地理信息系统已成为许多机构必备的工作系统,社会对地理信息系统认识普遍提高,需求大幅度增加,从而使得地理信息系统应用领域扩大化、深入化,地理信息系统向现代社会最基本的服务系统发展。

进入 21 世纪,GIS 应用向更深的层次发展,展现新的发展趋势。

7.1.4.1　网络 GIS(Web - GIS)

网络地理信息系统(Web - GIS)指基于 Internet 平台、客户端应用软件采用网络协议、运行在 Internet 上的地理信息系统。一般由多主机、多数据库和多个客户端以分布式模式连接在 Internet 上而组成,包括以下四个部分:Web - GIS 浏览器(browser)、Web - GIS 服务器、Web - GIS 编辑器(Editor)、Web - GIS 信息代理(information agent)。Web - GIS 开拓了地理信息资源利用的新领域,为 GIS 信息的高度社会化共享提供了可能,是传统 GIS 发展的新机遇。

7.1.4.2　组件式 GIS(Com - GIS)

组件式 GIS 是 GIS 技术与组件技术结合的产物。其基本思想是:把 GIS 的各种功能模块进行分类,划分为不同类型的控件,每个控件完成各自相应的功能。各个控件之间,以及 GIS 控件与其他非 GIS 控件之间,通过可视化的软件开发工具集成起来,形成满足用户特定功能需求的 GIS 应用系统。长期以来,由于 GIS 开发周期长、难度大,在一定程度上制约了 GIS 的发展。组件式 GIS 的出现为新一代 GIS 应用提供新的工具,具有集成灵活、成本低、开发便捷、使用方便、易于推广、可视化界面等优点,一般有基础组件、高级通用组件、行业性组件三级结构。

7.1.4.3　虚拟现实 GIS(VR GIS)

虚拟现实 GIS(virtual reality GIS,简称 VR GIS)在 20 世纪 90 年代开始出现,是一种专门用于研究地球科学,或以地球系统为对象的虚拟现实技术,是虚拟现实与地理信息系统相结合的产物。近年来,VR GIS 甚至融入 Web - GIS 和 Com - GIS 之中。理想的 VR GIS 应具有下列特征:

(1)对现实的地理区域非常真实的表达。

(2)用户在所选择的地理带(地理范围)内外自由移动。

(3)三维(立体)数据库的标准 GIS 功能(查询、选择、空间分析等)。

(4)可视化功能必须是用户接口的自然整体部分。

VR GIS 的特点表现在以下几个方面:区域表达的真实性;空间、时间维的漫游与查询,用户和系统之间的交互作用,海量丰富的信息等。

7.1.4.4　时态 GIS(TGIS)

时态 GIS 是相对于静态 GIS 而言的。现实中地理环境、事物和现象是不断发展变化的,但静态 GIS 仅对其进行"快照"式表达,只关心某一瞬间的地理现象,对其前后的数据不保留,也没有比较分析。而时态 GIS 将时间概念引入到 GIS 中,跟踪和分析空间数据随时间的变化,不仅描述系统在某时刻的状态,而且描述系统沿时间变化的过程,预测未来时刻将会呈现的状态,以获得系统变化的趋势。

7.1.4.5　互操作 GIS

目前,GIS 系统大多基于具体的、相互独立的和封闭的平台开发,采用各自不同的空间数据格式,数据组织方式有很大差异,这使得不同 GIS 软件间交换数据很困难。为解决地理数据的共享和继承、地理操作的分布与共享等需求,互操作 GIS 被提上议事日程,这是一个新的 GIS 集成平台,实现了在异构环境下多个地理信息系统或其应用系统之间的互相通信和协作。

7.1.4.6　3S 集成

虽然 GIS 在其理论和应用技术上有很大发展,但靠传统 GIS 的使用却不能满足目前社会对信息快速、准确更新的要求。与 GIS 独立、平行发展的全球定位系统(GPS)和遥感(RS)则为 GIS 适应社会发展的需求提供了可能性。目前,国际上 3S 的研究和应用开始向集成化方向发展。这种集成应用中,GPS 主要用于实时、快速地提供目标的空间位置;RS 用于实时提供目标及其环境的信息、发现地球表面的各种变化,及时对 GIS 数据进行更新;GIS 则是对多种来源的时空数据进行综合处理、集成管理和动态存取,作为新的集成系统的基础平台,并为智能化数据采集提供地学知识。

7.1.5　主流 GIS 软件

目前,市场上商用的 GIS 平台软件产品主要有 SuperMap、MapGIS、GeoStar、Google Earth、MapInfo 和 ArcGIS 等几种,以 ArcGIS 及 SuperMap 应用最为广泛。

7.1.5.1　SuperMap

SuperMap GIS 是北京超图地理信息技术有限公司依托中国科学院的科技优势,立足技术创新,研制的新一代大型地理信息系统平台,满足各行业不同类型的用户需要。SuperMap GIS 7C 系列产品是 SuperMap GIS 产品的最新版本。

SuperMap GIS 7C 是超图软件全新架构的新一代云端一体化 GIS 平台软件,基于跨平台、云端一体化、二三维一体化三大技术体系,提供功能强大的 GIS 云门户平台、开发平台与分发平台,以及丰富的 PC 端、Web 端、移动端产品与开发包,协助客户打造强云富端、灵活可靠的 GIS 系统。

基于 SuperMap GIS 7C 提供的 iPortal/iServer/iExpress 等云 GIS 平台系列产品,可以方便地构建功能强大、跨平台的云 GIS 服务平台,基于 7C 提供的 iObjects、iDesktop、iMobile、iClient、iMapReader 等产品构建各种跨平台的客户端以对接云 GIS 服务平台,也可以用贯穿所有产品的二三维一体化技术构建更加绚丽和实用的三维应用。

7.1.5.2 MapGIS

MapGIS 地理信息系统是中国地质大学信息工程学院开发的工具型地理信息系统软件。该软件产品在由国家科技部组织的国产地理信息系统软件测评中连续三年均名列前茅,是国家科技部向全国推荐的唯一国产地理信息系统软件平台。以该软件为平台,开发出了用于城市规划、通信管网及配线、城镇供水、城镇煤气、综合管网、电力配网、地籍管理、土地详查、GPS 导航与监控、作战指挥、公安报警、环保监测、大众地理信息制作等一系列应用系统。

7.1.5.3 GeoStar

GeoStar 是武汉吉奥信息工程公司所研发的地理信息系统基础软件吉奥之星系列软件的核心(基本)板块。用于空间数据的输入、显示、编辑、分析、输出和构建与管理大型空间数据库。GeoStar 最独特的优点在于矢量数据、属性数据、影像数据、DEM 数据高度集成。这种集成面向企业级的大型空间数据库。量数据、属性数据、影像数据、DEM 数据可以单独建库,并可进行分布式管理。通过集成化界面,可以将四种数据统一调度,无缝漫游,任意开窗放大,实现各种空间查询与处理。

GeoStar 采用当前计算机领域最先进的面向对象技术,根据地理信息系统和计算机技术的发展趋势,将网络化与集成化作为软件的基本特征。它几乎涉及地理信息系统和遥感应用领域的所有基本功能。

GeoStar 定位在企业级,面向大型的空间数据管理。同时管理 GIS 中的图形数据、属性数据、影像数据和 DEM 数据,通过 ODBC 可以与各种商用数据库管理系统连接,如 SQL Server、Sybase、Oracle 等,通过自行开发的空间数据交换模块可以与当前流行的 GIS 软件及我国的空间数据交换格式交换数据。

7.1.5.4 Google Earth

谷歌地球(google earth,GE)是一款 Google 公司开发的虚拟地球仪软件,它把卫星照片、航空照相和 GIS 布置在一个地球的三维模型上。Google Earth 于 2005 年向全球推出,被《PC 世界杂志》评为 2005 年全球 100 种最佳新产品之一。用户可以通过一个下载到自己电脑上的客户端软件,免费浏览全球各地的高清晰度卫星图片。

Google earth 的卫星影像,并非单一数据来源,而是卫星影像与航拍的数据整合。其卫星影像部分来自于美国 DigitalGlobe 公司的 QuickBird(快鸟)商业卫星与 EarthSat 公司(美国公司,影像来源于陆地卫星 LANDSAT – 7 卫星居多),航拍部分的来源有 BlueSky 公司(英国公司,以航拍、GIS/GPS 相关业务为主)、Sanborn 公司(美国公司,以 GIS、地理数据、空中勘测等业务为主)、美国 IKONOS 及法国 SPOT5。其中,SPOT5 可以提供解析度为 2.5 m 的影像、IKONOS 可提供 1 m 左右的影像,而快鸟就能够提供最高为 0.61 m 的高精度影像,是全球商用的最高水平。

Google Earth 上的全球地貌影像的有效分辨率至少为 100 m,通常为 30 m(例如中国大陆),视角海拔高度(eye alt)为 15 km 左右(宽度为 30 m 的物品在影像上就有一个像素点,再放大就是马赛克了),但针对大城市、著名风景区、建筑物区域会提供分辨率为 1 m 和 0.5 m 左右的高精度影像,视角高度(eye alt)分别约为 500 m 和 350 m。提供高精度影像的城市多集中在北美和欧洲,其他地区往往是首都或极重要的城市才提供。中国大陆有高精度影像的地区有很多,几乎所有大城市都有。另外大坝、油田、桥梁、高速公路、港口码头与军用机场等也是 Google Earth 的重点关照对象。

7.1.5.5　MapInfo

MapInfo 是美国 MapInfo 公司的桌面地理信息系统软件,是一种数据可视化、信息地图化的桌面解决方案。它依据地图及其应用的概念,采用办公自动化的操作,集成多种数据库数据,融合计算机地图方法,使用地理数据库技术,加入了地理信息系统分析功能,形成了极具实用价值的、可以为各行各业所用的大众化小型软件系统。MapInfo 含义是"Mapping Information(地图、信息)",即地图对象、属性数据。

MapInfo 是个功能强大、操作简便的桌面地图信息系统,它具有图形的输入与编辑、图形的查询与显示、数据库操作、空间分析和图形的输出等基本操作。系统采用菜单驱动图形用户界面的方式,为用户提供了 5 种工具条(主工具条、绘图工具条、常用工具条、ODBC 工具条和 MapBasic 工具条)。用户通过菜单条上的命令或工具条上的按钮进入到对话状态。系统提供的查看表窗口为:地图窗口、浏览窗口、统计窗口,以及帮助输出设计的布局窗口,并可将输出结果方便地输出到打印机或绘图仪。

7.1.5.6　ArcGIS

ArcGIS 是美国环境系统研究所(environment system research institute,ESRI)开发的地理信息系统软件。常见的 GIS 系统中,ArcGIS 以其强大的分析能力占据了大量市场,成为主流的 GIS 系统。从 1978 年以来,ESRI 相继推出了多个版本系列的 GIS 软件,其产品不断更新扩展,构成适用各种用户和机型的系列产品。ArcGIS 是 ESRI 在全面整合了 GIS 与数据库、软件工程、人工智能、网络技术及其他多方面的计算机主流技术之后,成功地推出了代表 GIS 最高技术水平的全系列 GIS 产品。ArcGIS 是一个全面的、可伸缩的 GIS 平台,为用户构建一个完善的 GIS 系统提供完整的解决方案。

7.2　常用 GIS 软件(ArcGIS)

7.2.1　ArcGIS 概述

7.2.1.1　ESRI 与 GIS

ESRI 公司创建于 1969 年,总部位于加州的 Redlands。公司早期主要为企业创建和分析地理信息提供咨询,从 20 世纪 80 年代开始,ESRI 致力于发展和应用一套可运行在计算机环境中的,用来创建地理信息系统的核心开发工具,即众所周知的地理信息系统(GIS)技术。1981 年,ESRI 发布了其第一套商业 GIS 软件——ARC/INFO,此软件可以在计算机上显示点、线、面等地理要素,并可以将地理要素和属性数据结合存储,是公认的第一个商业地理 GIS 系统。1986 年,PC ARC/INFO 发布,这是为基于 PC 的 GIS 站设计的软件,它的出现标志着 ESRI 成功地向 GIS 软件开发公司转型。1992 年,ESRI 推出了 ArcView 软件,这个在 Windows 上运行的软件提供了简单易用的桌面制图功能,深受用户欢迎。同年还发布了用于发布和出版数据集的 ArcData 和使用户可在 CAD 环境下使用 GIS 工具的 ArcCAD。在 20 世纪 90 年代中期,ESRI 公司的产品线继续增长,除了 SDE(通过关系数据库管理系统来管理地理数据)推出了基于 Windows NT 的 ArcInfo 产品，MapObjects（基于软件开发的地图和 GIS 组件）、BusinessMap、Data Automation Kit（DAK）和 Atlas GIS 也在同一时间推出。

1997 年，ESRI 计划用 COM 组件技术将已有的 GIS 产品进行重组。

1999 年的 12 月，发布了 ArcInfo 8，同时也推出了 ArcIMS 这款网络地图发布软件。

2001 年的 4 月 ESRI 开始推出 ArcGIS 8.1。

2004 年 4 月，ESRI 推出了新一代 9 版本 ArcGIS 软件，为构建完善的 GIS 系统提供了一套完整的软件产品。9 版本中包含了两个主要的新产品：在桌面和野外应用中嵌入 GIS 功能的 ArcGIS Engine，以及为企业级 GIS 应用服务的中央管理框架 ArcGIS Server。

在几十年的发展历史中，ESRI 始终将 GIS 视为一门学科，并坚持运用独特的科学思维和方法，紧跟 IT 主流技术，开发出丰富而完整的产品线。ERSI 公司研制的地理信息系统软件，是世界上应用最广泛的 GIS 软件之一。

ESRI 公司主要产品发布时间见表 7-1。

表 7-1　ESRI 公司主要产品发布时间

时间	产品	说明
1981	ARC/INFO	全世界第一套商业 GIS 软件
1986	PC ARC/INFO	在 PC 机上运行的 GIS 软件，标志着 ESRI 成功地向 GIS 软件开发公司转型
1992	ArcView	Windows 系统下运行的 GIS 软件
1995	SDE	通过关系数据库管理系统（DBMS）管理地理数据
1999	ArcInfo 8	
1999	ArcIMS	第一个网络地图发布的 GIS 软件
2001	ArcGIS 8.1	一套基于工业标准的 GIS 软件家族产品，提供了功能强大易用的、完整的 GIS 解决方案
2004	ArcGIS 9.0	新一代 ArcGIS family 软件，为构建完善的 GIS 系统提供了一套完整的软件产品
2006	ArcGIS 9.2	

7.2.1.2　ArcGIS family

ArcGIS family 是一个完整的 GIS 软件集合，它包含了一系列部署 GIS 的框架。ArcGIS 为用户提供一个可伸缩的、全面的 GIS 平台，能够满足 GIS 用户所有的需求。ArcGIS 作为一个可伸缩的平台，无论是在桌面、服务器、野外还是通过 Web，都可以为个人用户或群体用户提供强大的 GIS 的功能。它包含了四个主要的部署 GIS 的框架（见图 7-2）：

桌面 GIS——专业 GIS 应用的软件包，包括 ArcReader、ArcView、ArcEditor、ArcInfo 和 ArcGIS 扩展模块。

服务器 GIS——ArcIMS、ArcGIS Server 和 ArcGIS Image Server。

移动 GIS——ArcPad 以及 ArcGIS Mobile。

开发 GIS——为开发者提供的用于扩展 GIS 桌面,定制基于桌面和基于 Web 的应用,创建移动解决方案的组件。

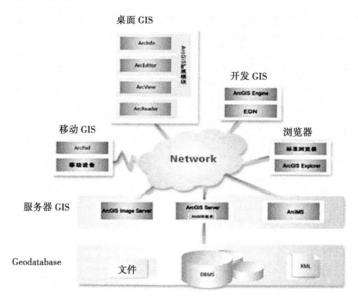

图 7-2　ArcGIS 基本构架

7.2.1.3　ArcGIS 桌面系统(ArcGIS Desktop)

ArcGIS 桌面系统(ArcGIS Desktop)是 ArcGIS family 的桌面端软件产品,为 GIS 专业人士提供的信息制作和使用的工具。利用 ArcGIS Desktop,可以实现任何从简单到复杂的 GIS 任务,包括制图、地理分析、数据编辑、数据管理、可视化和空间处理等。它可以作为三个独立的软件产品购买,每个产品提供不同层次的功能水平:

ArcView 提供了复杂的制图、数据使用、分析,以及简单的数据编辑和空间处理工具。

ArcEditor 除包括 ArcView 中的所有功能外,还包括了对 Shapefile 和 geodatabase 的高级编辑功能。

ArcInfo 是一个全功能的旗舰式 GIS 桌面产品。它扩展了 ArcView 和 ArcEditor 的高级空间处理功能,还包括传统的 ArcInfo Workstation 应用程序(Arc、ArcPlot、ArcEdit、AML 等)。

ArcView、ArcEditor 和 ArcInfo 仅在功能水平上有所区别,其结构都是统一的,所以地图、数据、符号、地图图层、自定义的工具和接口、报表和元数据等,都可以在这三个产品中共享和交换使用。

不论是 ArcView、ArcEditor 还是 ArcInfo,常用的应用程序都有 ArcMap 和 ArcCatalog 和 Geoprocessing,它们是 ArcGIS 的基础模块。

1. ArcMap

ArcMap 是 ArcGIS 桌面系统的核心应用,是一个用于显示、查询、编辑和分析地图数据的,以地图为核心的专业制图和编辑系统,具有地图制图的所有功能,包括地图制图、数据分析和编辑等。ArcMap 提供两种类型的地图视图:数据视图和版面视图。在数据视图中,可以对图层进行符号化、分析和编辑 GIS 数据集。在版面视图中,可以进行地图出图排版,添加地图元素,比如比例尺、图例、指北针等。ArcMap 功能见图 7-3。

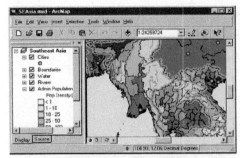

①浏览、编辑和分析地理数据

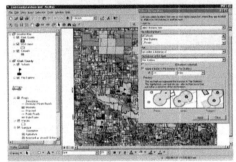

②通过空间数据查询，发现地理要素间的相互关系

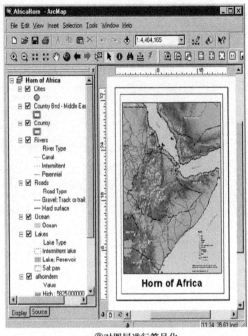

③对图层进行符号化

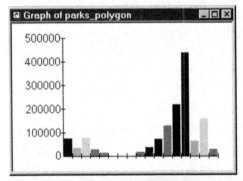

④创建图表和编写报告

⑤版面视图中，对地图进行排版

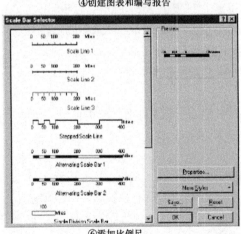

⑥添加比例尺

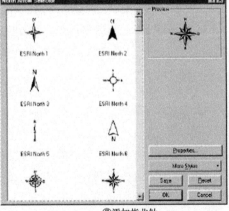

⑦添加指北针

图 7-3　ArcMap 功能

2. ArcCatalog

ArcCatalog 是地理数据的资源管理器,它以数据为核心,用于定位、浏览、搜索、组织和管理空间数据。利用 ArcCatalog 可以创建和管理数据库,可定制和利用元数据。在 ArcCatalog 平台支持下,可大大简化用户组织、管理和维护数据工作。ArcCatalog 窗口见图 7-4。

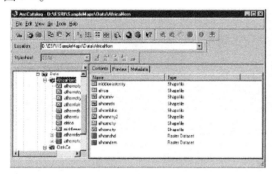

图 7-4　ArcCatalog 窗口

它包括了下面的工具:

(1)浏览和查找地理信息。

(2)记录、查看和管理元数据。

(3)定义、输入和输出 geodatabase 结构和设计。

(4)在局域网和广域网上搜索和查找 GIS 数据。

(5)管理 ArcGIS Server。

GIS 使用者使用 ArcCatalog 来组织、管理和使用 GIS 数据,同时也使用标准化的元数据来描述数据。GIS 数据库的管理员使用 ArcCatalog 来定义和建立 geodatabase。GIS 服务器管理员则使用 ArcCatalog 来管理 GIS 服务器框架。

3. Geoprocessing

Geoprocessing 空间处理框架(见图 7-5)为空间问题的分析处理提供了完整的解决方案。框架主要包括两个部分:ArcToolbox(空间处理工具的集合)和 ModelBuilder(为建立空间处理流程和脚本提供可视化的建模工具)。ArcGIS 空间处理主要内容见表 7-2。

框架中的工具可以用多种方式进行,如 ArcToolbox 中的对话框、ModelBuilder 中的模型、命令行以及脚本等。ArcToolbox 包括了数据管理、数据转换、Coverage 处理、矢量分析、地理编码以及统计分析等多种复杂的空间处理工具。ModelBuilder 为设计和实现空间处理模型(包括工具、脚本和数据)提供了一个图形化的建模框架。它们均内嵌于 Arc-Map 和 ArcToolbox 中。

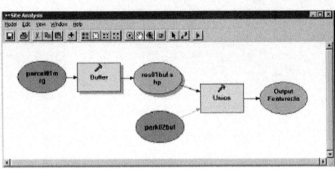

(a) ArcToolbox　　　　　　　　　　　(b)ModelBuilder

图 7-5　Geoprocessing 空间处理框架

表 7-2　ArcGIS 空间处理主要内容列表(Geoprocessing)

名称	主要内容
分析工具(Analysis Tools,计 16 种)	＊裁剪、选择、拆分等 ＊ 相交、联合、判别等 ＊ 缓冲区、邻近分析、点距离 ＊ 频度、加和统计等
数据管理(Data Management,计 118 种)	＊字段、索引、值域、子类型和工作空间管理 ＊空间数据库版本、关系类和拓扑 ＊栅格管理与图层、视图、关联和选择集 ＊综合(融合)与要素操纵工具 ＊数据集管理(创建、复制、删除和重命名)
转 换 工 具 (Conversion Tools,计 5 种)	＊矢量栅格数据转换 ＊ CAD、Covrage、shapefile、Geodatabase 互相转换
空 间 分 析 工 具 (Spatial Analyst Tools,计 158 种)	＊ 矢量数据空间分析(缓冲区分析、叠置分析、网络分析) ＊ 栅格数据空间分析(距离制图、表面分析、密度制图、统计分析、重分类、栅格计算) ＊ 空间统计分析(空间插值、创建统计表面等) ＊ 水文分析(河网提取、流域分割、汇流累积量计算、水流长度计算等) ＊ 地下水分析(达西分析、粒子追踪、多孔渗流等) ＊ 多变量分析、空间插值 ＊ 数学、地图代数

续表 7-2

名称	主要内容
3D 分析工具（3D Analyst Tools，计 45 种）	＊ 转换工具 ＊ 重分类及 TIN 工具 ＊ 表面生成（栅格、TIN 表面） ＊ 表面分析（表面积与体积、提取等值线、计算坡度与坡向、可视性分析、提取断面与表面阴影等）
地理编码工具（Geocoding Tools，计 7 种）	＊ 创建/删除地址定位器等 ＊ 自动化/重建地理索引编码 ＊ 地理索引编码地址分配 ＊ 标准化地址等
线性参考（Linear Referencing Tools，计 7 种）	＊ ArcView：显示点与线要素及线性参考要素的阴影工具 ＊ ArcEditor：创建和编辑线性参考要素的工具 ＊ ArcInfo：线性参考分析，从要素生成事件及覆盖事件等
Coverage 工具（Coverage Tools，计 57 种）	＊ 分析、数据管理和转换等

4. 扩展模块

ESRI 和其他一些组织提供的一系列 ArcGIS 扩展为桌面端产品加入了各种新的功能。这些扩展模块可以让用户进行诸如栅格数据地理处理、三维可视化、地理统计分析的地理处理工作。

7.2.2　ArcGIS 数据类型

ArcGIS 数据类型包括三种：矢量数据、栅格数据以及不规则三角网（TIN）数据。

7.2.2.1　矢量数据

地理现象可以用点、线和多边形来表达，这种对地球的表达统称为矢量数据。矢量数据对于表示和存储离散要素，如建筑物、管线或地块边界线等特别有用。矢量数据见图 7-6。

点是 x、y 坐标；线是定义形状的坐标集；多边形是定义封闭区域边界线的坐标集。坐标大多是指二维（x,y）或三维（x,y,z）（其中 z 值代表一个类似高程的值）。

ArcGIS 将矢量数据存储为要素类和具有拓扑关联的要素类集，与要素有关的属性存储在数据表中。ArcGIS 使用三种不同的矢量模型表示地理要素数据：coverage、shape 文件和地理数据库（geodatabase）。

7.2.2.2　栅格数据

在栅格数据中，地球表面被分割成规则的网格单元。如果要将栅格定位在地理空间中，至少需要知道栅格数据中一个顶点的坐标（x,y）。栅格数据特别适合存储和分析空间连续的数据。栅格数据中的每个网格都含有一个值，代表一类、一个测量值或一个影像解译值。

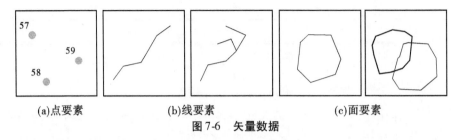

(a)点要素　　　　　　　(b)线要素　　　　　　　(c)面要素

图 7-6　矢量数据

栅格数据包括影像和格网(见图 7-7)。影像如航片、卫片或扫描地图,常用来产生 GIS 数据。

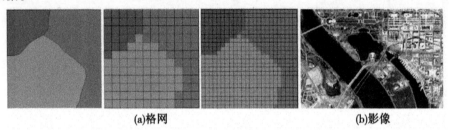

(a)格网　　　　　　　　　　　　　　(b)影像

图 7-7　栅格数据

格网是派生数据,经常用于分析和模型模拟。网格产生的途径有几种:从采样点,比如土壤化学沉积面的采样点,生成格网;对影像进行分类生成格网,如土地覆盖格网;将矢量数据进行转换,也可以生成格网。格网可以存储如高程表面之类的连续数值。格网也能存储分类数据,如植被类型数据。

存储分类信息的格网还可以存储每个分类的属性。例如,存储植被类型的格网,可以为每一类存储一个数值代码、植被类型的名称、环境对某些野生生物的适宜度,以及一个通用的类型编码。这与要素数据不同,要素数据只能为每个要素存储属性。

栅格图层的网格单元越小,地图的分辨率就越高,地图越详细。不过,由于整个栅格图像是由规则的格网组成的,为了存储高精度的信息而减小格网大小的做法就会增加信息的存储量。

ArcGIS 能识别和使用从多种类型的影像文件中获取的栅格数据。就像添加要素一样,可以向地图中添加栅格数据集,也可用 ArcCatalog 对其进行检查和组织。

矢量数据与栅格数据对比见表 7-3。

表 7-3　矢量数据与栅格数据对比

优缺点	矢量数据	栅格数据
优点	1. 表达地理数据精度高	1. 数据结构简单
	2. 严密的数据结构,数据量小	2. 空间数据的叠置和组合十分容易
	3. 用网络连接法能完整地描述拓扑关系	3. 各类空间分析都很易于进行
	4. 图形输出精确美观	4. 数学模拟方便
	5. 图形数据和属性数据的恢复、更新、综合都能实现	5. 技术开发费用低

续表 7-3

优缺点	矢量数据	栅格数据
缺点	1.数据结构复杂	1.图形数据量大
	2.矢量多边形地图或多边形网很难用叠置方法与栅格图进行组合	2.用大像元减少数据量时,可识别的现象结构将损失大量信息
	3.显示和绘图费用高,特别是高质量绘图、彩色绘图和晕线图等	3.地图输出不精美
	4.数学模拟比较困难	4.难以建立网络连接关系
	5.技术复杂,多边形内的空间分析不容易实现	5.投影变换花的时间多

7.2.2.3　不规则三角网(TIN)数据

在不规则三角网(TIN)数据中,图像以相互链接的三角形组成的网络进行表达,三角形的顶点是不规则分布的,每个点都有 x、y、z 坐标。不规则三角网(TIN)模型(见图 7-8)是一种存储和分析表面的有效方法。

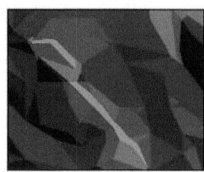 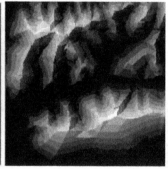

图 7-8　不规则三角网(TIN)模型

对有的地方地表起伏很大而有的地方地表平坦的异质性表面,在给定的数据量下,用三角网表面模型比用栅格模型更能精确地对其进行模拟表达。这是因为 TIN 模型可以在地势起伏大的地方用很多点表示,而在地势平坦的地方用较少的点来表示。ArcGIS 以 TIN 数据集来存储这些不规则的三角网表面信息。与栅格数据一样,可以在 ArcMap 地图中添加 TIN 数据,并用 ArcCatalog 来管理这些数据。

7.2.3　ArcGIS 数据转换

ArcGIS 中的空间数据主要有两种类型:一是基于文件的空间数据,二是基于数据库的空间数据,如表 7-4 所示。其中,基于文件的空间数据类型包括对多种 GIS 数据格式的支持,如 Coverage、Shapefile、Grid、Image 和 TIN。Geodatabase 数据模型也可以在数据库中管理同样的空间数据类型。

表 7-4 是一些 ArcGIS 中可以直接使用的数据类型。通过数据转换工具和扩展可以实现对更多的数据类型的支持。GIS 数据也可以在 Web 上通过 XML 和 Web 数据格式进行传输,如 Geodatabase XML、ArcXML、SOAP、WMS、WFS 等。

表 7-4　ArcGIS 中的数据类型

基于文件的空间数据	基于数据库的空间数据
Coverages	Oracle
Shapefiles	Oracle with Spatial
Grids	DB2 with its Spatial Type
TINs	Informix with its Spatial Type
Images(各种格式的)	SQL Server
Vector Product Format（VPF）files	Personal Geodatabases(微软的 Access)
CAD 文件	
表(各种格式的)	

　　空间数据的来源有很多,如地图、工程图、规划图、照片、航空与遥感影像等,因此空间数据也有多种格式。根据应用需要,对数据的格式要进行转换。转换是数据结构之间的转换,而数据结构之间的转化又包括同一数据结构不同组织形式间的转换和不同数据结构间的转换。其中,不同数据结构间的转换主要包括矢量到栅格数据的转换和栅格到矢量数据的转换。利用数据格式转换工具,可以转换 Raster、CAD、Coverage、Shapefile 和 GeoDatabase 等多种 GIS 数据格式。

7.2.4　空间数据分析

7.2.4.1　矢量数据的空间分析

　　矢量数据的空间分析是 GIS 空间分析的主要内容之一。由于其一定的复杂性和多样性特点,一般不存在模式化的分析处理方法,主要是基于点、线、面三种基本形式。在 Arc-GIS 中,矢量数据的空间分析主要集中于缓冲区分析、叠置分析和网络分析。下面就这三种分析类型简单介绍其原理和实现。

　　1. 缓冲区分析

　　缓冲区分析(buffer)是对选中的一组或一类地图要素(点、线或面)按设定的距离条件,围绕其要素而形成一定缓冲区多边形实体,从而实现数据在二维空间得以扩展的信息分析方法。缓冲区应用的实例有:污染源对其周围的污染量随距离而减小,确定污染的区域;为失火建筑找到距其 500 m 范围内所有的消防水管等。下面着重介绍缓冲区原理及其在 ArcGIS 中的实现。

　　1)缓冲区的基础概念

　　缓冲区是地理空间目标的一种影响范围或服务范围在尺度上的表现。它是一种因变量,由所研究的要素的形态而发生改变。从数学的角度来看,缓冲区是给定空间对象或集合后获得的它们的领域,而邻域的大小由邻域的半径或缓冲区建立条件来决定。因此对于一个给定的对象 A,它的缓冲区可以定义为:

　　$P = \{xd(x,A) \leq r\}$(d 一般是指欧式距离,也可以是其他的距离,其中 r 为邻域半径或缓冲区建立的条件)。

　　缓冲区建立的形态多种多样,这是根据缓冲区建立的条件来确定的,对于点状要素有圆形,也有三角形、矩形和环形等;对于线状要素有双侧对称、双侧不对称或单侧缓冲区;对于面状要素有内侧缓冲区和外侧缓冲区,虽然这些形体各异,但是可以适合不同的应用要求,建立的原理都是一样的。

2）缓冲区的建立

从原理上来说，缓冲区的建立相当简单，对点状要素直接以其为圆心，以要求的缓冲区距离大小为半径绘圆，所包容的区域即为所要求的区域，对点状要素因为是在一维区域里所以较为简单；而线状要素和面状要素则比较复杂，它们缓冲区的建立是以线状要素或面状要素的边线为参考线，来作其平行线，并考虑其端点处建立的原则，即可建立缓冲区，但是在实际中处理起来要复杂得多。按照其建立的原理来介绍如下。

（1）角平分线法。

该算法的原理是首先对边线作其平行线，然后在线状要素的首尾点处，作其垂线并按缓冲区半径 r 截出左右边线的起止点，在其他的折点处，用与该点相关联的两个相邻线段的平行线的交点来确定：

该方法的缺点是在折点处，无法保证双线的等宽性，而且当折点处的夹角越大，d 的距离就越大，故而误差就越大，所以要有相应的补充判别方案来进行校正处理。

（2）凸角圆弧法。

该算法的原理是首先对边线作其平行线，然后在线状要素的首尾点处，作其垂线并按缓冲区半径 r 截出左右边线的起止点，然后以 r 为半径分别以首尾点为圆心，以垂线截出的起止点为圆的起点和终点作半圆弧。在其他的折点处，首先判断该点的凹凸性，在凸侧用圆弧弥合，在凹侧用与该点相关联的两个相邻线段的平行线的交点来确定。

该方法在理论上保证了等宽性，减少了异常情况发生的概率，该算法在计算机实现自动化时非常重要的一点是对凹凸点的判断，需要利用矢量的空间直角坐标系的方法来进行判断处理。

在 ArcGIS 中建立缓冲区的方法是基于生成多边形（buffer wizard）来实现的，它是根据给定的缓冲区的距离，对点状要素、线状要素和面状要素的周围形成缓冲区多边形图层，完全是基于矢量结构，从操作对象、利用矢量操作方法建立缓冲区的过程到最后缓冲区的结果全部是矢量的数据。

2. 叠置分析

叠置分析是地理信息系统中常用的用来提取空间隐含信息的方法之一。叠置分析是将有关主题层组成的各个数据层面进行叠置产生一个新的数据层面，其结果综合了原来两个或多个层面要素所具有的属性。同时叠置分析不仅生成了新的空间关系，而且还将输入的多个数据层的属性联系起来产生了新的属性关系。其中，被叠加的要素层面必须是基于相同坐标系统的，同一地带，还必须查验叠加层面之间的基准面是否相同。

从原理上来说，叠置分析是对新要素的属性按一定的数学模型进行计算分析，其中往往涉及逻辑交、逻辑并、逻辑差等的运算。根据操作要素的不同，叠置分析可以分成点与多边形叠加、线与多边形叠加、多边形与多边形叠加；根据操作形式的不同，叠置分析可以分为图层擦除、识别叠加、交集操作、均匀差值、图层合并和修正更新，以下就这六种形式分别介绍叠置分析的操作。需要注意的是，这里也要对属性进行定的操作，所指的属性是较为简单的属性值，例如注解属性、尺度属性、网络属性等不能作为输入的属性值。

（1）图层擦除（erase）。

图层擦除是指输入图层根据擦除图层的范围大小，将擦除参照图层所覆盖的输入图层内的要素去除,最后得到剩余的输入图层的结果。从数学空间逻辑运算的角度来说,即 $A-A\cap B(x\in A$ 且 $x\notin B,A$ 为输入图层,B 为擦除层)。

(2)识别叠加(Identity)。

输入图层和另外一个图层进行识别叠加,在图形交叠的区域,识别图层的属性将赋予输入图层在该区域内的地图要素,同时也有部分的图形的变化在其中。

(3)交集操作(Intersect)。

交集操作是得到两个图层的交集部分,并且原图层的所有属性将同时在得到的新的图层上显示出来。在数学运算上表现为 $x\in A\cap B(A$、B 分别是进行交集的两个图层)。由于点、线、面三种要素都有可能获得交集,所以它们的交集的情形有七种。

(4)均匀差值(Symmetrical difference)。

在矢量的叠置分析中也有为了获得两个图层去掉它们之间的公共部分,而只需要剩下的部分,同时对原有图层的空间上的分布也进行一定区域内的调整,新生成的图层的属性也是综合两者的属性而产生的。利用数学的空间逻辑运算的方式表示就是:$x\in(A\cup B-A\cap B)(A$、B 为输入的两个图层)。

在这里要值得注意的是,在 ArcGIS 中,在均匀差值操作时,无论是输入图层或差值图层都必须是多边形图层,虽然在理论上,点和线与其依然可以进行此类叠置分析,但从层面的角度来考虑,不同维数的几何形态如线和多边形进行均匀差值的叠置分析,最后会得到同一层面内会存在不同的几何形态如一部分是多边形而另一部分是线的情况,即一种层面出现两种形态,故而在 ArcGIS 规定了只能对多边形进行此类操作。

(5)图层合并(Union)。

图层合并是通过把两个图层的区域范围联合起来而保持来自输入地图和叠加地图的所有地图要素。在布尔运算上用的是 or 关键字,即输入图层 or 叠加图层,因此输出的图层应该对应于输入图层或叠加图层或两者的叠加的范围。同时在图层合并的同时要求两个图层的几何特性必须全部是多边形。图层合并将原来的多边形要素分割成新要素,新要素综合了原来两层或多层的属性。多边形图层合并的结果通常就是把一个多边形按另一个多边形的空间格局分布几何求交而划分成多个多边形,同时进行属性分配过程将输入图层对象的属性拷贝到新对象的属性表中,或把输入图层对象的标识作为外键,直接关联到输入图层的属性表中。图层合并从数学角度来表示就是:$\{x\mid x\in A\cup B\}(A,B$ 为输入的两个图层)。

(6)图层修正(Update)。

修正更新,首先对输入的图层和修正图层进行几何相交的计算,然后输入的图层被修正图层覆盖的那一部分的属性将被修正图层而代替。而且如果两个图层均是多边形要素的话,那么两者将进行合并,并且重叠部分将被修正图层所代替,而输入图层的那一部分将被擦去。其主要是利用空间格局分布关系来对空间实体的属性进行重新赋值,可以将一定区域内事物的属性进行集体操作赋值,从地学意义上来说建立了空间框架格局关系和属性值之间的一个间接的联系。

3. 网络分析

现代社会的经济基础在于社会的基础设施:电缆、管线,以及促进能源、商品和信息流通的线路等,这些基础设施可以模型化为"网络"。ArcGIS 也提供了一个获取、存储和分析网络的完整模型。网络分析的理论基础是图论和运筹学,它是从运筹学的角度来研究、统筹、策划一类具有网络拓扑性质的工程如何安排各个要素的运行使其能充分发挥其作用或达到所预想的目标,如资源的最佳分配、最短路径的寻找、地址的查询匹配等,而在此之中所采用的是基于数学图论理论的方法,即利用统筹学建立模型,再利用其网络本身的空间关系,采用数学的方法来实现这个模型,最终得到结果,从而指导现实和应用,故而对网络分析的研究在空间分析中占有着极其重要的意义。以下将从网络的组成和建立、网络分析的预处理、网络分析的基本功能和操作三个方面来介绍。

1)网络的组成和建立

网络由两个基本部分组成链(edges)和点状要素(junction)。链和接合点在网络中彼此拓扑相连。链是一种具有一定长度和一定的物质吞吐的网络元素。像输电线、管线和河流都是点状要素。点状要素位于两个或更多边界的交汇处,并允许各边间的连通。像保险丝、开关和水龙头、河段交汇点都是接合点。

网络中的基本组成部分和属性如下:

(1)线状要素——链。

网络中流动的管线,包括有形物体如街道、河流、水管、电缆线等,无形物体如无线电通信网络等,其状态属性包括阻力和需求。

(2)点状要素。

①障碍,禁止网络中链上流动的点。

②拐角点,出现在网络链中所有的分割结点上状态属性的阻力,如拐弯的时间和限制(如不允许左拐)。

③中心,是接受或分配资源的位置,如水库、商业中心、电站等。其状态属性包括资源容量,如总的资源量;阻力限额,如中心与链之间的最大距离或时间限制。

④站点,在路径选择中资源增减的站点,如库房、汽车站等其状态属性有要被运输的资源需求,如产品数。

网络中的状态属性有阻力和需求两项,可通过空间属性和状态属性的转换,根据实际情况赋到网络属性表中。一般情况下,网络是通过将内在的线、点等要素在相应的位置绘出后,然后根据它们的空间位置以及各种属性特征从而建立它们的拓扑关系,使得它们能成为网络分析中的基础部分,基于其能进行一定的网络空间分析和操作。

而在 ArcGIS 网络分析中涉及的网络是由一系列要素类别组成的,可以度量并能用图形表达的网络,又称为几何网络。图形的特征可以在网络上表现出来,同时也可以在同一个网络中表示出如运输线、闸门、保险丝与变压器等不同性质的数据。一个几何网络包含了线段与交点的连结信息且定义出部分规则,如:哪一个类别的线段可以连至某一特定类别的交点,或某两个类别的线段必须连至哪一个类别的交点。

要创建几何网络,可以使用向导来指定哪些要素类将参与到网络中,也可以先建一个空网络,再添加要素。一旦网络创建完毕,它的生命周期将贯穿整个数据库的生命周期。无论什么时候编辑网络中的要素类时,ArcGIS 都将维持连接信息。ArcGIS 会按照连接规则和地理数据库中定义的数据关系维护网络的连接信息。

2）网络分析的预处理

（1）网络数据的加载：网络分析的基础是几何网络，所以进行网络分析的前提是网络的调用。一般来说，根据分析工作的需要，选择调用的网络数据。基本的网络分析，必须加载至少一种包含网络属性的要素类型，对于全部网络数据的制图的输出，就必须加载包含网络属性的整个要素数据库。

（2）网络数据的符号化：在 ArcMap 中运用符号体系可以很方便地区别网络中有效要素与无效要素、源与宿。

所有要素要么是有效的，要么是无效的。有效状态的要素可以让流通过，无效的要素则不能。要素的有效信息存储在要素类属性数据表的 Enabled 字段。这一字段值定义为属性域的代码值，为 1 或 0,1 表示有效状态，0 表示无效状态。用这一属性符号表示要素，可以很快地识别要素是否处于有效状态。

接合点要素可以充当源或宿（或二者都不是）。当用户建立几何网络时，需要指定哪个要素类包含源或宿。这些要素类有 AncillaryRole 属性，其中包含了源或宿信息，字段值通过属性域编码值确定。1 表示源,2 表示宿,0 表示既不是源也不是宿。通过这些属性来绘制要素，可以快速区分哪线接合点是源，哪些接合点是宿。

（3）网络数据的修改和完善：建立了一个几何网络，也要对其进行一定程度上的修改和完善，这里对常用的一些几何网络数据修改操作进行简单的介绍：增加网络图形，空间关系的改变，属性特征的修改（主要是对网络中可运行性进行修改）。

①增加几何网络要素。

添加新的几何网络要素和直接在数据库中添加数据要素是类似的，稍稍不同的是当新的几何网络要素被添加到几何网络中的时候，它在空间上和其他网络要素在空间上的拓扑连接关系将同时由地理数据库自动产生并同时保存在其中，以便以后分析使用。

②网络连通性的变更。

由于时间或空间的变化使得网络中的空间连通性发生了一定的变化，例如城市中有些道路因为修路的原因而不能通过，立交桥的建立路面上暂时不能用等这样的情形。要注意的是，解除连通性并非是将要素从数据库中删除，只是移除了它与其他要素在空间上的关联；同样建立连通性是将该要素与其他要素联结在一起。

（4）网络可运行性的编辑。

几何网络中的任何几何网络要素都可以是可运行的或不可运行的。在几何网络中预设的所有要素都是可以运行的，而不可运行的要素可以把那处的当作网络中的中断来处理，而不需要真的移除它与其他空间网络要素的空间关系，例如单行道。

7.2.4.2　栅格数据的空间分析

栅格数据结构简单、直观，非常利于计算机操作和处理，是 GIS 常用的空间基础数据格式。基于栅格数据的空间分析是 GIS 空间分析的基础，也是 ArcGIS 空间分析模块的核心内容。栅格数据的空间分析主要包括距离制图、密度制图、表面生成与分析、单元统计、领域统计、分类区统计、重分类、栅格计算等功能。ArcGIS 栅格数据空间分析模块（spatial analyst）提供有效工具集，方便执行各种栅格数据空间分析操作，解决空间问题。

1. 设置分析环境

基于 ArcGIS 进行空间分析首先要设置分析环境。分析环境的设置会一定程度地影响空间分析结果。它主要包括永久性分析结果的创建、工作目录的选择、栅格单元尺寸的设定、分析区域的选定等。为分析结果设定选项使用户能够控制结果的输出目录、分析范围和单元大小。适当条件下,用户还可以利用其指定分析掩模和捕捉范围。

2. 距离制图

距离制图(distance)即根据每一栅格相距其最邻近要素(也称为"源")的距离来进行分析制图,从而反映出每一栅格与其最邻近源的相互关系。通过距离制图,可以获得相关信息,诸如飞机紧急救援时从指定地区到最近医院的距离,或者寻找燃烧建筑物 500 m 内的所有消防栓。此外,也可以根据某些成本因素找到某地到另一个地方的最短路径或最低成本路径。

3. 密度制图

通过计算密度可以将点值散布于整个表面。一个数量的样点位置(线或点)分布在一个场景里,可利用密度函数计算输出栅格数据中每一单元的密度值。密度地图大多由点数据生成,在为每个单元运算时要运用环形搜索区。搜索区决定了用于计算输出栅格数据每个单元密度值的点的搜索距离。

可以用简单方法或算子(kernel)方法来求算密度。在简单的密度运算中,落入搜索区的点或线被汇总合计后除以搜索区的尺寸以得到每个单元的密度值。而算子密度运算的操作和简单密度运算相同,不同的只是在邻近搜索区中心栅格单元的点或线被赋予较大的权重,而在边缘地区的则权重较小,所得结果值的分布比较平滑。

4. 重分类

简单的说,对数据重分类就是用新的值取代输入的单元值并输出。输入的数据可以是能够支持的任何一种栅格数据类型。如果加入的是多波段的栅格数据,第一波段将用于重分类运算。根据用户不同的需要,重分类一般包括四种基本分类形式:用一组新值取代原来值、将原来值重新组合分类、以一种分类体系对原始值进行分类,以及为指定值设置空值。

5. 表面分析

表面分析主要通过生成新数据集,诸如等值线、坡度、坡向、山体阴影等派生数据,获得更多的反映原始数据集中所暗含的空间特征、空间格局等信息。在 ArcGIS 中,表面分析的主要功能有查询表面值、从表面获取坡度和坡向信息、创建等值线、分析表面的可视性、从表面计算山体的阴影、确定坡面线的高度、寻找最陡路径、计算面积和体积、数据重分类、将表面转化为矢量数据等。

6. 栅格计算

栅格计算是栅格数据空间分析中数据处理和分析中最为常用的方法,应用非常广泛,能够解决各种类型的问题,尤其重要的是,它是建立复杂的应用数学模型的基本模块。ArcGIS 9 提供了非常友好的图形化栅格计算器,利用栅格计算器,不仅可以方便地完成基于数学运算符的栅格运算,以及基于数学函数的栅格运算,而且它还支持直接调用 ArcGIS 自带的栅格数据空间分析函数,并且可以方便地实现多条语句的同时输入和运行。

7.2.4.3　三维分析

相当长的一段时间里,由于 GIS 理论方法及计算机软硬件技术所限,GIS 以描述二维空间为主,同时发展了较为成熟的基于二维空间信息的分析方法。但是将三维事物以二维的方式来表示,具有很大的局限性。在以二维方式描述一些三维的自然现象时,不能精确地反映、分析和显示有关信息,致使大量的三维甚至多维空间信息无法加以充分利用。随着 GIS 技术以及计算机软硬件技术的进一步发展,三维空间分析技术逐步走向成熟。三维空间分析相比二维分析,更注重对第三维信息的分析。其中第三维信息不只是地形高程信息,已经逐步扩展到其他更多研究领域,如降雨量、气温等。

ArcGIS 具有一个能为三维可视化、三维分析以及表面生成提供高级分析功能的扩展模块 3D Analyst,可以用它来创建动态三维模型和交互式地图,从而更好地实现地理数据的可视化和分析处理。

利用三维分析扩展模块可以进行三维视线分析和创建表面模型(如 TIN)。任何 Arc-GIS 的标准数据格式,不论是二维数据还是三维数据都可通过属性值以三维形式来显示。例如,可以把平面二维图形突出显示成三维结构、线生成墙、点生成线。因此,不用创建新的数据就可以建立高度交互性和可操作性的场景。如果是具有三维坐标的数据,利用该模块可以把数据准确地放置在三维空间中。

ArcScene 是 ArcGIS 三维分析模块 3D Analyst 所提供的一个三维场景工具,它可以更加高效地管理三维 GIS 数据、进行三维分析、创建三维要素以及建立具有三维场景属性的图层。

此外,还可以利用 ArcGlobe 模型从全球的角度显示数据,无缝、快速地得到无限量的虚拟地理信息。ArcGlobe 能够智能化地处理栅格、矢量和地形数据集,从区域尺度到全球尺度来显示数据,超越了传统的二维制图。

利用交互式制图工具,可以在任何比例尺下进行数据筛选、查询和分析,或者把比例尺放大到合适的程度来显示感兴趣区域的高分辨率空间数据,例如航空相片的细节。

7.3　GIS 在黄河下游河道空间数据库构建中的应用

构建黄河下游河道空间数据库,主要目的如下:为洪水分析计算提供地形数据及构筑物数据;将洪水特性网格与社会经济网格通过 GIS 的空间分析功能叠加得到洪灾损失计算空间信息格网,为洪灾损失计算提供支撑;为构建制图工程、绘制洪水风险图提供基础数据;为洪水风险信息的查询提供支撑。

(1)数据种类。

黄河下游河道空间数据库包括以下几类数据:

①地形数据。包含高程点、等高线数据。

②基础地理信息数据。基础地理信息指国家基础地理标准规定的、适用于多个行业领域的、具有空间分布特征的地理信息。主要包括自然地理信息中的黄河、农田等以及社会地理信息中的行政区界、行政驻地、村庄、重点单位设施、道路等。

③防洪工程信息数据。防洪工程信息指防洪工程数据库规定的,与洪水风险密切相关的,具有空间分布特征的工程信息。主要包括黄河大堤、生产堤、水文站、闸、泵站、控导工程、险工工程等。

④其他数据。包括黄河河道大断面数据、滩区数据等。

黄河下游河道空间数据库包含的数据详见表7-5。

表 7-5 黄河下游河道空间数据库数据列表

数据类型	编号	图层名	几何类型	属性	来源
地形数据	1	高程点	点	高程	实测 CAD 地形图
	2	等高线	线	高程	实测 CAD 地形图
	3	黄河	面	名称	实测 GIS 数据
	4	重要引水渠道	线	名称	实测 GIS 数据
基础地理信息数据	5	行政区界	面	乡镇编码、乡镇名称、所在县、所在市、所在省、乡镇面积	实测 GIS 数据
	6	行政驻地	点	名称、类别	实测 GIS 数据
	7	村庄	点	名称、人口	实测 GIS 数据、实测 CAD 地形图
	8	重点单位设施	点	名称	实测 GIS 数据
	9	道路	线	名称	实测 GIS 数据
	10	农田	面	面积	实测 GIS 数据
防洪工程信息数据	11	黄河大堤	线	长度	实测黄河大堤 GIS 图
	12	生产堤	线	长度	实测生产堤 GIS 图
	13	水文站	点	站点编码、站名、断面地点、坐标、至河口距离、集水面积、设立日期等	黄河流域水文年鉴
	14	闸	点	名称	实测 GIS 数据
	15	泵站	点	名称	实测 GIS 数据
	16	控导工程	线	名称、长度	实测 GIS 数据、实测 CAD 地形图
	17	险工工程	线	名称、长度	实测 GIS 数据、实测 CAD 地形图
	18	桥梁	线	名称、种类、所属道路名称	实测 GIS 数据
其他数据	19	黄河大断面	线	名称	实测 CAD 地形图
	20	滩区	面	名称、人口、耕地面积	实测 CAD 地形图

（2）数据来源。

黄河下游河道空间数据库数据有以下五个来源：

①水文站网信息来源于黄河流域水文年鉴中的水文站一览表，包括站点编码、站名、断面地点、坐标、至河口距离、集水面积、设立日期等信息。

②2013 年黄河下游实测 GIS 数据，坐标系统为 CGCS2000 坐标系，黄海高程，包括黄河面、引水渠道、行政区界、行政驻地、重点单位设施、道路等数据。

③2013 年黄河下游实测 1∶10 000 河道地形图，该图为 CAD 格式，坐标系统为北京 54 坐标系，黄海高程，测绘范围为黄河干流小浪底大坝至黄河入海口，河道长约896 km，覆盖了本次计算区域，其中包括高程点、等高线、滩区、控导工程、险工工程、河道大断面等数据。

④黄河大堤数据来源于实测黄河大堤 GIS 数据，坐标系统为 CGCS2000 坐标系。

⑤生产堤数据来源于实测生产堤 GIS 数据，坐标系统为 CGCS2000 坐标系。

7.3.1 地形数据

地形数据包括高程点和等高线数据，地形数据从 2013 年黄河下游实测 1∶10 000 河道地形图中提取，该图为 CAD 格式（见图7-9），坐标系统为北京 54 坐标系，黄海高程。本次将其转换为 CGCS2000 坐标系。由于黄河下游滩区 1∶10 000 电子图横跨多个 3°带，在转换中采取了分带转换的方法。坐标转换后，在相邻两个带衔接处，分别进行了合并处理。

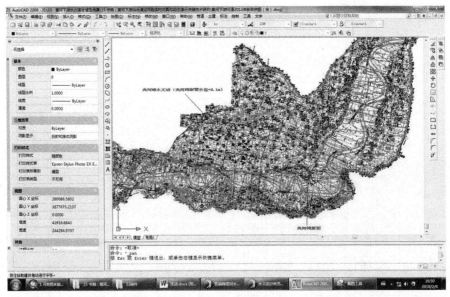

图 7-9 2013 年黄河下游河道实测地形图

7.3.1.1 高程点

高程点数据采用点要素的形式进行表示，以 shapefile 格式文件进行存储，通过其经纬度坐标，在地图上确定其所在位置，并构建其相对应的属性表。操作步骤如下。

（1）打开 Add Data 对话框，选择"黄河下游 2013 年实测 1∶10 000 河道地形图.dwg"，加载该 CAD 文件。

（2）右键单击"黄河下游 2013 年实测 1∶10 000 河道地形图.dwg Point"，选择"Open Attribute Table"，打开属性表。

（3）点击左上角 Table Options，打开"Select by Attributes"对话框，输入"＂Layer＂ ＝＇GCD＇"，选中高程点数据。

（4）右键单击"黄河下游 2013 年实测 1∶10 000 河道地形图.dwg Point"图层，打开 Data 中的"Export Data"对话框，将选中的高程点数据转存为"高程点.shp"。

（5）由于高程点数据是从 CAD 图中提取出来的，生成的"高程点.shp"文件的属性表包含一些在 CAD 图中显示特性，整理其属性表，保留 Elevation 一栏即高程属性，删除其他属性，并对照原地形图，对高程属性进行检查。

7.3.1.2　等高线

等高线数据采用点要素的形式进行表示，以 shapefile 格式文件进行存储，通过其经纬度坐标，在地图上确定其所在位置，并构建其相对应的属性表。操作步骤如下：

（1）右键单击"黄河下游 2013 年实测 1∶10 000 河道地形图.dwg Polyline"，选择"Open Attribute Table"，打开属性表。

（2）单击左上角 Table Options，打开"Select by Attributes"对话框，输入"＂Layer＂ ＝＇DGX＇"，选中等高线数据。

（3）右键单击"黄河下游 2013 年实测 1∶10 000 河道地形图.dwg Polyline"图层，打开 Data 中的"Export Data"对话框，将选中的等高线数据转存为"等高线.shp"。

（4）整理其属性表，保留 Elevation 一栏即高程属性，删除其他属性，并对照原地形图，对高程属性进行检查。

7.3.2　基础地理信息数据

7.3.2.1　黄河面

黄河面数据来自 2013 年黄河下游实测 GIS 数据，坐标系统为 CGCS2000 坐标系。采用面要素的形式进行表示，以 shapefile 格式文件进行存储，通过其经纬度坐标，在地图上确定其所在位置，该文件只为显示黄河常水面情况，属性中只有名称，即为黄河，见图 7-10。

7.3.2.2　引水渠道

引水渠道数据来自 2013 年黄河下游实测 GIS 数据，坐标系统为 CGCS2000 坐标系。采用线要素的形式进行表示，以 shapefile 格式文件进行存储，通过其经纬度坐标，在地图上确定其所在位置，属性中包括渠道名称。由于引水渠道众多，包括干渠、支渠、运河等。本次只提取重要引水渠道，包括幸福渠、堤南干渠、柳园引水渠、南水北调中线干渠、红旗渠、红旗总干渠、天然文岩渠、南水北调东线干渠、文岩渠、天然渠。重要引水渠道数据见图 7-11。

7.3.2.3　行政区界

行政区界数据来自 2013 年黄河下游实测 GIS 数据，坐标系统为 CGCS2000 坐标系，如图 7-12 所示。采用线要素的形式进行表示，以 shapefile 格式文件进行存储，通过其经纬度坐标，在地图上确定其所在位置，属性中包括乡镇编码、乡镇名称、所在县、所在市、所

黄河

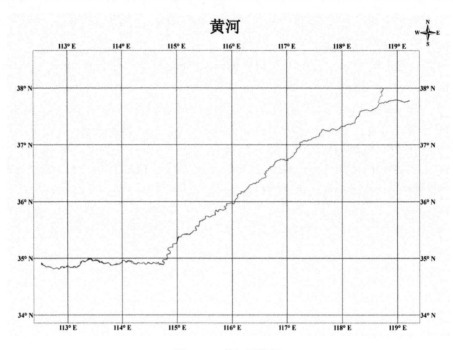

图 7-10　黄河面数据

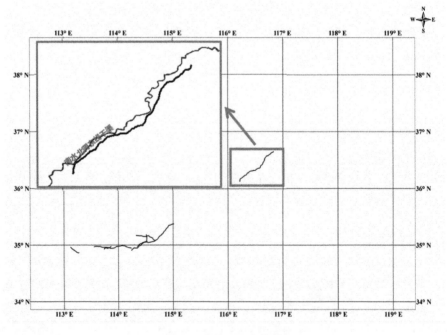

图 7-11　重要引水渠道数据

在省、乡镇面积、乡镇人口(人)、乡镇农田面积,见表7-6。涉及 187 个乡镇(街道),48 个县(区),15 个市,山东和河南 2 个省。

7.3.2.4　行政驻地

行政驻地数据来自 2013 年黄河下游实测 GIS 数据,坐标系统为 CGCS2000 坐标系。

采用点要素的形式进行表示,以 shapefile 格式文件进行存储,通过其经纬度坐标,在地图上确定其所在位置,属性中包括行政驻地名称及类别,类别包括:省(直辖市、自治区、特别行政区)、地级市、县级市、县(自治县、旗、自治旗、地级市市辖区)、镇、乡、建制村、自然村、屯、片村、村民小组,如表7-7所示。

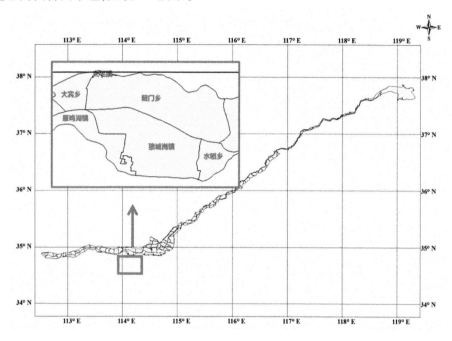

图 7-12　行政区界数据

表 7-6　行政区界数据属性表(部分)

编号	乡镇编码	乡镇名称	所在县	所在市	所在省	乡镇面积 (hm²)	农田面积 (hm²)	人口 (人)
1	410928206	白堽乡	濮阳	濮阳市	河南省	1 975.42	204.71	8 961
2	370923108	斑鸠店镇	东平县	泰安市	山东省	6 643.69	2 835.74	33 285
3	370522101	北宋镇	利津县	东营市	山东省	2 047.70	1 996.18	4 180
4	370522103	陈庄镇	利津县	东营市	山东省	7 915.11	6 648.58	2 087
5	410725209	大宾乡	原阳县	新乡市	河南省	2 117.55	115.20	12 422
6	371621208	大年陈镇	惠民县	滨州市	山东省	1 671.07	248.27	657
7	410225202	东坝头乡	兰考县	开封市	河南省	4 509.18	716.63	5 167
8	410725211	陡门乡	原阳县	新乡市	河南省	10 329.34	815.97	53 107
9	370104101	段店镇	槐荫区	济南市	山东省	1 667.85	436.73	9 247
10	410225204	谷营乡	兰考县	开封市	河南省	5 789.67	500.99	5 430
11	370113101	归德镇	长清区	济南市	山东省	5 350.44	2 762.24	41 265
12	410725205	韩董庄乡	原阳县	新乡市	河南省	5 454.08	195.39	27 918

续表 7-6

编号	乡镇编码	乡镇名称	所在县	所在市	所在省	乡镇面积（hm²）	农田面积（hm²）	人口（人）
13	370322103	黑里寨镇	高青县	淄博市	山东省	595.72	242.51	2 562
14	371425107	胡官屯镇	齐河县	德州市	山东省	1 565.01	679.57	2 717
15	410108100	花园口镇	惠济区	郑州市	河南省	1 529.47	640.80	410
16	370521105	黄河口镇	垦利县	东营市	山东省	85 609.62	16 850.29	110
17	370181204	黄河镇	章丘市	济南市	山东省	3 243.10	2 827.23	12 312
18	410727101	黄陵镇	封丘县	新乡市	河南省	5 297.95	25 818.12	24 445
19	410883002	会昌街道	孟州市	焦作市	河南省	2 520.52	736.19	5 402
20	410322101	会盟镇	孟津县	洛阳市	河南省	8 916.65	7 727.18	38 045
21	410306200	吉利乡	吉利区	洛阳市	河南省	3 629.54	6 094.01	9 885
22	410823200	嘉应观乡	武陟县	焦作市	河南省	4 188.87	793.67	8 424
23	371425102	焦庙镇	齐河县	德州市	山东省	976.77	304.56	694
24	371728205	焦园乡	东明县	菏泽市	山东省	8 295.26	379.45	35 351
25	410725218	靳堂乡	原阳县	新乡市	河南省	6 920.49	5 849.34	28 798
26	371726103	旧城镇	鄄城县	菏泽市	山东省	5 255.97	2 584.66	22 360
27	410181108	康店镇	巩义市	郑州市	河南省	2 575.79	3 836.84	3 738
28	410928211	郎中乡	濮阳市	濮阳市	河南省	1 862.79	7 032.09	4 966
29	410122103	狼城岗镇	中牟县	郑州市	河南省	8 511.42	7 088.84	23 297
30	410928207	梨园乡	濮阳市	濮阳市	河南省	4 906.47	2 724.73	27 884

……

表 7-7　行政驻地统计

类别	个数
省（直辖市、自治区、特别行政区）	0
地级市	0
县级市	0
县（自治县、旗、自治旗、地级市市辖区）	1
镇	17
乡	21
建制村	1 808
自然村、屯、片村、村民小组	746

7.3.2.5　村庄数据

在 2013 年黄河下游实测 GIS 数据及 2013 年黄河下游实测河道 CAD 地形图中均有村庄数据,本次以实测河道 CAD 地形图为准,参考 GIS 数据,提取村庄及村庄人口,操作步骤如下:

(1)右键单击"黄河下游 2013 年实测 1∶10 000 河道地形图. dwg Annotation",选择"Open Attribute Table",打开属性表。点击左上角 Table Options,打开"Select by Attributes"对话框,输入""Layer" = 'JMD'",选中村庄名称及人口数据。打开 Catalog,在数据库存储文件夹中新建一个 File Geodatabase 文件,命名为"件村庄",即"村庄.gdb"。右键单击"黄河下游2013年实测1∶10 000 河道地形图.dwg Annotation"图层,打开"Convert to Geodatabase Annotation"对话框,将选中的村庄名称人口数据转存到"村庄.gdb"中,命名为"村庄名称人口"。

(2)在 Catalog 中,选中"村庄.gdb"中的"村庄名称人口"文件,单击右键,打开 Export 中的"To Shapefile(Multiple)"对话框,转存为"村庄名称人口.shp"面文件。

(3)打开 ArcToolbox 工具集,选择 Data Management Tools 下 Features 中 Feature To Point 工具,将"村庄名称人口.shp"面文件转存为"村庄名称人口点.shp"点文件。

(4)分别提取"村庄名称人口点.shp"点文件中的村庄名称和村庄人口数据,保存为"村庄名称.shp"和"村庄人口.shp"文件,对照2013年实测黄河下游河道 CAD 地形图,对其进行检查,删除不相关的数据,对缺失的数据进行补充。检查后,共有村庄 1 976 个,190.8 万人。

(5)打开 ArcToolbox 工具集,选择 Analysis Tools 下 Overlay 中 Spatial Join(空间连接)工具,将村庄人口与村庄名称对应起来,保存为"村庄名称人口.shp"文件,属性表见图7-13。根据2013年黄河下游实测 GIS 数据,对村庄位置进行检查及修正。

FID	Shape *	村庄名称	村庄人口
0	Point	张守仁庄	1873
1	Point	朱庄	988
2	Point	后岗	253
3	Point	小孟庄	313
4	Point	陈庄	310
5	Point	大刘固	310
6	Point	圆娘树	576
7	Point	板张庄	475
8	Point	何庄	680
9	Point	孙庄	1730
10	Point	娄庄	1706

图7-13　"村庄名称人口.shp"文件属性表

7.3.2.6　重点单位设施

重点单位设施数据来自2013年黄河下游实测 GIS 数据,坐标系统为 CGCS2000 坐标系。采用点要素的形式进行表示,以 shapefile 格式文件进行存储,通过其经纬度坐标,在地图上确定其所在位置,属性中包括重点单位设施名称,共284个。

7.3.2.7　道路

道路数据来自2013年黄河下游实测 GIS 数据,坐标系统为 CGCS2000 坐标系。采用线要素的形式进行表示,以 shapefile 格式文件进行存储,通过其经纬度坐标,在地图上确定其所在位置,属性中包括道路名称、类别、级别、路面类型、车道数目、路面宽。道路类别有铁路、高速公路、国道、省道、县道、乡道和其他道路。其中,铁路有 7 条,高速公路有 9 条,国道有 8 条,省道 16 条,如表7-8所示。

表 7-8　较大道路统计

类型	道路名称
铁路	京广铁路、京沪铁路、京九铁路、新石铁路、济晏铁路、小沿铁路、郑焦城际铁路
高速	G18 荣成—乌海高速、G20 青岛—银川高速、G20 青岛—银川高速、G25 长春—深圳高速、G3 北京—台北高速、G4 北京—港澳高速、G45 大庆—广州高速、G45 大庆—广州高速、G55 二连浩特—广州高速
国道	G104 北京—福州、G105 北京—珠海、G106 北京—广州、G107 北京—深圳、G205 山海关—深圳、G207 锡林浩特—海安、G220 东营—郑州、G309 荣城—兰州
省道	S101 郑州—吴坝、S213 吴家庄—黄谷畈、S219 永和—定远、S227 西杨村—曹岗、S231 河口—辛店、S237 大堂—练寺镇、S238 常平—付井镇、S245 邵源镇—吉利区、S246 庆云—淄川、S248 盐山—济阳、S254 德州—商丘、S259 临清—商丘、S310 魏邱—原阳桥北、S311 赵岗—原阳、S314 郑州—三门峡、S321 寿光—济阳

7.3.2.8　农田

农田数据来自 2013 年黄河下游实测 GIS 数据中的农田植被数据,坐标系统为 CGCS2000 坐标系。采用面要素的形式进行表示,以 shapefile 格式文件进行存储,通过其经纬度坐标,在地图上确定其所在位置,操作步骤如下:

(1)加载"农田植被.shp",右键单击选择"Open Attribute Table",打开属性表。单击左上角 Table Options,打开"Select by Attributes"对话框,输入""GB11" = 810302",选中农田数据。右键单击打开 Data 中的"Export Data"对话框,将选中的农田数据转存为"农田.shp"。

(2)打开"农田.shp"的属性表,新建属性"面积",类型选择"类型选择""择(双精度)",选择新生成的"面积"属性列,右键选择 Calculate Geometry,计算每个农田块的面积,单位为 hm^2(公顷)。选择的"面积"属性列,右键选择 Statistics,可知农田总面积为 38.01 万 hm^2。

7.3.3　防洪工程信息数据

7.3.3.1　黄河大堤

黄河大堤数据来源于实测黄河大堤 GIS 数据,坐标系统为 CGCS2000 坐标系,左右岸大堤总长度约 1 494 km,如图 7-14 所示。

7.3.3.2　生产堤

生产堤数据来源于实测生产堤 GIS 数据,坐标系统为 CGCS2000 坐标系,共有 312 条生产堤,总长度约为 1 175 km,如图 7-15 所示。。

7.3.3.3　水文站

水文站数据来源于黄河流域水文年鉴中的水文站一览表,对于水文站数据,采用点要素的形式进行表示,以 shapefile 格式文件进行存储,通过其经纬度坐标,在地图上确定其所在位置,并构建其相对应的属性表。操作步骤如下:

(1)将黄河流域水文年鉴水文站一览表中黄河下游水文站信息录入到 Excel 中,见

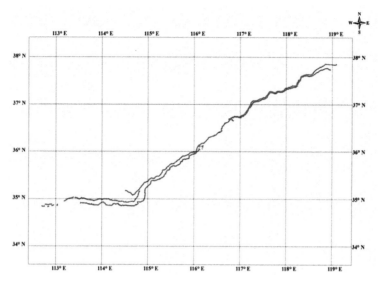

图 7-14　黄河大堤数据

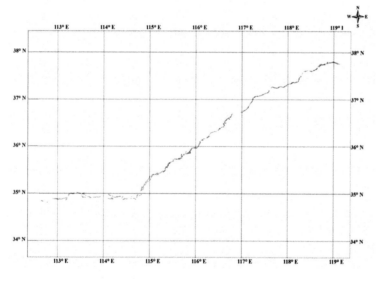

图 7-15　生产堤数据

表 7-9。

（2）打开 ArcMap，新建"黄河下游河道空间数据库.mxd"文件。

（3）打开 File 选项卡中 Add Data 中"Add XY Data"对话框，选择新建的"水文站.xlsx"，X Field 选择"坐标东经"，Y Field 选择"坐标北纬"，坐标系统选择"CGCS_2000"，生成"水文站 $ Events"文件。

（4）右键单击新生成的"水文站 $ Events"文件，打开 Data 中的"Export Data"对话框，转存为"水文站.shp"文件，该文件的属性表包含录入到 Excel 表中水文站所有信息。

水文站数据见图 7-16。

表 7.9 黄河下游干流水文站点信息一览表

站码	水系	河名	流入何处	站名	站别	断面地点	坐标东经	坐标北纬	至河口距离（km）	集水面积（km²）	设立年份	设立月份	绝对或假定基面名称	领导机关
40104700	黄河	黄河	渤海	小浪底	水文	河南省济源市坡头乡大山村	112.400	34.917	894	694 221	1955	4	大沽	黄河水利委员会
40105150	黄河	黄河	渤海	花园口	水文	河南省郑州市花园口镇花园口村	113.650	34.917	768	730 036	1938	7	大沽	黄河水利委员会
40105453	黄河	黄河	渤海	夹河滩	水文	河南省开封县刘店乡王明垒村	114.567	34.900	672	730 913	1947	3	大沽	黄河水利委员会
40105650	黄河	黄河	渤海	高村	水文	山东省东明县菜园集乡冷寨村	115.083	35.383	579	734 146	1934	4	大沽	黄河水利委员会
40106350	黄河	黄河	渤海	孙口	水文	山东省梁山县赵固堆乡蔡楼村	115.900	35.933	449	734 824	1949	8	大沽	黄河水利委员会
40107100	黄河	黄河	渤海	艾山	水文	山东省东阿县文化街东首	116.300	36.250	386	749 136	1950	4	大沽	黄河水利委员会
40107450	黄河	黄河	渤海	泺口	水文	山东省济南市泺口镇	116.983	36.733	278	751 494	1919	3	大沽	黄河水利委员会
40108400	黄河	黄河	渤海	利津	水文	山东省利津县利津镇刘家夹河	118.300	37.517	104	751 869	1934	6	大沽	黄河水利委员会

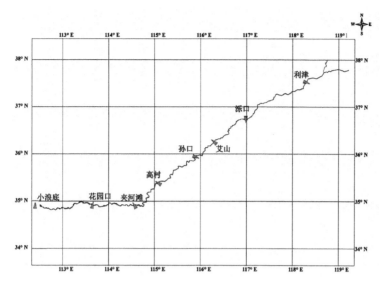

图 7-16　水文站数据

7.3.3.4　闸

闸数据来自 2013 年黄河下游实测 GIS 数据,坐标系统为 CGCS2000 坐标系。采用点要素的形式进行表示,以 shapefile 格式文件进行存储,通过其经纬度坐标,在地图上确定其所在位置,属性中包括泵站类型及名称,共 681 座。类型分别为水闸和涵洞,较大的水闸有 37 座,有王庄引黄闸、陶城铺东引黄闸、胜利引黄闸、南小堤引黄闸等。

7.3.3.5　泵站

泵站数据来自 2013 年黄河下游实测 GIS 数据,坐标系统为 CGCS2000 坐标系。采用点要素的形式进行表示,以 shapefile 格式文件进行存储,通过其经纬度坐标,在地图上确定其所在位置,属性中包括泵站类型及名称,共 42 座,均为扬水站、抽水站。

7.3.3.6　控导工程

2013 年黄河下游实测 GIS 数据及 2013 年黄河下游实测河道 CAD 地形图中均有控导工程数据,主要采用 2013 年黄河下游实测 GIS 数据,并采用 2013 年黄河下游实测河道 CAD 地形图进行检查修正。控导工程数据采用线要素的形式进行表示,以 shapefile 格式文件进行存储,通过其经纬度坐标,在地图上确定其所在位置,属性中包括控导工程名称及长度。操作步骤如下:

(1)加载"治河工程. shp",右键单击选择"Open Attribute Table",打开属性表。单击左上角 Table Options,打开"Select by Attributes"对话框,输入""BZ" = 控导工程",选中控导工程数据。右键单击打开 Data 中的"Export Data"对话框,将选中的控导工程数据转存为"控导工程. shp"。

(2)对照 2013 年实测黄河下游河道 CAD 地形图,对生成的"控导工程. shp"文件进行检查,删除错误的数据,对缺失的数据进行补充。整理后,共有控导工程 130 座,总长度约 344 km。

控导工程数据见图 7-17。

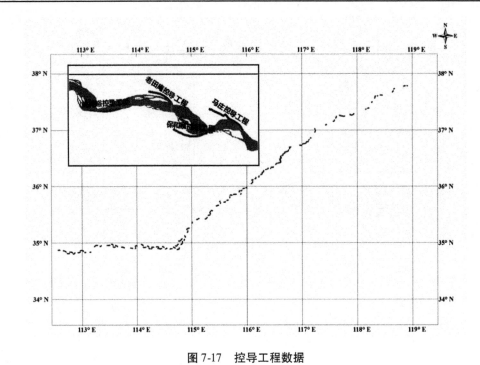

图 7-17　控导工程数据

7.4　GIS 在洪水分析计算中的应用

采用数学模型进行洪水分析计算,基础数据需要采用 GIS 软件进行前处理,主要包括以下几种数据:

(1)建模范围及边界数据。

数学模型建模范围为黄河下游西霞院—艾山河段,两岸以大堤为计算边界,支流伊洛河和沁河模拟范围到支流河口。

(2)网格剖分控制数据。

网格是影响二维水力学模型成果精度和计算速度的关键,根据黄河下游河道的特点,在主河槽内布置贴体四边形网格,在左、右滩地布置三角形网格,采用滩槽复合网格,另外对计算区域内堤防、道路、河道整治工程等周围网格适当加密。

因此,需提供河势控制线以区分主槽滩地,提供生产堤、道路、控导工程、险工工程等数据以进行网格加密。

(3)地形数据。

地形数据采用黄河下游 2013 年实测 1:10 000 河道地形图,其中高程点、等高线以及滩区道路等图元均含有高程信息。地形数据主要是滩区地形,实测地形图中没有水下地形信息,主槽地形利用 2016 年汛前实测大断面资料通过数学模型生成。因此,需提供滩区地形数据。

(4)线状工程及地物数据。

黄河下游河道内,有大量阻水建筑物,如生产堤、道路、控导工程、引水渠、村台等,洪水分析计算时需考虑其影响。

7.4.1　建模范围及边界数据

数学模型建模范围为黄河下游西霞院—艾山河段,两岸以大堤为计算边界,支流伊洛河和沁河模拟范围到支流河口。对于建模范围数据,采用面要素的形式进行表示,以 shapefile 格式文件进行存储;对于边界数据,首先采用线要素的形式进行表示,以 shapefile 格式文件进行存储,后转为点要素,通过 ArcGIS 导出成离散点,以(X,Y)的形式保存在 txt 文本中。操作步骤如下:

(1)在黄河下游 2013 年实测 1∶10 000 河道地形图中,新建图层"建模范围",并在其中勾画出建模范围边界线。

(2)在 ArcMAP 中,打开"Add Data"对话框,选择"黄河下游 2013 年实测 1∶10 000 河道地形图.dwg",加载该 CAD 文件。

(3)右键单击"黄河下游 2013 年实测 1∶10 000 河道地形图.dwg Polyline",选择"Open Attribute Table",打开属性表。

(4)单击左上角 Table Options,打开"Select by Attributes"对话框,输入" " Layer" = ′建模范围′",选中建模范围数据。

(5)右键单击"黄河下游 2013 年实测 1∶10 000 河道地形图.dwg Polyline"图层,打开 Data 中的"Export Data"对话框,将选中的建模范围边界线数据转存为"边界线.shp"线文件。

(6)打开 ArcToolbox 工具集,选择 Data Management Tools 下 Features 中 Feature To Polygon 工具,将"边界线.shp"线文件转存为"建模范围面.shp"面文件。

(7)打开 ArcToolbox 工具集,选择 Data Management Tools 下 Features 中 Feature Vertices To Points 工具,将"边界线.shp"的线段节点转存为"边界线点.shp"点文件。

(8)打开"边界线点.shp"的属性表,新建属性经度、纬度,类型选择"double"(双精度)。选择"经度"属性列,右键选择 Calculate Geometry,对话框中 Property 选择"X Coordinate of Centroid",计算点的经度,单位为 m;选择"纬度"属性列,右键选择 Calculate Geometry,对话框中 Property 选择"Y Coordinate of Centroid",计算点的纬度,单位为 m。

(9)在存储"边界线点.shp"的文件夹中,找到"边界线点.dbf",该文件为"边界线点.shp"文件的数据库文件,其中存储着属性表数据。用 Excel 将其打开,选择经度、纬度两列数据,复制粘贴到新建的"边界点.txt"文件中。

7.4.2　网格剖分控制数据

网格剖分控制数据包括河势控制线、生产堤、道路、控导工程、险工工程。

7.4.2.1　河势控制线

河势控制线用以区分主槽滩地,为反映最近河势情况,操作步骤如下:

(1)从 Google Earth 中,勾画出从黄河河道西霞院水库以下到艾山干流河段常水范围,并导出为"河势控制线.kmz"文件。

(2)在 ArcMAP 中,打开 ArcToolbox 工具集,选择 ConversionTooles 下 From KML 中

KML To Layer 工具,将"河势控制线. kmz"文件转存为"河势控制线. shp"线文件。

(3)打开 ArcToolbox 工具集,选择 Data Management Tools 下 Features 中 Feature Vertices To Points 工具,将"河势控制线. shp"的线段节点转存为"河势控制线点. shp"点文件。

(4)打开"河势控制线点. shp"的属性表,新建属性经度、纬度,类型选择"double"(双精度)。采用 Calculate Geometry,分别计算点的经度、纬度,单位为 m。

(5)在存储"河势控制线点. shp"的文件夹中,找到"河势控制线点. dbf",用 Excel 将其打开,选择经度、纬度两列数据,复制粘贴到新建的"河势控制线点. txt"文件中。

7.4.2.2 生产堤

(1)在 ArcMAP 中,加载"生产堤. shp"文件,打开 ArcToolbox 工具集,选择 Data Management Tools 下 Features 中 Feature Vertices To Points 工具,将"生产堤. shp"的线段节点转存为"生产堤点. shp"点文件。

(2)打开"生产堤点. shp"的属性表,新建属性经度、纬度,类型选择"double"(双精度)。采用 Calculate Geometry,分别计算点的经度、纬度,单位为 m。

(3)在存储"生产堤点. shp"的文件夹中,找到"生产堤点. dbf",用 Excel 将其打开,选择经度、纬度两列数据,复制粘贴到新建的"生产堤点. txt"文件中。

7.4.3 地形数据

(略)

7.4.4 线状工程及地物数据

(略)

7.5 GIS 在洪水淹没信息统计中的应用

7.5.1 洪水淹没信息统计方法

随着 GIS 技术的飞速发展,基于 GIS 技术进行洪灾损失评估和洪水淹没信息统计,并将洪灾损失评估信息与洪水淹没信息叠加共同构成洪水风险图信息,可以辅助防洪减灾部门进行灾前、灾中、灾后风险决策。

利用 GIS 技术构建洪水影响统计空间信息格网,进行洪水影响统计,考虑了洪水的淹没边界与行政界限的不一致性,即社会经济数据是按行政单元统计的,如果直接利用行政单元进行损失统计计算,就会出现受淹区社会经济指标计算的不合理性和洪水分布特性的不合理性问题。

构建洪水影响统计空间信息格网,首先将洪水分析计算网格转换为 shapefile 格式,针对行政单元内社会经济信息分布不均匀问题,利用社会经济的空间展布方法,得到其空间展布网格,利用 GIS 的空间叠加分析功能,将洪水分析计算网格与社会经济网格分别进行叠加分析,得到洪水影响统计空间信息格网,每个网格均包含基本属性及社会经济属性。在洪水淹没风险动态演示系统中,将洪水分析计算结果洪水特性网格与洪水影响统计空间信息格网通过空间位置及网格编号进行关联,利用数据库进行洪水淹没信息统计及报表显示。

7.5.2　洪水淹没统计空间信息格网建立

7.5.2.1　要求

洪水淹没统计以乡镇(街道)为统计单元进行,分析的经济指标为淹没耕地面积,社会指标为人口。洪水淹没信息暂定从以下几方面统计:洪水总体淹没情况、不同水深对应的淹没情况、不同行政区淹没情况、主要滩区淹没情况、不同量级洪水总体淹没情况。

因此,构建的洪水淹没统计空间信息格网需要包含如下属性:网格编号、中心处位置(经度、纬度)、网格地面高程、网格面积(hm^2)、网格内耕地面积(hm^2)、网格所在乡镇名称、所在乡镇面积(hm^2)、所在乡镇人口(人)、所在乡镇耕地面积(hm^2)、所在县、所在市、所在省、所在滩区名称、滩区人口(人)、滩区耕地面积(hm^2)、村名、相应村庄人口(人)。

7.5.2.2　数据准备

根据如上要求,需要准备如下数据:模型计算网格、行政区界、村庄、农田、滩区。

7.5.2.3　格网建立

通过如下步骤建立洪水淹没统计空间信息格网:

(1)将模型计算网格转化为.shp格式,保存为"计算网格.shp",坐标系统转换为CGCS2000,属性表中含有网格地面高程,属性名称为Bathymetry。打开"计算网格.shp"的属性表,新建属性编号、经度、纬度、地面高程、面积,类型选择"double"(双精度)。选择新生成的"编号"属性列,右键选择Field Calculator,在对话框中输入公式"编号=[FID]+1",得到网格编号(从1开始)。选择"经度"属性列,右键选择Calculate Geometry,对话框中Property选择"X Coordinate of Centroid",计算网格中心处经度,单位为m;选择"纬度"属性列,右键选择Calculate Geometry,对话框中Property选择"Y Coordinate of Centroid",计算网格中心处纬度,单位为m;选择"地面高程"属性列,右键选择Field Calculator,在对话框中输入公式"地面高程=Bathymetry",得到网格地面高程;选择"面积"属性列,右键选择Calculate Geometry,对话框中Property选择"Area",计算网格面积,单位为hm^2。

(2)加载"农田.shp"文件,打开ArcToolbox工具集,选择Analysis Tools下Overlay中Intersect(交集操作)工具,Input Features选择"计算网格.shp"和"农田.shp",生成文件命名为"计算网格2.shp",新建"耕地面积"属性列,用Calculate Geometry计算每个网格内耕地的面积,单位为hm^2;选择Analysis Tools下Overlay中Spatial Join(空间连接)工具,Tatget Features选择"计算网格.shp",Join Features选择"计算网格2.shp",生成文件命名为"计算网格3.shp",其属性表中包含网格编号、中心处位置(经度、纬度)、网格地面高程、网格面积(hm^2)、网格内耕地面积(hm^2)信息。

(3)加载"行政区界.shp"文件,选择Analysis Tools下Overlay中Spatial Join(空间连接)工具,Tatget Features选择"计算网格3.shp",Join Features选择"行政区界.shp",Math Option选择"HAVE_THEIR_CENTER_IN",生成文件命名为"计算网格4.shp",其属性表中包含:网格编号,中心处位置(经度、纬度),网格地面高程,网格面积(hm^2),网格内耕地面积(hm^2),网格所在乡镇名称,所在乡镇面积(hm^2),所在乡镇人口(人),所在乡镇耕地面积(hm^2),所在县、所在市、所在省信息。

(4)加载"滩区.shp"文件,选择 Analysis Tools 下 Overlay 中 Spatial Join(空间连接)工具,Tatget Features 选择"计算网格4.shp",Join Features 选择"滩区.shp",Math Option 选择"HAVE_THEIR_CENTER_IN",生成文件命名为"计算网格5.shp",其属性表中包含:网格编号,中心处位置(经度、纬度),网格地面高程,网格面积(hm^2),网格内耕地面积(hm^2),网格所在乡镇名称,所在乡镇面积(hm^2),所在乡镇人口(人),所在乡镇耕地面积(hm^2),所在县、所在市、所在省、所在滩区名称、滩区人口(人),滩区耕地面积(hm^2)信息。

(5)加载"村庄.shp"文件,选择 Analysis Tools 下 Overlay 中 Spatial Join(空间连接)工具,Tatget Features 选择"计算网格5.shp",Join Features 选择"村庄.shp",Math Option 选择"HAVE_THEIR_CENTER_IN",生成文件命名为"计算网格5.shp",其属性表中包含:网格编号,中心处位置(经度、纬度),网格地面高程,网格面积(hm^2),网格内耕地面积(hm^2),网格所在乡镇名称,所在乡镇面积(hm^2),所在乡镇人口(人),所在乡镇耕地面积(hm^2),所在县、所在市、所在省、所在滩区名称、滩区人口(人),滩区耕地面积(hm^2),村名,相应村庄人口(人)信息。

7.6　GIS 在洪水风险图绘制中的应用

7.6.1　洪水风险图种类

洪水风险图是了解区域内遭受洪水灾害的危险性大小的一种直观科学的地图。依据不同的用途,洪水风险图可以划分为基本风险图、专题风险图和综合风险图。本项目模型计算了1 000年一遇("58·7"型洪水)、10年一遇("73·8"型洪水)、"96·8"实测洪水3种典型洪水方案的洪水基本要素,包括最大淹没范围、最大水深、到达时间、最大流速和淹没历时。本次仅绘制基础风险图。

利用 ArcGIS 的空间分析、数据处理及可视化功能制作基本风险图,是将计算得出的洪水基本要素数值,按照划分好的数值范围进行分类,再赋予不同的分类范围以不同的填充颜色或填充方式,并将填充颜色或填充方式填充到每个网格区域中,得到风险信息直观展示图面,然后与其他基础信息图层叠加显示,制作规范统一的风险图图件。

7.6.2　比例尺和图幅选择

黄河下游河道自西霞院至河口,河长828 km,滩区范围东至东经112,西至东经119°,南至北纬34°,北至北纬37°,河道面积近5 000 km²。宽度上下不一,最宽处24 km,最窄处不足1 km,平面上呈自西南向东北走向的藕节状。由于研究区域较大,为清晰显示洪水基本要素及必要的基础地理信息,需要分图幅进行绘制,综合考虑图幅数量,选择采用A3图幅,图纸尺寸为420 mm×297 mm,比例尺1∶40 000。

7.6.3　构建制图工程

(1)版面的设置。

在 ArcGIS 中,在"view(视图)"选项卡选择进入"Layout view(出图视图)",设计图廓、图名、指北针、图例、比例尺,并放置合理位置,如图 7-18 所示。

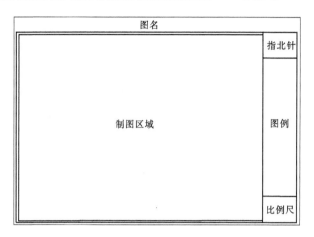

图 7-18　制图版面设计

(2)基础地理信息图层数据导入及筛选。

将基础地理信息图层数据导入并进行初步整理。由于编制范围面积较大,所包含的图形数据量较多,系统加载全部数据后,图面显得杂乱且会拖慢系统运行速度甚至造成系统崩溃,需要对数据进行删减,仅保留重要数据。

(3)修改图例。

根据国家制图规范,对要素图层的图例进行修改。

(4)添加、调整注记。

在绘制系统内不对图层要素主要文字注记进行加工和调整,必要时对图层要素属性进行修改。

(5)图面整饰编辑。

制图工程初步构建完成后,对地图图面进行整饰编辑,保证地图综合合理性,即地物各要素的综合取舍和图形概括应符合制图区域的地理特征,数据负载量合理,重点要素突出,各要素之间协调、层次分明,重要道路、主要河流等内容应明显表示,注记正确,位置指向明确;各内容要素、要素属性、要素关系正确且无遗漏;图形整饰美观,清晰易读。

(6)导入洪水风险图层。

导入三个方案的洪水基本要素图层,包括最大淹没范围、最大水深、到达时间、最大流速和淹没历时图层,按洪水风险图制图要求,对各图层的不同等级数值进行着色调整。

(7)输出。

输出 mxd 地图文件、pdf 格式文件(见图 7-19 和图 7-20)。依据 pdf 格式文件输出为纸质图。其中,东坝头—河口河段依据河道走向,在 30° ~ 45°间旋转,将图形要素旋转至正中表示。

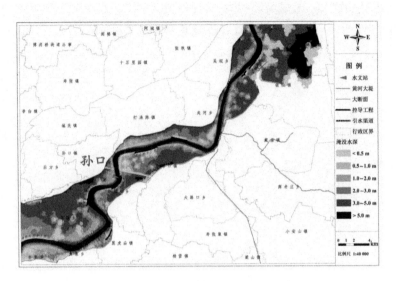

图 7-19　黄河下游滩区 10 年一遇洪水淹没水深图（13 孙口）

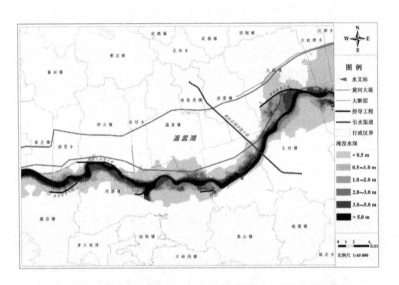

图 7-20　黄河下游滩区 10 年一遇洪水淹没水深图（温孟滩）

7.7　GIS 在洪水风险信息查询中的应用

　　GIS 系统将各个图形文件分层管理起来,可实现图形导航、放大、缩小、漫游、标注、图层控制等功能,这些是空间数据的基本操作。此外,GIS 系统还支持空间对象和属性信息的双向查询,若知道某个地图对象的名称,可查询其在整个地图中的位置,也可得到该对象的一些基本属性,例如在地图图层中加入"水文站.shp"图层,在地图图层界面选择站名时,首先将数据库与图层绑定,然后利用数据库中的"站名"这一列与地图"水文站"中地图对象的名称相匹配,既可以查询到该站的基本属性信息(如水文站类型、设立年代、归属单位等),还可以通过地图中的闪烁点准确定位该站的空间相对位置。另外,洪水风险计算结果中包含有每个网格的淹没水深、淹没历时、淹没流速和洪水到达时刻等信息,查询洪水风险信息时,可能需要知道任一地点的洪水风险信息,任一县区的洪水风险信息,利用 GIS 的空间查询功能可以实现。而且,当属性信息数据库中的记录更新后,通过匹配查询,能够快速反映到地图对象上,实现了地图对象空间位置信息与数据库中的属性信息的对应。

第 8 章　洪水淹没风险动态演示系统

8.1　系统概述

黄河水利委员会以党的十八大提出的"四化同步"发展战略为指导,积极贯彻落实新时期治水思想,加快推进治黄信息化由"数字黄河"向"智慧黄河"升级发展,强力支撑实现黄河治理体系和治理能力现代化。要在"十三五"时期,强力推进物联网、大数据、云计算、空天地一体化监测等新一代信息技术在治黄工作中的深度应用,实现数据在感知采集、系统深度融合互联、业务决策应用高度智能,着力推动"数字黄河"向"智慧黄河"升级发展,建成运行高效的黄河信息化支撑体系,建成有机协同的业务应用综合体系,初步形成水沙情势可感知、资源配置可模拟、工程运行可掌控、调度指挥可协同的"智慧黄河"框架体系,为实现黄河治理体系和治理能力现代化提供强有力的支撑。

洪水淹没风险动态演示系统主要在数据模型实时计算的基础上,采用先进的虚拟仿真技术和三维 GIS 技术,对黄河下游水库调度、洪水演进过程、灾害风险等进行模拟展示,为防汛调度决策提供直观、清晰的服务支撑。

8.2　开发目标、任务和技术路线

8.2.1　开发目标和任务

洪水淹没风险动态演示系统的开发目标是基于黄河设计公司的水利三维平台,开发集成省市(区)县乡、滩区、重要地物等信息图层展示模块,构建基于数据驱动的水流、地形实时渲染系统以支持洪水水流实时数据的动态查询和洪水淹没信息的统计,满足洪水淹没、防汛调度、方案模拟过程的信息展示,为洪水演进规律研究提供分析平台,并可为防汛预案编制、防汛会商等提供技术支撑。

主要的开发任务为:

(1)构建覆盖黄河下游全部区域的三维仿真环境,其中西霞院—艾山河段采用高分辨率地形和卫星影像数据,典型河段采用实测大断面数据进行修正,能够直观地展示地形、地物等信息。

(2)开发数据接口和模型接口,能够在三维系统界面下开展洪水演进实时计算。

(3)在三维仿真平台上,实现省市(区)县乡、滩区、控导工程、生产堤、水文站、桥梁、大断面、村庄等信息图层的要素快速定位查询。

(4)洪水计算结果动态演示。构建基于数据驱动的水流、地形实时渲染系统,并与基础三维仿真环境充分融合,能够较好地表现模型计算结果,能够动态查询水流实时数据信息,能够根据防汛需要显示洪水淹没统计信息。

(5)在三维仿真平台上,集成调度预案及历史洪水信息及其他各类信息。

8.2.2　技术路线

洪水淹没风险实时仿真和动态演示系统采用先进的地理信息系统(GIS)技术、虚拟现实技术、数据库管理技术、多媒体技术、卫星遥感(RS)影像处理技术等,综合实现黄河下游地区防汛各类工程的可视化管理。表现手段上采用高分辨率地形数据和卫星影像资料,数字地面模型与工程模型相结合的方式,运用基于实测大断面数据的水下地形生产技术,建立黄河下游工程直观三维仿真环境;采用虚拟现实技术,建立研究区虚拟场景,同时实现虚拟场景的交互浏览;通过虚拟现实技术与数据库管理技术相结合的方式,实现各类工程的可视化查询;通过多媒体技术直观形象地表现各类工程的特点及作用;通过与洪水演进模型的耦合,基于数据驱动的水流、地形实时渲染系统,构建基于二维数学模型的河道演进仿真,能够准确清晰地展示模型计算结果,能够动态查询流场、最大流速、最大淹没水深、洪水到达时间、洪水历时等实时数据信息,并能够根据防汛决策需要显示洪水淹没情况和洪水淹没统计信息。通过开发调度方案的多维表达方式,实现洪水过程、淹没分析、水库调度等方案的情景模拟,实现洪水淹没风险实时仿真和动态演示的开发工作。

8.3　系统总体设计

8.3.1　技术架构

动态演示系统采用CS(客户端+服务端)结构。客户端是在W3D SDK(水利三维平台)基础上开发的三维客户端系统,服务端主要是发布的各种基础的地形、影像和矢量信息服务。系统架构图如图8-1所示。

8.3.2　功能需求

8.3.2.1　总体要求

动态演示系统需要具备的主要功能如下:

(1)三维仿真环境。

构建覆盖黄河下游全部区域的三维仿真环境,其中西霞院—艾山河段采用高分辨率地形和卫星影像数据,典型河段采用实测大断面数据进行修正,能够直观地展示地形、地物等信息。

(2)地物要素定位查询。

在黄河下游三维仿真平台上,开发省、市(区)县乡、滩区、控导工程、生产堤、水文站、桥梁、大断面、村庄等信息图层的展示模块。实现主要地物要素的定位查询。用户点击,地图能够自动缩放到相应位置。

(3)洪水演进实时计算。

能够在系统界面下开展洪水演进实时计算。

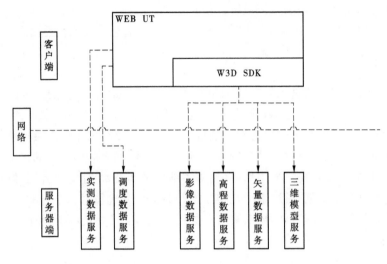

图 8-1　系统架构图

（4）洪水计算结果动态演示。

能够导入洪水计算结果，构建基于数据驱动的水流、地形实时渲染系统，并与基础三维仿真环境充分融合，能够较好地表现模型计算结果，能够动态查询水流实时数据信息，能够根据防汛需要显示洪水淹没统计信息。

（5）调度预案及历史洪水信息查询。

黄河中下游洪水年度调度方案；历史典型洪水概况、淹没信息等的录入和查询。

8.3.2.2　详细功能需求

1. 三维仿真环境功能需求

三维仿真环境的显示信息包括背景地形信息及基础地理信息。

（1）背景地形信息。

三维仿真环境的背景地形信息应覆盖黄河下游全部区域，其中西霞院—艾山河段采用高分辨率地形和卫星影像数据，采用黄河下游 2016 年汛前大断面对河槽地形进行修正。

（2）基础地理信息。

显示下游河道行政区划、主要滩区、重要控导工程、黄河大堤、生产堤、引水渠道、水文站、桥梁、大断面、村庄等信息图层，勾选选项即可在三维视图中进行加载显示；在三维视图中，鼠标能够点选重要专题要素，查询相应信息。各专题要素应该包涵的信息见表 8-1。

2. 地物要素定位查询功能需求

在系统界面下，设置查询窗口，用户输入关键字，能够实现滩区重要地物要素（包含区县、滩区、险工、控导、生产堤、水文站、桥梁、大断面图层中的所有信息）的查询。用户可向下移动鼠标选择所要查询的信息，点击选中，在三维视图中，自动加载该信息所在图层，并将选中信息缩放至三维视图中心、突出显示；在三维视图中，鼠标所点位置，应显示之前勾选图层及本次查询信息所在图层的对应信息。

表 8-1　基础地理信息图层对应需显示信息

图层名	几何类型	需显示信息
行政区划	面	省、市(区)、县、乡镇的名称,面积,人口,耕地面积
滩区	面	滩区名称、面积、所属地区,人口
控导	线	控导名称
黄河大堤	线	堤防宽度、长度
黄河大堤桩号	点	桩号数值,控制点高程
生产堤	线	长度、高程
引水渠道	线	引水渠道名称
水文站	点	水文站名称
桥梁	线	桥梁名称
大断面	线	大断面名称
村庄	点	村庄名称、人口

3. 洪水演进实时计算

能够新建、打开洪水演进计算方案,编辑洪水过程边界条件,开展洪水演进实时计算。

(1)新建或打开方案。

能够新建或打开计算方案,编辑方案名称及方案说明(洪水量级、边界条件等),新建方案时应该在后台导入提前准备好的输入文件。导入的方案应按方案名称以目录的形式显示。

(2)输入洪水过程。

对每个计算方案,能够进行洪水过程边界文件进行录入、查询和修改。

(3)方案计算。

能够调用黄河下游二维洪水演进模型,进行相应的方案计算。

4. 洪水计算结果动态演示

(1)动态演示方案管理。

能够导入、删除洪水演进模型计算结果,能够快速查询方案信息。

(2)洪水演进过程动态演示。

导入洪水演进模型计算结果后,自动进行计算结果的动态演示,主要是根据不同时段的水位、流速、水深等水力要素在虚拟现实环境下进行动态演示。动态演示过程中,用户鼠标所在位置应能够显示水位或者水深信息。洪水淹没过程默认从 0 时刻开始;在三维视图中,建议视图上方中间应设计淹没过程播放控制条(在计算结果界面单击洪水淹没过程选项时,同时显示该控制条并激活),包含播放步长选择(1 h、2 h、5 h、10 h、…)、开始、暂停、上一时段、下一时段、结束(复原到初始状态)、时间控制条(可手动拖到时间条到任何时刻)。

(3)洪水淹没信息展示。

　　能够对洪水演进过程中的最大淹没水深、淹没历时、洪水到达时间、最大流速等洪水淹没信息进行展示。不同洪水淹没信息应该设置在不同的图层上,单击相应图层即可在三维视图中进行加载;在三维视图中,鼠标所点位置应显示该网格最大淹没水深、淹没历时、洪水达到时间、最大流速信息。

　　各统计结果图层,在三维视图中的展示,应满足如下要求:

　　最大淹没水深:选择最大淹没水深计算结果,水深结果应叠在三维仿真环境背景地形信息以上,可立体看出水深情况,水深等级及色卡建议采用图8-2中所示,若水深情况显示不佳,可适当调整透明度等。

　　淹没历时:选择淹没历时计算结果,时间等级及色卡建议采用图8-3中所示。

　　洪水到达时间:选择洪水到达时间计算结果,时间等级及色卡建议采用图8-4中所示。

　　最大流速:选择最大流速计算结果,流速等级及色卡建议采用图8-5中所示。

洪水量级	参数设置		
<0.5 m		R:179 G:204 B:255	C:30 M:20 Y:0 K:0
0.5~1.0 m		R:128 G:153 B:255	C:50 M:40 Y:0 K:0
1.0~2.0 m		R:89 G:128 B:255	C:65 M:50 Y:0 K:0
2.0~3.0 m		R:38 G:115 B:242	C:80 M:50 Y:0 K:5
>3.0 m		R:0 G:77 B:204	C:80 M:50 Y:0 K:20

图8-2　最大淹没水深等级色卡

　　(4)洪水淹没信息统计报表。

　　展示洪水总体淹没情况、不同水深对应的淹没情况、不同行政区淹没情况、主要滩区淹没情况、不同量级洪水总体淹没情况(已计算几个方案,就显示几个方案)等统计报表,单击相应结果选项即可在三维视图中弹出相应统计报表,各报表内容见表8-2~8-7。

表8-2　洪水总体淹没情况

洪水方案	淹没面积(km²)	淹没耕地面积(hm²)	受影响人口(万人)
常遇洪水			

历时等级	参数设置		
<12 h		R:242 G:224 B:179	C:5 M:12 Y:30 K:0
12~24 h		R:224 G:204 B:133	C:12 M:20 Y:48 K:0
1~3 d		R:195 G:160 B:70	C:23 M:37 Y:72 K:0
3~7 d		R:153 G:120 B:25	C:40 M:53 Y:90 K:0
>7 d		R:122 G:90 B:13	C:52 M:65 Y:95 K:0

图 8-3　淹没历时等级色卡

时间等级	参数设置		
<3 h		R:245 G:77 B:25	C:4 M:70 Y:90 K:0
3~6 h		R:245 G:112 B:0	C:0 M:52 Y:100 K:4
6~24 h		R:255 G:153 B:61	C:0 M:40 Y:76 K:0
24~48 h		R:245 G:191 B:115	C:4 M:25 Y:55 K:0
>2 d		R:255 G:217 B:179	C:0 M:15 Y:30 K:0
洪水到达时间等值线	—— 3 h ——	R:245 G:112 B:0	C:0 M:52 Y:100 K:4

图 8-4　洪水达到时间等级色卡

要素	参数设置		
洪水流速	▨ 0.29 m/s	R:230 G:0 B:0	C:10 M:100 Y:100 K:0
	注记:颜色(C:10;M:100;Y:100;K:0);字体(Times New Roman);大小(7 pt)		

图 8-5　最大流速等级色卡

表 8-3　不同水深对应的淹没情况

方案	水深分级	淹没面积（km²）	淹没耕地面积（hm²）	受影响人口（万人）
常遇洪水	0~0.5 m			
	0.5~1 m			
	1~2 m			
	2~3 m			
	3 m 以上			
	合计			

表 8-4　不同行政区淹没情况

方案	省	市	行政区（县）	淹没面积（km²）	淹没耕地面积（hm²）	受影响人口（万人）
常遇洪水	河南省	焦作市	孟州市			
			温县			
			武陟县			
			小计			
		新乡市	封丘县			
			原阳县			
			长垣县			
			小计			
		合计				
	山东省	菏泽市	东明县			
			鄄城县			
			牡丹区			
			小计			
		济南市	槐荫区			
			济阳市			
			济阳县			
			平阴县			
			天桥区			
			章丘市			
			长清区			
			小计			
		合计				
	总计					

表 8-5 主要滩区淹没情况

洪水方案	滩区名称	淹没面积 (km^2)	淹没耕地面积 (hm^2)	受影响人口 （万人）
常遇洪水	温孟滩			
	惠济滩			
	原阳滩			
	中牟滩			
	封丘滩			
	开封滩			
	兰考东明滩			
	贯孟滩			
	长垣滩			
	合计			

表 8-6 不同量级洪水总体淹没情况

洪水方案	淹没面积(km^2)	淹没耕地面积(hm^2)	受影响人口（万人）
常遇洪水			
5 年一遇			
10 年一遇			

表 8-7 洪水淹没村庄统计

省	市	区(县)	乡	村庄	人口	联系人	联系电话
河南省	焦作市						
河南省	郑州市						
山东省	菏泽市						
山东省	济南市						

5.调度预案及历史洪水信息查询

（1）黄河中下游洪水年度调度方案。

能够导入、打开黄河中下游洪水年度调度方案文件。

（2）历史洪水信息查询。

能够导入黄河下游滩区历史典型洪水信息文件、图片等,如果有可能,在三维仿真环境下显示典型洪水的淹没区域。

6.帮助

能够为用户提供必要的帮助。

8.3.3　总体功能

根据系统开发目标和需求进行系统功能设计。满足系统开发目标要求,系统应具有以下功能:

(1)采用高精度地形、影像和地物矢量信息,建立整个黄河下游三维仿真场景。

(2)在海量三维环境下,系统可以快速对整个黄河下游仿真场景进行灵活地交互控制浏览。

(3)在海量三维环境下,系统可以快速对整个黄河下游各类工程地物的属性信息进行定位查询显示。

(4)在海量三维环境下,系统可以仿真洪水水流过程和淹没效果。

(5)系统能够对模型的计算方案进行有效的管理,并对淹没信息进行分析统计。

8.3.4　总体结构

按照系统需求和功能划分,动态演示系统主要包括方案管理、基础信息管理、三维动态演示、淹没信息统计 4 个主要模块,如图 8-6 所示。

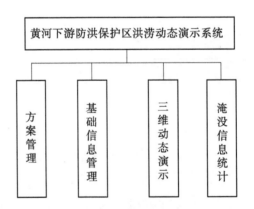

图 8-6　系统总体结构图

8.3.4.1　方案管理

方案管理包括新建方案、删除方案、载入方案以及关闭方案几个功能模块,主要对不同典型洪水下游滩区的洪水淹没情况和洪水演进特性数据进行组织和管理。

8.3.4.2　基础信息管理

基础信息管理包括研究区内县乡、滩区、控导工程、生产堤、水文站、桥梁、大断面、村庄等重要相关信息图层的展示和管理模块,重要实景影像资料以及重要文档信息的组织和管理。

8.3.4.3　三维动态演示

三维动态演示包括渲染模式和淹没信息两大类功能,渲染模式包括真实水面和流向示意图两种表现模式。其中真实水面采用动态纹理构建叠加真实光影效果,逼真地表现洪水淹没过程;流向示意图采用箭头效果真实反映水流的流向和流速,为研究局部水流形态和冲刷情况提供清晰直观的展现。淹没信息包括最大淹没水深、洪水到达时间、淹没历时、最大流速等洪水指标的三维展示。

8.3.4.4　淹没信息统计

淹没信息统计主要包括不同量级洪水总体淹没情况、不同水深淹没情况、不同行政区淹没情况、主要滩区淹没情况、村庄淹没预警等信息的分析统计功能。

8.3.5　部署结构

部署结构见图8-7。

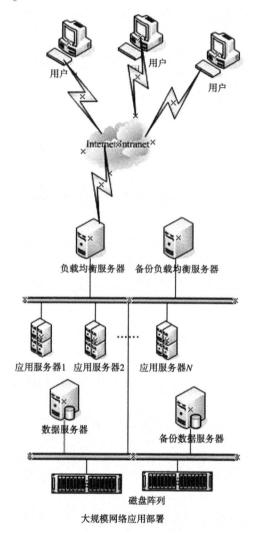

图 8-7　部署结构图

8.3.6　运行环境

（1）服务器运行环境和推荐硬件配置见表8-8。

表 8-8 服务器运行环境和推荐硬件配置

软件环境	操作系统	Microsoft Windows 2003 Server
	支持环境	Apache、Tomcat、Java Runtime Environment
硬件环境	CPU	3.2 GHz 四核
	内存	≥4 GB
	硬盘	≥500 GB
	网络带宽	≥100 Mbps

（2）客户端推荐配置见表 8-9。

表 8-9 客户端推荐配置

硬件环境	硬件	一般配置
	CPU	2.1 GHz 双核
	内存	4 GB
	硬盘	300 GB
	显卡	显存 1 GB 或以上的独立显卡
	网络带宽	100 MB 内网
操作系统		Microsoft Windows 7 以上
驱动		正常安装
支持环境		Microsoft . Net Framework 3.5 SP1

8.4 系统关键技术

（1）海量数据的有效管理问题。

洪水淹没风险动态演示系统需要构建和表现黄河下游的三维虚拟环境，而构建三维虚拟环境的地形、纹理贴图、重点建筑物三维模型等数据是海量的，如何有效存储和管理这些海量数据是流域三维平台建设中的一个关键技术问题。海量数据有效管理主要体现在以下几个方面：

①地形、影像数据分块导入统一管理问题。

②多精度、多分辨率数据的嵌套问题。

③海量场景交互控制平滑浏览问题。

（2）数据的动态更新问题。

系统作为一个服务于治黄工作的应用服务平台，场景数据具有时效性，这就要求组成流域三维地形场景的 DEM（数字高程模型）、DOM（卫星影像）数据及属性数据可以实时更新。如何解决数据的实时动态更新问题是一个关键技术问题。

（3）海量三维环境下的 GIS 分析问题。

在三维虚拟环境下,常常需要进行基于空间位置及高程的分析,包括空间定位、地形断面分析、空间拓扑、库容面积分析等,三维平台需研究在海量三维环境下的 GIS 分析问题。

(4)数学模型结合问题。

如何解决水流演进模型与三维平台的结合应用问题是系统需要解决的关键技术问题。

8.5 三维场景建设

三维场景是整个系统的最基本要素,三维场景的建设就如同建设一个现实世界(或区域)的微缩模型,它要描绘出研究区范围内所有要表现的地球要素。三维场景就是利用先进虚拟现实技术、GIS 技术、三维建模技术在计算机中建设现实工程的实体模型和分析系统工作的虚拟数据对象模型等内容,为调度环境提供空间仿真支持。三维虚拟建设主要包括地形场景建设、三维模型建设、河道等水流构件以及场景合成等。三维场景建设流程见图 8-8。

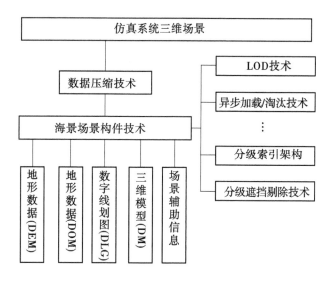

图 8-8　三维场景建设流程

8.5.1 三维地形和影像设计

地形和影像是三维场景建设的基础,直接影响场景的整体视觉效果。根据黄河下游不同精度 DEM、影像数据,构建黄河下游三维虚拟地形,表现黄河下游的地形地貌。根据现有数据和资料,黄河下游三维场景设计统一采用 GCS_WGS_1984 地理坐标系。

8.5.1.1　图像的裁剪和拼接

当研究区范围超出单幅遥感图像所覆盖的范围时,通常需要将两幅或多幅图像拼接起来形成一幅或一系列覆盖全区的较大的图像。

在进行图像的镶嵌时,需要确定一幅参考影像,参考图像将作为输出镶嵌图像的基准,决定镶嵌图像的对比度匹配,以及输出图像的像元大小和数据类型等。镶嵌的两幅或多幅图像选择相同或相近的成像时间,使得图像的色调保持一致。但接边色调相差太大时,可以利用直方图均衡、色彩平滑等使得接边尽量一致,但用于变化信息提取时,相邻影像的色调不允许平滑,避免信息变异。

图像裁剪的目的是将研究区之外的区域去除,常用的是按照行政区划边界或自然区划边界进行图像的分幅裁剪。它的过程可分为两步:矢量栅格化和掩膜计算(mask)。矢量栅格化是将面状矢量数据转化成二值栅格图像文件,文件像元大小与被裁剪图像一致;把二值图像中的裁剪区域的值设为1,区域外取0,与被裁剪图像做交集运算,计算所得图像就是图像裁剪结果。

通过对地形和影像数据的裁剪与拼接,可以构建一套完整吻合的黄河下游地形和影像数据,为后续场景的建设奠定了基础。

8.5.1.2　地形和影像的建立

为了解决大数据加载和显示的速度问题,构建了三维场景平台,并在此基础上建立了地形和影像的编译工具包,更方便了图层的显示和加载。

1.地形图层的建立

场景三维地形信息采用DEM(数字高程模型)来建立。整个流域的场景地形采用整体大场景与局部精细场景相结合的方式来表现。大场景地形采用编译后1:25的2~8级全球数据,细部场景地形采用编译后1:5万的3~6级黄河流域数据。河道水下地形采用基于实测大断面数据的水下地形生产技术实现。这样既能满足整体场景的连续性,也能满足局部场景精细度的要求。

2.影像图层的建立

平面地物的表现方式采用不同分辨率的卫星影像作为地面纹理来表现。首先采用相对低分辨率的卫星影像表现大面积的地物特征,然后采用精细分辨率的卫星影像来表现工程两岸附近的地物特征,包括村庄、道路、田地、城镇等。不同分辨率结合的方式既可以节约经费,又不影响场景的表现精度和功能。影像数据应根据视野不同采用不同分辨率,分辨率最高应在1 m以内。

8.5.2　三维模型设计

三维虚拟场景设计主要包括河道表现方式设计、各类工程表现方式设计、虚拟场景坐标控制方式设计等内容。

8.5.2.1　河道表现方式设计

河道表现方式设计包含两个方面的内容:一个是河道地形的表现设计,另一个是河道平面地物的表现设计。

1.河道地形表现

河道地形表现方式有两种:一种是采用DEM(数字高程模型)来表现河道地形,另一种是采用三维地面模型来表现河道地形。采用DEM或三维地面模型,主要取决于河道地形、范围及河道DEM的精度,如地势比较平坦,范围小并且没有高精度的河道DEM,最好采用三维模型方式表现河道地形,反之采用 DEM 表现河道地形比较好。黄河下游河道虚拟三维场景建设采用三维模型来表现河道地形。

2. 河道平面地物表现

河道平面地物表现方式一般采用高分辨率卫星影像或航空影像作为地面纹理来表现。受资料限制,河道平面地物表现采用 10 m 左右分辨率卫星影像作为地面纹理,基本满足场景需要。

8.5.2.2　各类工程表现方式设计

根据系统设计,研究区各类工程在虚拟三维场景中以工程三维模型的形式来表现。工程三维模型种类有堤防模型、险工模型、防护坝模型、控导工程模型、涵闸模型、桥梁模型、其他实物模型(防汛仓库、管理所及居民地等),模型大小、形状、位置以万分之一矢量图来控制。

三维建模工作采用 3DMAX 软件,模型完成后输出为. 3ds 格式,然后加载到三维平台上。

1. 三维建模设计

对于一些形状相对简单、规则的水工建筑物,如墩、柱、台等,可以利用基本几何体来进行建模。这些基本几何体包括球体(sphere)、圆柱体(cylinder)、立方体(box)及其变化形态,它们都是参数化的,因此创建、调整都很方便。对于稍微复杂些的水工建筑物,可以将它拆分、细化,然后通过基本几何体分别建模后再组装在一起。

组装一般可以使用空间坐标或相对坐标,通过定位的方法来实现。为了便于对模型的进一步操作和在其表面贴材质,最好将它们合并起来。

对于形状复杂、不规则的水工建筑物,如大坝、厂房、渠道、堤防、控导工程、涵闸等大多数水工建筑物都具有复杂的形态,这种类型的模型主要是结合拆分、细化,利用二维图形 → 三维模型的方法来创建。二维图形 → 三维模型的建模方法是先制作建筑物典型剖面的样条曲线,再通过拉伸(extrude)、车削(lathe)、放样(loft)等方法生成三维模型。

一般来说,水工建筑物的造型都比较独特,上述方法有时候不能满足制作要求,可以通过对三维模型的子层级对象点、线、面、体进行编辑操作,使三维模型符合实际建筑物的外形特征。

2. 材质贴图方式设计

材质是体现水工建筑物三维模型真实性视觉效果的主要保证,视觉效果包括颜色、质感、反射、折射、表面粗糙以及纹理等诸多因素,材质设计正是通过对这些因素进行模拟,使场景对象具有某种材料特有的视觉特征。

仿真系统中三维模型的材质使用要达到两个目的:一是真实地表现建筑物的材质效果,二是通过贴图的使用来替代建筑物的某些细节建模,从而达到减小模型文件数据量的目的。

贴图主要通过对实景照片的加工处理获得。作为纹理使用的贴图像素在满足要求的情况下要尽量小,能使用平铺的尽量使用平铺,如砌石、路面、植被等。对于某些细节表现,如门、窗、台阶、沟槽等,通过贴图来表现,会大大减少模型的数据量,且在建筑物外观表现上也能满足要求。对于栅栏这一类物体的表现,可通过纹理和透明处理达到替代建模的目的。

8.5.3　矢量数据集成与加载

三维场景矢量数据包括区县、滩区、险工、生产堤、水文站、桥梁、大断面等。

在统一坐标系的基础上,分别按照不同的工程分类将上述矢量数据导出相应的.kml格式的文件,放入不同的存储空间里,加载到三维场景中,完成矢量数据的正确加载和显示。

8.5.4　场景建设及合成

在虚拟场景建设软件环境下进行虚拟场景的合成,首先调入三维地面模型,然后叠加已经与地形数据配准后的影像数据,生成地形场景,再把各类工程及地物三维模型按照1:1万数字地图的控制位置,逐个的调入,校正每个模型的大小和位置,最后再加上大量的附属地物完成虚拟场景的合成,生成三维虚拟场景。

(1)地形场景生成。

将不同分辨率的各种 DEM 数据经过转换、处理、编辑等工作建立三维地形对象。然后在地形上贴上经过处理的卫星正射影像,生成整个地形场景。

(2)场景中各类工程的合成。

各类工程在场景中的合成要考虑工程之间的关系、工程与地形之间的相对位置关系等,合成中要考虑多种合成方式、方法,除万分之一矢量图的平面信息外,还应结合数字高程模型、卫星影像等作为参照,使工程在合成过程中保持正确的平面位置和高程信息,以及合理的相对位置。

(3)场景中地物、附属地物及各类标识与标注的合成。

非工程类的地物包括了村庄、桥梁等各类模型,附属地物包括了如树木、植被、花草等模型,另外还包括大量的标识、标注等。由于非工程类的地物模型数量巨大,所以合成量也非常巨大,在合成这些物体时,要选择最佳的制作方法来减少对场景浏览速度的影响。

8.6　数据库设计与建设

8.6.1　系统空间数据库设计与建设

系统空间数据库建设的目标主要是控制系统场景建设过程中的各类地物空间形状及位置信息。需要从黄河下游河道1:1万基础地理信息库内提取系统场景建设所需的空间图层信息,按系统场景建设及表现的需要进行加工处理,生成系统空间信息图层,建立系统空间数据库。空间数据库将采用 ERSI 公司的 ArcSDE 来建设。

8.6.1.1　空间数据范围及投影坐标设计

黄河下游基础地理数据的范围,西起三门峡,东至黄河入海口,地理位置位于东经111°20′~119°20′、北纬34°40′~38°00′,河道长约900 km。

投影坐标采用地理坐标(经纬度)格式。按照地形图成图采用的坐标系统,高程采用

1956 年黄海高程系。

8.6.1.2　空间数据内容设计

系统空间数据内容主要包括:黄河小浪底以下 30 m 数字高程模型数据(DEM),1:1 万 DEM 数据,卫星正射影像数据(DOM),分层矢量信息数据(DLG)。

8.6.1.3　分层矢量信息内容及属性设计

根据系统场景建设的需要,进行空间分层矢量信息及内容的设计,系统空间数据库分层矢量信息内容及属性要求如下:

(1)黄河大堤。

①大堤中心线层(dfzxx),线状要素。

②大堤边线层(dfbx),线状要素。

③公里桩位置层(glzh),点状要素,包含岸别、公里桩号属性信息。

④淤区层(ybyl),面状要素,包含堤段、淤区顶面高程、淤区宽度属性信息。

(2)险工。

险工层(xg),线状要素,包含中心线、边线信息以及工程名称属性信息。

(3)防护坝。

防护坝(fhb),线状要素,包含中心线、边线信息以及工程名称属性信息。

(4)控导工程。

控导工程层(kd),线状要素,包含中心线,边线信息以及工程名称属性信息。

(5)居民地。

①居民地层(jmd),面状要素,包含居民地名称、人口、高程等属性信息。

②村台层(cuntai),面状要素,包含名称、面积、高程等属性信息。

(6)行政区划。

①滩区层(tq),面状要素,包含滩区名称、面积、耕地面积、村庄个数、人口、政区等属性信息。

②县级行政区(xjxzq),面状要素,包含名称、面积、耕地面积、村庄个数、人口等属性信息。

(7)水系。

①真形河道层(zxhd)(除黄河主河道外主要支流),面状要素,包含河道名称等属性信息。

②黄河主河道层(hhzhd),面状要素。

③黄河河道中心线(hhzxx),线状要素。

(8)道路。

①防汛道路层(fxdl),线状要素,包含道路名称、编号、路面宽度、路面类型等属性信息。

②主要公路层(zygl),线状要素,包含道路名称、编号、路面宽度、路面类型等属性信息。

③一般公路层(ybgl),线状要素,包含道路名称、编号、路面宽度、路面类型等属性信息。

（9）主要引水渠道。

①渠道中心线层（qdzxx），线状要素，包含渠道名称等属性信息。

②真形渠道层（zxqd），面状要素，包含渠道名称等属性信息。

（10）生产堤。

生产堤中心线层（scdzxx），线状要素，包含生产堤名称等属性信息。

（11）湖泊、坑溏。

湖泊、坑溏层（hpkt），面状要素，包含名称等属性信息。

（12）植被。

植被层（zhib），面状要素，包含植被类型等属性信息。

（13）大断面。

大断面层（yjdm），线状要素，包含断面名称等属性信息。

（14）河务局、水文站位置信息。

①河务局（glj）点状信息，包含名称、归属等属性信息。

②水文站（swz）点状信息，包含名称、归属等属性信息。

（15）桥梁。

桥梁信息层（ql），线状要素，包含桥梁名称、类型等属性信息。

（16）各类涵闸、虹吸等穿堤建筑物。

面状要素，包含名称、类型等属性信息。

8.6.2　系统三维模型库设计与建设

系统虚拟场景建设需要制作大量的工程及地物三维模型，这些模型数据不但包括模型还包括模型贴图，成千上万的模型及模型贴图如采用目录进行管理极易造成混乱，为了对工程及地物模型进行有效管理，系统需建立三维模型库。

8.6.2.1　三维模型库数据结构设计

为了对场景建设中的所有三维模型进行有效管理，经过分析研究设计了按实体特征进行存储，按工程进行组织，按工程地物类型分层的三维模型库总体结构。

所谓按实体特征进行存储，就是首先对所有工程及地物模型进行分类，建立每种类型可能的所有模型，并且对模型进行编号，然后建立实体模型管理数据库对各类实体模型进行管理。

按工程进行组织就是在场景建设环境下，调用实体模型生成所有工程模型，按"数字黄河"工程数据库名称及编码标准对所有工程及地物赋代码名称。

为了组织查询方便，在场景中按"数字黄河"工程分类标准对所有工程地物进行分层，如在场景中工程地物被分为堤防层、险工层、控导工程层、涵闸层、居民地层等工程地物分层。在三维场景中可以按工程地物分层对工程及地物模型进行管理。

8.6.2.2　三维实体模型数据管理方式设计与开发

1）建立三维实体模型库

采用关系型数据库建立三维实体模型库，该数据库主要用于对所有按实体特征进行分类的三维模型进行管理，不但要管理模型本身，而且要管理实体模型的贴图数据。根据系统实体模型分类情况,需建立堤防模型数据表、坝垛模型数据表、建筑物模型数据表、标志牌模型数据表、树木花草模型数据表等。每类三维模型数据表内容包括:

实体编号字段:存储实体模型编号。

实体名称字段:存储实体模型名称。

实体描述字段:对实体进行描述。

三维模型:采用长二进制字段存储三维模型框架。

模型贴图:采用长二进制字段存储三维模型贴图。

采用以上实体模型数据库对系统开发所需的三维实体模型进行管理。

2)三维场景中工程及地物建设

在进行三维场景建设时,可以利用虚拟场景建设软件连接到三维实体模型库,通过选择其中的实体模型,组合成与现实实境相对应的三维场景中的工程及地物,根据"数字黄河"工程建设标准对工程及地物赋名称代码,完成虚拟场景工程地物合成。

3)工程及地物场景模型管理

在三维虚拟环境下,工程及地物数据量巨大,为了在三维环境下对工程地物进行有效管理,设计了三维工程地物分层管理模式。把具有相同属性的同类工程地物放入一个层,通过层管理即可以建立相同工程地物之间的关联,而且可以通过层快速查询某处工程地物,不需要在查询时遍历所有的工程地物,可以大大提高在三维环境下查询显示效率。

8.6.3　系统属性数据库的设计与建设

系统属性数据库主要用于对黄河下游各类工程地物属性数据的管理,是系统实现交互查询的基础,属性数据库的设计与建设是系统数据库开发的重点。

8.6.3.1　系统属性数据分析

在对黄河下游工程查勘及用户调研的基础上,整理分析了用户对系统在信息表现内容及信息安全性和完整性方面的需求。

1.属性信息表现内容

根据系统需求,系统应尽可能全面反映以下各类工程及非工程的属性数据:堤防(包括堤防道路、淤背、淤临、前后戗等)、险工、控导(护滩)、防护坝、涵闸、水库(小浪底、西霞院)、测淤断面、渠道、滩区、滞洪区、防汛道路及料物、水文站及水质监测站等。

(1)堤防。

以 1 km 为 1 个单元;堤防信息包括该段大堤的基本属性及现状,主要有所属市县局、堤防类别、岸别、桩号、堤顶高程、宽度、堤防路面、临河有无防浪林及相关防浪林情况、有无淤区及相关淤区情况、有无前后戗及相关前后戗情况、有无截渗墙及相关截渗墙情况。其中:

堤防路面:以段为单元,属性相同的为一段,包括起止桩号、长度、基层结构、面层结构、面层厚、路面宽、竣工日期、路况、投资来源等信息。

临河防浪林:以段为单元,属性相同的为一段,包括树种、树龄、宽度等信息。

淤临及淤背区:以段为单元,属性相同的为一段,包括临背情况、淤区起止桩号、工程长度、淤区宽度、边坡、淤区面积、已盖顶淤区面积、有否植被、植被种类等信息。

前后戗:以段为单元,属性相同的为一段,包括戗别、起止桩号、长度、戗台级别、戗顶宽度、戗顶高程、边坡、修筑时间等信息。

截渗墙:以段为单元,属性相同的为一段,包括起止桩号、混凝土长度、铺塑长度、其他长度、底高程、深度、厚度、修筑时间等信息。

(2)险工。

以处为单位。险工信息包括该处险工的基本属性及现状,主要有所属市县局、岸别、始建年份、险工名称、起止桩号、工程长度、护砌长度、平面形式、坝岸类型(坝、垛、岸)、坝身结构(乱石、扣石、砌石、其他)、设计洪水标准、防洪备料等。其中:

坝垛:以每道坝(垛)为单元,包含坝号、修建年月、裹护长度、坝顶宽度、坝顶高程、坝头形式、工程结构、根石深度、根石坡度、备方石、累计用石量等信息。

(3)控导(护滩)。

以处为单位。控导(护滩)信息包括该处控导(护滩)的基本属性及现状,主要有所属市县局、岸别、始建年份、起止桩号、工程长度、护砌长度、平面形式、坝岸类型(坝、垛、岸)、所护滩区的基本社会经济情况(滩区面积、村庄数、人口数、耕地数等)、设计水位、防洪备料等。其中:

坝垛:以每道坝(垛)为单位,包含坝号、修建年月、裹护长度、坝顶宽度、坝顶高程、坝头形式、工程结构、根石深度、根石坡度、备方石、累计用石量等信息。

(4)防护坝。

以处为单位。防护坝信息包括该处防护坝的基本属性及现状,主要有所属市县局、岸别、工程名称、起止桩号、坝数、裹护长度等。其中:

坝垛:以每道坝(垛)为单位,包含坝号、修建年月、裹护长度、坝顶宽度、坝顶高程、坝头形式、工程结构、根石深度、根石坡度、备方石、累计用石量等信息。

(5)涵闸。

以座为单位。涵闸主要分为两大类,一类是引黄涵闸,另一类是分泄洪闸。

引黄涵闸信息包括该涵闸的基本属性及现状,主要有所属市县局、岸别、桩号、涵闸结构、孔数、孔口尺寸、设计流量、加大流量、设计防洪水位、校核防洪水位、底板高程、堤顶高程、设计灌溉面积、实际灌溉面积、修(改)建时间、闸后围堰高程、改建情况等。

分泄洪闸信息包括该分泄洪闸的基本属性及现状,主要有所属市县局、岸别、堤防类别、桩号、涵闸结构、孔数、孔口尺寸、设计流量、校核流量、设计防洪水位、校核防洪水位、底板高程、公路桥面高程、闸门形式、启闭机形式、启闭能力、修(改)建竣工时间、闸前围堰高程、改建情况等。

(6)水库。

以座为单位。系统中现有1座水库——小浪底水库。小浪底水库信息主要包括小浪底水库的主要技术经济指标、主要技术指标。

其中,主要技术经济指标信息包括:

①坝址以上流域面积。

②坝址岩石。

③水文特征:主要有多年平均降水量、多年平均流量、多年平均径流量、多年平均输沙

量、调查最大流量、实测最大流量、设计洪峰总量、校核洪峰流量、校核洪水总量等信息。

④水库特征：主要有调节性能、设计洪水位、校核洪水位、正常高水位、死水位、总库容、防洪库容等信息。

⑤正常溢洪道：主要有形式、堰顶高程净宽、最大泄量、闸门形式、闸门尺寸、启闭设备、消能形式等信息。

⑥非常溢洪道：主要有形式、堰顶高程、堰底高程、堰顶宽度、最大泄量等信息。

⑦输引水道：主要有形式、断面尺寸、长度、进口高程、底坎高程、闸门尺寸、最大输引水量等信息。

⑧发电站：主要有形式、厂房尺寸等。

主要技术指标包括：

①水库特征：主要有兴利库容、死库容。

②主坝情况：主要有坝型、坝顶高程、最大坝高、坝顶长度、坝顶宽度、坝基防渗形式、坝体工程量等。

③副坝情况：主要有坝型、坝顶高程、坝高、坝顶长度、坝顶宽度、坝体工程量等。

④泄洪洞：主要有形式、断面尺寸、洞长、进口底坎高程、闸门型式尺寸、最大泄量等。

⑤发电站：主要有装机容量、保证出力、年电量、年利用小时、最大最小设计水头、水轮机型号、主变压器等。

⑥效益：灌溉面积、发电量等。

（7）滩区。

以个为单位。滩区信息包括该县滩区的社会经济基本信息，主要有所属市县区、岸别、滩区个数、总面积、耕地面积、滩区村庄、人口、房屋、房台面积、村台面积、避水台面积、平均地面高程、漫滩流量、撤退道路、近三年国民生产总值、农民人均收入情况等。

（8）滞洪区、展宽区。

滞洪区、展宽区信息包括该区的社会经济情况，主要有滞洪区、展宽区的面积、防洪水位，各县市的面积、耕地、乡镇数、村庄数、人口、需外迁人口、村台个数、台顶面积、台上人口等。

（9）村庄、村台。

村庄、村台信息以村为单元。村庄、村台信息主要包括其位置、所属乡（镇）、县（市、区）、人口、村台面积、村台高程等。

（10）防汛道路、撤退道路。

以条为单位。防汛道路信息主要包括该条防汛道路的所属市县局、起止位置、长度、路面形式、宽度、公路等级、作用、存在的主要问题等。

（11）防汛仓库。

以座为单位。防汛仓库信息主要包括该座防汛仓库基本位置、建筑面积、管理单位及主要库存料物情况，包括所属市县局、岸别、建筑面积、管理单位、石料、铅丝、麻料、袋类、蓬布、抢险活动房、土工布、编织布、救生衣、沙石料、冲锋舟、油锯、查水灯具、发电机组等。

（12）测淤断面。

以个为单位。测淤断面信息主要包括该道断面的历年冲淤变化情况，包括断面名称、所属市县局、历年测量数据（每年汛前一次，汛后一次）等。

(13)水文站及水质监测站。

水文站及水质监测站信息包括水文站的基本概况及该段水沙水文特征等。主要有测站概况、水沙特征信息、水文特征、河段断面信息、主要测验项目、设施设备、测量仪器,以及报汛情况、通信设备、电力供应、交通工具、人员情况等。

2. 信息安全性、完整性

信息安全性是指保护信息以防止恶意的破坏和非法的存取。要求对这些信息进行安全控制,对不同用户、不同数据设计不同的访问、存取权限。信息完整性是指数据的正确性和相容性,防止数据库中存在不符合语义的数据,防止错误信息的输入和输出。信息完整性是在数据库中以完整性约束条件来进行保证的。

8.6.3.2　系统属性数据库概念结构设计

在数据分析的基础上,进行系统数据库的概念结构设计。本项目采用 E—R 图设计组织模式的方法进行数据库概念结构设计。

根据数据分析结果,在系统中主要有以下实体:

·险工	·控导(护滩)	·防护坝
·坝垛护岸	·堤防断面	·堤顶路况
·前后戗	·机淤固堤	·截渗墙
·防浪林	·测淤断面	·分泄洪闸
·引黄涵闸	·滩区	·村庄村台
·防汛仓库	·防汛道路	·滞洪区
·水文测站	·水库	

这些实体都存在于三维虚拟场景中,通过对场景中这些实体的点击,可以查询到它们相应的属性。

系统属性数据整体 E—R 图中各实体所具有的属性见图 8-9。

8.6.3.3　系统属性数据库逻辑结构设计

把系统属性数据库概念结构设计中的原始数据进行分解、合并后重新组织起来,形成系统属性数据库全局逻辑结构,包括所确定的关键字和属性、重新确定的记录结构和文卷结构、所建立的各个文卷之间的相互关系。

系统属性数据库共包含 23 个表:工程代码表、险工属性表、控导属性表、防护坝属性表、坝垛及护岸属性表、堤防断面属性表、堤顶路况属性表、前后戗属性表、淤区属性表、截渗墙属性表、防浪林属性表、测淤断面属性表、分泄洪闸属性表、引黄涵闸属性表、滩区属性表、防汛仓库属性表、防汛道路属性表、滞洪区属性表、村庄村台属性表、水库属性表、水文测站属性表、工程图片表、工程影像表等。

8.6.4　系统方案数据库的设计与建设

根据三维表现需要及虚拟现实实时浏览技术的需要,设计建设三维方案数据库。

三维场景对数学模型计算结果的表现是以某个时段的计算结果网格为最小单元的,是对某个时段每个网格内所包含的高程、水流流向及流速等要素予以三维可视化表现,从而实现对整个研究河段水流演进的三维模拟表现。网格结构是模型三维表现的基本载

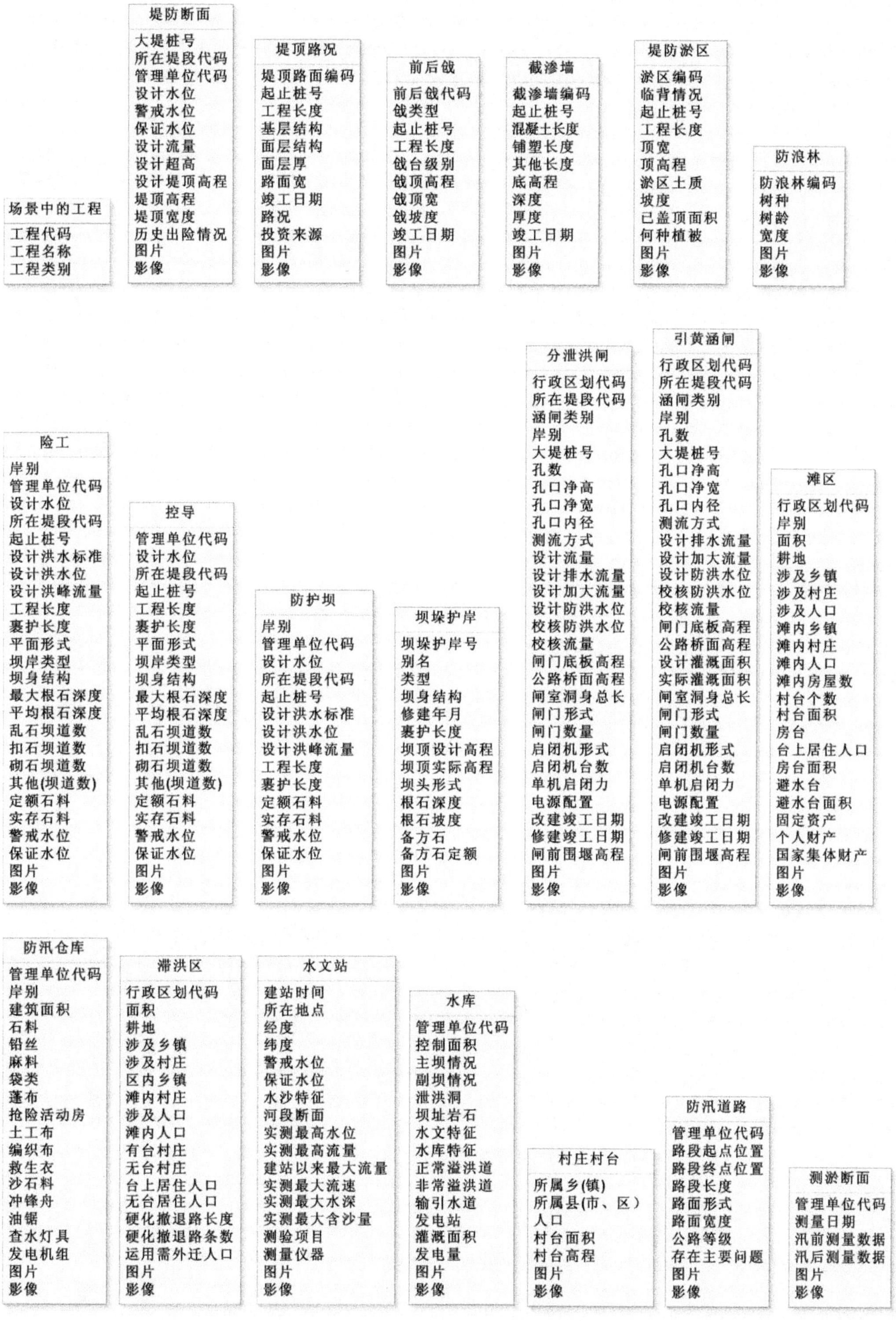

堤防断面
大堤桩号
所在堤段代码
管理单位代码
设计水位
警戒水位
保证水位
设计流量
设计超高
设计堤顶高程
堤顶高程
堤顶宽度
历史出险情况
图片
影像

堤顶路况
堤顶路面编码
起止桩号
工程长度
基层结构
面层结构
面层厚
路面宽
竣工日期
路况
投资来源
图片
影像

前后戗
前后戗代码
戗类型
起止桩号
工程长度
戗台级别
戗顶高程
戗顶宽
竣工日期
图片
影像

截渗墙
截渗墙编码
起止桩号
混凝土长度
铺塑长度
其他长度
底高程
深度
厚度
竣工日期
图片
影像

堤防淤区
淤区编码
临背情况
起止桩号
工程长度
顶宽
顶高程
淤区土质
坡度
已盖顶面积
何种植被
图片
影像

防浪林
防浪林编码
树种
树龄
宽度
图片
影像

场景中的工程
工程代码
工程名称
工程类别

险工
岸别
管理单位代码
设计水位
所在堤段代码
起止桩号
设计洪水标准
设计洪水位
设计洪峰流量
工程长度
裹护长度
平面形式
坝岸类型
坝身结构
最大根石深度
平均根石深度
乱石坝道数
扣石坝道数
砌石坝道数
其他(坝道数)
定额石料
实存石料
警戒水位
保证水位
图片
影像

控导
管理单位代码
岸别
所在堤段代码
起止桩号
工程长度
裹护长度
平面形式
坝岸类型
最大根石深度
平均根石深度
乱石坝道数
扣石坝道数
砌石坝道数
其他(坝道数)
定额石料
实存石料
警戒水位
保证水位
图片
影像

防护坝
岸别
管理单位代码
设计水位
所在堤段代码
起止桩号
设计洪水标准
设计洪水位
设计洪峰流量
工程长度
裹护长度
定额石料
实存石料
警戒水位
保证水位
图片
影像

坝垛护岸
坝垛护岸号
别名
类型
坝身结构
修建年月
裹护长度
坝顶设计高程
坝顶实际高程
坝头形式
根石深度
根石坡度
备方石
备方石定额
图片
影像

分泄洪闸
行政区划代码
所在堤段代码
涵闸类别
岸别
大堤桩号
孔数
孔口净高
孔口净宽
孔口内径
测流方式
设计流量
设计排水流量
设计加大流量
校核防洪水位
校核流量
闸门底板高程
公路桥面高程
闸室洞身总长
闸门形式
闸门数量
启闭机形式
启闭机台数
单机启闭力
电源配置
改建竣工日期
修建竣工日期
闸前围堰高程
图片
影像

引黄涵闸
行政区划代码
所在堤段代码
涵闸类别
岸别
大堤桩号
孔口净高
孔口净宽
孔口内径
测流方式
设计排水流量
设计防洪水位
校核防洪水位
校核流量
闸门底板高程
公路桥面高程
设计灌溉面积
实际灌溉面积
闸室洞身总长
闸门形式
闸门形式
启闭机形式
启闭机台数
单机启闭力
电源配置
改建竣工日期
修建竣工日期
闸前围堰高程
图片
影像

滩区
行政区划代码
岸别
面积
耕地
涉及乡镇
涉及村庄
涉及人口
滩内乡镇
滩内村庄
滩内人口
滩内房屋数
村台个数
村台面积
房台
台上居住人口
房台面积
避水台
避水台面积
固定资产
个人财产
国家集体财产
图片
影像

防汛仓库
管理单位代码
岸别
建筑面积
石料
铅丝
麻料
袋类
蓬布
抢险活动房
土工布
编织布
救生衣
沙石料
冲锋舟
油锯
查水灯具
发电机组
图片
影像

滞洪区
行政区划代码
面积
耕地
涉及乡镇
涉及村庄
区内乡镇
滩内村庄
涉及人口
滩内人口
有台村庄
无台村庄
台上居住人口
无台居住人口
硬化撤退路长度
硬化撤退路条数
运用需外迁人口
图片
影像

水文站
建站时间
所在地点
经度
纬度
警戒水位
保证水位
水沙特征
河段断面
实测最高水位
实测最高流量
建站以来最大流量
实测最大流速
实测最大水深
实测最大含沙量
测验项目
测量仪器
图片
影像

水库
管理单位代码
控制面积
主坝情况
副坝情况
泄洪洞
坝址岩石
水文特征
正常溢道
非常溢洪道
输引水道
灌溉面积
发电量
图片
影像

村庄村台
所属乡(镇)
所属县(市、区)
人口
村台面积
村台高程
图片
影像

防汛道路
管理单位代码
路段起点位置
路段终点位置
路段长度
路面形式
路面宽度
公路等级
存在主要问题
图片
影像

测淤断面
管理单位代码
测量日期
汛前测量数据
汛后测量数据
图片
影像

图 8-9 E－R 图中各实体属性

体。三维场景要对数学模型的多种方案结果进行三维模拟表现,因此数据库中应该设计存储有方案相关信息,便于三维场景根据用户需要,调用相应的方案结果进行三维表现。

　　数据库主要设计有四类数据表:方案基本情况表、节点数据表、拓扑数据表、方案数据表。

　　方案基本情况表 Tbl_scheme:存储管理方案基本信息,包括方案编码、方案名称、分断面数量、网格节点数量、网格拓扑数量、备注等。

　　节点数据表 Tbl_node:存储管理河段网格节点信息,包括方案编码、断面号、节点数量、节点数据(包括节点编码、x、y、z)等。

　　拓扑数据表 Tbl_topological:存储管理河段网格拓扑结构信息,包括方案编码、拓扑数量、拓扑结构(包括网格编码、三个顶点的节点编码)等。

　　方案数据表 Tbl_××××××××:针对每个方案建立一个独立的方案数据表,表名中"××××××××"是某一方案的编码。存储管理某一方案河段网格内分断面每个节点各时段的流速及沙量信息,包括时段、断面号、流速及沙量信息等。

　　各数据表结构详见表 8-10~表 8-13。

表 8-10　方案基本情况

序号	字段	类型及长度	备注
1	PlanCode	Char(11)	方案编码
2	PlanName	Char(30)	方案名称
3	NumSeg	Integer	断面数量
4	NumNode	Integer	节点数量
5	NumTopo	Integer	拓扑数量
6	Remark	Char(200)	备注

表 8-11　节点数据

序号	字段	类型及长度	备注
1	PlanCode	Char(11)	方案编码
2	SegCode	Char(2)	断面号
3	NumNode	Integer	节点数量
4	DataNode	BLOB	节点数据

表 8-12　拓扑数据

序号	字段	类型及长度	备注
1	PlanCode	Char(11)	方案编码
2	NumTopo	Char(2)	拓扑数量
3	StruTopo	BLOB	拓扑结构

表 8-13　方案数据

序号	字段	类型及长度	备注
1	TimeSeg	Char(10)	时段
2	SegCode	Char(2)	断面号
3	Sl	Blob	流速及沙量

8.7　动态演示系统

8.7.1　系统基础功能

8.7.1.1　场景浏览

1. 常用浏览功能

系统提供基本的浏览功能和控制功能,用户可通过键盘、鼠标及导航面板等方式浏览和控制场景。

(1)缩放。以当前场景窗口范围的中心点为中心,实现场景的放大、缩小。

(2)平移。用户可以使用平移功能对场景进行任意方向的移动。俯仰角、视点高度保持不变。

(3)旋转。以当前场景窗口范围的中心点为中心,实现场景的旋转。旋转不会改变俯仰角。旋转时指北针相应旋转。

(4)高度。用户可以使用高度功能对浏览场景的高度进行变换。方向、俯仰角、位置保持不变。

2. 步行浏览

步行浏览分为第一人称步行和第三人称步行。当用户选择第一人称步行时,可以通过键盘(上下左右、UJHK、WSAD)来控步行者的俯仰、旋转、朝向和步行。可调整步行速度;当用户选择第三人称步行时,场景中出现人物模型。可以通过键盘(上下左右、UJHK)来控步行者的旋转、朝向和步行,亦可调整步行速度。

步行控制:

步行浏览不能步行到地形之下,及地形碰撞。

当用户退出步行浏览时,场景需平滑切换到该场景顶视、正北。

3. 车行浏览

(1)沿着定义好的路线进行车行浏览。

(2)车行过程中,可以选择是否显示车辆模型,可以选择车辆模型的样式。

(3)如果显示车辆模型,模型一直沿线车行,摄像机默认和车辆的相对位置固定。

(4)无论路线是否贴地,车辆贴地行驶。

(5)通过车行控制面板来控制车辆在路线上的位置,以及车辆的行驶速度。

(6)通过键盘(上下左右、PgUp、PgDn)来控制摄像机的俯仰、旋转、朝向。同时,可通过某种手段设置摄像机的任意位置。

4. 车行路线面板

车行路线面板中存放用户绘制的车行路线。车行路线以树型结构形式展示,双击路线名称或者选择一条车行路线,点击"开始车行"按钮后,开始车行。

5. 路线编辑

用户可以对路线重命名,新增路线,删除路线,编辑路线的颜色、宽度,编辑路线上每个站点的名称、位置,增加路线上站点数量。

用户新增路线时,在场景中绘制车行路线,对路线命名。路线将自动添加到树中,点击可以车行。用户自定义的路线需自动保存下来,下次登录本系统该车行路线依然存在。

编辑路线站点位置时,被用户选中的站点颜色发生变化,用户可随意拖动以修过被选中站点位置。路线处于可编辑状态时,可增加新的站点。

6. 飞行浏览

沿着定义好的路线进行飞行。

(1)飞行过程中,可以选择是否显示飞机模型,可以选择飞机模型的样式。

(2)如果显示飞机模型,模型一直沿线飞行,摄像机默认和飞机的相对位置固定。

通过飞行控制面板来控制飞机在路线上的位置,以及飞机的飞行速度。

通过键盘(上下左右、PgUp、PgDn)来控制摄像机的俯仰、旋转、朝向。

7. 飞行控制

飞行时,在转角比较小时,飞行不是突变转向,而应该是以比较圆滑的弧形转向,要保证在飞行过程中视点一直向着飞行的方向。

8. 飞行路线面板

飞行路线面板中设置系统路线和自定义路线。

在场景配置时,可以预先定义好一些飞行路线,每一个使用系统的用户都可以使用这些路线进行飞行。用户亦可根据自定义飞行路线。

预定义路线按照树形结构形式展示,双击路线名称或者选择一条飞行路线,点击"开始"飞行按钮后,开始飞行。

9. 鹰眼图

系统提供鹰眼(缩略图)功能,可以在鹰眼窗口中显示三维窗口的当前视点位置及范围,用户点击鹰眼图某一位置时,三维窗口的当前视点将跳到相应位置。

10. 兴趣点导航

系统提供添加、删除视点、视点浏览功能。用户点击视点,场景快速平滑飞行至视点。

8.7.1.2　图层控制

系统提供图层管理功能,可以将场景中的数据按层次分类组织(类似 Windows 资源管理器,分类型分文件夹管理和控制),如地形、影像、各类矢量图层(如灌区、保护区等)。

1. 数据的组织和表现形式

系统所有空间数据逻辑上均统一按图层进行组织和表现,但可以将数据类型、性质或用途相近的一些图层划分为同一目录,目录下包含一个或多个图层,目录下也可再建立子目录,图层表现为树状结构。

主要分类:地形、影像、河堤、灌区、引退水节点、水库、水资源分区等。其中引退水节点按照行政区域划分。

2. 图层控制

系统提供图层控制功能,可控制每一类数据的显示与隐藏。

用鼠标点击复选框▢(CheckBox),设置该图层在场景中是否可见。▢表示该图层在场景中不可见,☑表示该图层在场景中可见。

每个图层都有相应的图层图例标识,用以区分图层类型或性质。

8.7.1.3　查询定位

场景查询可操作的对象包括:矢量层内对象(灌区)、模型层内对象(重点水库以及涵闸)、匹配模型层内对象(输水线路)。

1. 空间查询

(1)点选查询。

用户可以使用点选功能选中一个水量调度工程,返回工程名称和 ID 信息,根据此信息进行数据查询,返回工程信息。

(2)框选查询。

用户可以在三维场景中任意的框选给定类型的工程,系统可以统计选中的工程信息。

(3)查询显示。

查询显示模块采用表单、图表、图片、影像等方式显示工程的属性信息、历史信息、位置关系等。表单和图表方式主要用于表现工程详细的属性信息,例如引水闸的引水流量、闸门孔数、类型等信息,这部分数据信息量较大,表单的方式表现直接。图片方式有两种数据资源:一种是工程的实景照片,另一种是工程的设计图纸等。图片方式可以辅助三维场景中的模型本身了解工程的实际情况和设计数据。两类表现方式各有优缺点,在属性查询显示模块中,根据工程地物类型不同,采取了各种表现方式相结合的原则进行设计。

2. 定位

系统提供目标定位功能,可以在场景中定位某一目标,如水库、涵闸等,定位后目标本身能够突出显示。

(1)查询定位。

用户通过空间和属性查询功能查询到一个地物后,点击查询结果列表中的名称后,将自动平滑地移动场景,居中该物体(以一定范围、角度居中),显示信息。

(2)双击定位。

如果双击一个位置,将自动平滑地移动场景,以固定范围、固定角度居中显示这个位置。

(3)经纬度定位。

经纬度定位,输入经纬度信息,场景直接平滑飞行切换到以输入经纬度为中心的小场景。

8.7.1.4　三维空间分析

1.测量水平距离

水平距离测量为水平投影距离,支持多点连续测量。水平距离的投影平面以所有测量点的高程最高点建立投影连接线。

2.测量垂直距离

测量垂直距离为两点在垂直方向上的投影距离。

3.测量空间距离

空间距离测量为两点间的直线距离,支持多点连续测量。

4.测量水平面积

水平面积测量为水平投影面积,支持多点连续测量。

5.两点通视分析

两点通视分析为场景中任意两点之间在直线方向上的可视性,即在观测点和目标点之间不存在妨碍视线的障碍物(地形、建筑物等)。

8.7.2　三维环境下水流演进及洪水淹没过程表现方式研究

水流演进动态显示技术是综合运用三维 GIS 技术和虚拟现实技术,在三维场景基础上,根据数学模型计算的结果信息构建一个基于 GIS 的三维水面层,并利用纹理映射技术将水流的表现效果、水流速度矢量等信息叠加到水面层上,从而实现黄河下游河道内外的地形地物、景观、水流演进和洪水淹没变化过程的动态显示。

水流演进过程的表现方式需要以下几个关键技术:

(1)三维水面的构建。根据数学模型空间信息(节点的地理信息和网格的拓扑结构)以及某一时刻水位(水深)信息创建三维水面层。

(2)纹理映射。根据计算单元上每个节点的位置、流速方向、大小建立每个单元网格纹理矩阵,把纹理叠加在水面上。

(3)水流流动。通过模型数据驱动的矩阵变换实现水面的仿真流动。在每一帧三维渲染过程中,根据水流流速大小设置纹理偏移量来实现水面流动。同时,根据流速大小计算帧画面渲染所需的时间。

(4)洪水动态演进。随着计算时刻的改变,不断读取更换每个三角网格单元的水位、流速等计算结果来实现洪水演进的动态显示。

8.7.2.1　三维水面构建

早期的网格模型,多采用基于 TIN 的层次结构三角剖分来生成,但是由于计算量大,不适合于实时交互需要。Klein 采用一种与视点相关的 TIN 数据结构来表示交互中的集合信息。当视点改变时,采用 Delaunay 三角剖分法重构 TIN。这种方法虽然可以精确控制误差,但是局部的修改会影响到全局,从而影响到整体速度。Luebke 等提出了一种基于顶点数的简化算法,它可以对任意几何模型进行简化。Hoppe 将他提出的渐进式网格模型也应用到复杂的几何模型当中,并且提供了与视点相关的支持。根据数学模型提供的基于 GIS 的节点地理信息和网格结构,系统采用渐进网格对象生成三维水面。

渐进网格对象由模型中所有不规则三角形网格构成。单个网格(见图 8-10)由三个顶点 Vertext1、Vextext2、Vextext3 和法向量(Normal Vector)组成。

三角网格结构数据从二维水沙模型结果数据中拓扑结构中获得,结构如下:

```
Public Type UTTriangle
        TriID As Long              '网格编号
        Node1 As Long              '网格中定点节点编号
        Node2 As Long
        Node3 As Long
End Type
```

顶点数据从模型结果的节点数据中获得,顶点1(Vertex1)的结构如下:

```
Public Type UTRiverNode
        NodeID As Long             '节点编号
        x As Single                '节点坐标
        y As Single
        z As Single
End Type
```

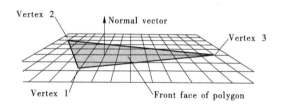

图 8-10　三维水面的三角形构成

构成的三维水面(见图8-11)在三维场景中管理方式是基于节点管理,即生成的对象是三维场景中的一个或多个节点对象。三维仿真系统可以方便地像管理其他节点信息一样管理三维水面节点。

8.7.2.2　纹理映射方法研究

根据计算单元上每个节点的位置、流速方向和大小生成纹理矩阵,把纹理叠加到水面上。在纹理映射过程中,关键是计算出纹理纵向坐标和横向坐标、纹理纵向偏移量和横向偏移量。

三维视景中纹理对象的结构见表8-14。

叠加不同的纹理矩阵可以反映不同的水流效果,如图8-12和图8-13所示。

8.7.2.3　水流流动仿真

系统通过模型数据驱动的矩阵变换实现水面的仿真流动。

三维 GIS 中使用二维 4×4 矩阵,这意味着在 3D 中有 4 个水平参数和 4 个垂直参数,一共 16 个。

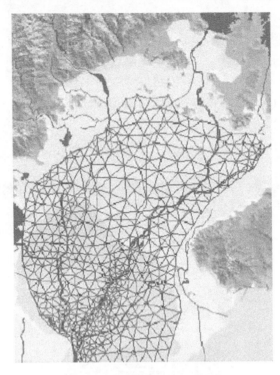

图 8-11   生成后的三维水面节点

表 8-14   三维视景中纹理对象的结构

mat	S_PMMaterial 材质
	其中
	lSize：Long
	diffuse：S_Vec3 材质的漫射分量
	ambient：S_Vec3 材质的环境分量
	specular：S_Vec3 材质的高光分量
	emissive：S_Vec3 材质的自发光分量
	alpha：Single 材质的透明度分量
	smooth：Boolean 材质表面是否为光滑的
	twoside：Boolean 双面材质
Texture	S_PMTexture 纹理数组的第一个元素
	lSize：Long
	textureMatrix：S_Matrix 纹理矩阵
	textureName：String 纹理文件名

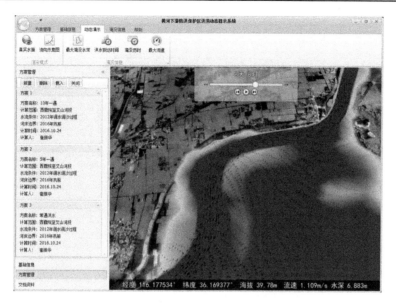

图 8-12　流场的表现方式

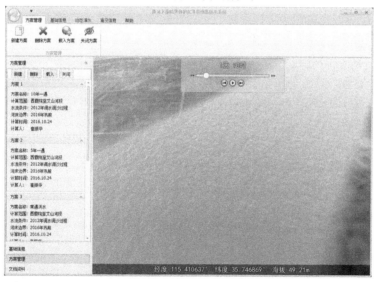

图 8-13　真实水流的表现方式

4×4 单位矩阵：

$$\begin{vmatrix} 1 & 0 & 0 & 0 \\ 0 & 1 & 0 & 0 \\ 0 & 0 & 1 & 0 \\ 0 & 0 & 0 & 1 \end{vmatrix}$$

平移(t_x, t_y, t_z)的矩阵：

$$\begin{vmatrix} 1 & 0 & 0 & 0 \\ 0 & 1 & 0 & 0 \\ 0 & 0 & 1 & 0 \end{vmatrix}$$

$| \ t_x \ t_y \ t_z \ 1 \ |$

由以上的矩阵平移方法可以设计水流流动的方法,下面是在程序中的实现:

```
void MAT_Identity(float mat[4][4])          //定义单位阵
{
mat[0][0]=1; mat[0][1]=0; mat[0][2]=0; mat[0][3]=0;
mat[1][0]=0; mat[1][1]=1; mat[1][2]=0; mat[1][3]=0;
mat[2][0]=0; mat[2][1]=0; mat[2][2]=1; mat[2][3]=0;
mat[3][0]=0; mat[3][1]=0; mat[3][2]=0; mat[3][3]=1;
}
void TR_Translate(float matrix[4][4],float tx,float ty,float tz)
{
    float tmat[4][4];
tmat[0][0]=1; tmat[0][1]=0; tmat[0][2]=0; tmat[0][3]=0;
tmat[1][0]=0; tmat[1][1]=1; tmat[1][2]=0; tmat[1][3]=0;
tmat[2][0]=0; tmat[2][1]=0; tmat[2][2]=1; tmat[2][3]=0;
tmat[3][0]=tx; tmat[3][1]=ty; tmat[3][2]=tz; tmat[3][3]=1;
MAT_Mult(matrix,tmat,mat1);
Miscopy(mat1,matrix);
} //tx,ty. tz－－－－－－－平移参数
//matrix－－－－－－－－源矩阵和目标矩阵
//矩阵平移函数
```

因此,整个水流流动的方法可以分为以下几个步骤:

(1)获得水面每一个三角网格的矩阵信息。

(2)根据每个网格的流速和三维系统的渲染速度,计算出该网格纹理矩阵变化的幅度。

(3)在三维系统的每一帧渲染中,进行纹理矩阵的变化。

8.7.2.4　洪水动态演进方法研究

演进模型计算结果中,每一个单位步长的时刻都有一系列基于 GIS 的流场数据,它们包含节点的空间位置、流速等信息。单纯地描述一个系列的数据只能获得一个相对静止的水流过程,无法描述出一场洪水的淹没变化。

为了实现洪水动态演进的效果,系统采用了电影胶片的手法,随着计算时刻的改变,不断更换三维水面节点中每个三角单元的水位、流速、含沙量等计算结果来实现洪水演进的动态显示。

为了提高系统的效率,降低程序的空间和时间的复杂度,我们将节点中在各个时刻存在相对变化的数据水面高程、流速、浓度提出来,保留相对稳定节点位置信息。提出数据的结构信息如下:

```
Public Type NLVData
    hW As Single
```

U As Single	'X 方向流速
V As Single	'Y 方向流速
W As Single	'Z 方向流速
S As Single	'沙量

End Type

实现的洪水演进过程如图 8-14 所示。

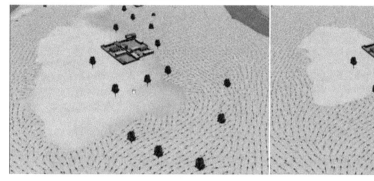

图 8-14　洪水动态演进过程

通过系统与数学模型结合,可动态直观地反映水流在河道中的演进过程,可以清楚直观地反映洪水在什么时间演进到什么地方;哪个地方先淹,哪个地方后淹;哪处控导工程靠溜,哪座控导工程不靠溜;哪段堤防临水,哪段堤防不临水等,与防汛有关的重要信息都可以非常直观地反映出来。

8.7.2.5　三维环境下淹没水深的表现方式研究

为了更为直观地表现洪水淹没水深情况,首先根据模型计算网格,在系统上构建水流表现,建立一个与水深有关的高度场,将水面纹理色彩与高度场色彩进行叠加,建立水面纹理色彩深度与深度的关系,通过数学模型计算结果动态改变水流纹理颜色,直观表现洪水淹没的深度。

纹理色彩变换方法采用芒塞尔彩色空间变换。在计算机内定量处理色彩时通常采用 RGB(Red、Green、Blue) 表色系统,但在视觉上定性的描述色彩时,采用 HSV 显色系统更直观些。Munsell HSV 变换就是对标准处理彩色合成图像在红(R)、绿(G)、蓝(B) 编码赋色方面的一种彩色图像增强方法,它是借助改变彩色合成过程中的光学参数的变化来扩展图像色调差异,将图像彩色坐标系中红、绿、蓝三原色组成的彩色空间(RGB) 变换为由 Hue(色度)、Saturation (饱和度)、Value(纯度) 三个变量构成的 HSV 色彩模型。其目的是更有效地抑制地形效应和增强岩石单元的波段差异,并通过彩色编码增强处理达到最佳的图像显示效果。HSV 色彩模型能够准确、定量地描述颜色特征。

8.7.3　系统开发

8.7.3.1　开发原则

人机交互控制界面设计开发遵循的原则是让用户具有控制的主动性而又避免错误操作方式。即为用户提供尽可能大的控制权,使其易于访问系统的设备,易于进行人机交

互。因此,控制界面设计准则为:

(1)有清晰明确的动作指令。

(2)与用户通信时,给出反馈和状态信息。

(3)按用户步调和主动性设计会话,并尽可能基于用户模型进行会话。

(4)每个功能对应单个命令。

8.7.3.2　系统主界面

系统界面是人机交互的重要部分。在界面的设计中,人性化的功能设置,统一的软件界面设计风格,简单、便捷的用户操作是本次界面开发中主要遵循的几个方面。界面设计选用标准 Windows 8 窗体,结合工程管理器和方案管理器控制面板,以及菜单、快速工具栏等多种方式完成虚拟场景的浏览操作和实现对系统各功能模块的调用,建成后的总控界面如图 8-15 所示。

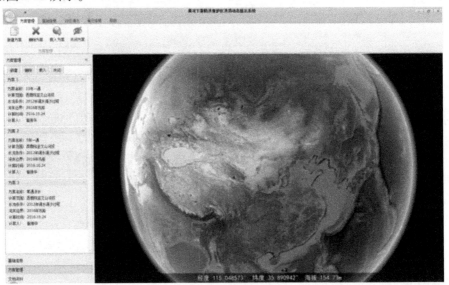

图 8-15　系统总控界面

三维视景系统的界面包括菜单区、三维场景浏览区、控制面板区、交互控制状态栏区四个方面。

1.菜单区

菜单功能开发分为主控菜单和屏幕菜单两部分,主控菜单以下拉式菜单的形式控制系统不同功能模块的执行。屏幕菜单以弹出式菜单的形式控制场景操作中不同功能模块的执行。

菜单区实现功能包括:方案管理;基础信息管理;动态演示管理;淹没信息;对其他系统功能模块的调用。通过菜单项可以控制系统的所有操作。

2.三维场景浏览区

三维场景浏览区实现了全球虚拟场景以及黄河下游高精度地形场景的屏幕再现,直观地显示制作的三维场景,为系统的各类信息显示提供了载体。

3. 控制面板区

控制面板中将放置所有的基础信息的查询和管理,方案信息查询和管理以及文档信息管理三大类信息,通过直观操作进行常用控制。

4. 交互控制状态栏区

交互控制状态栏显示鼠标所在场景位置的经纬度、高程等 GIS 相关信息。

8.7.3.3　基础信息查询

点击菜单栏的"基础信息"即显示出重要地物要素的图标,包括行政区划、滩区、控导工程、黄河大堤及桩号、生产堤等,见图 8-16。

图 8-16　基础信息界图标

在系统界面下,设置查询窗口,用户输入关键字,能够实现滩区重要地物要素(包含区县、滩区、险工、控导、生产堤、水文站、桥梁、大断面图层中的所有信息)的查询。

用户可向下移动鼠标选择所要查询的信息,点击选中,在三维视图中,自动加载该信息所在图层,并将选中信息缩放至三维视图中心、突出显示,见图 8-17。

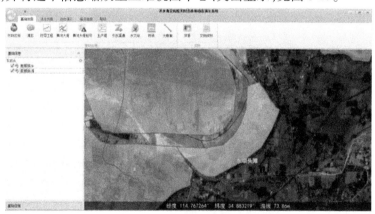

图 8-17　重要地物要素查询定位图

支持实景图片查询,点击"实景"图标,相应区域出现图片标示,见图 8-18,点击图片标示,即出现相应实景图片,见图 8-19。

8.7.3.4　调度预案及历史洪水信息查询

支持调度预案及历史洪水信息查询,点击"文档资料"图标,左侧出现"年度调度预案"和"历史洪水信息"下拉菜单,见图 8-20。

点击"年度调度预案"下拉菜单中相应的文件资料图标,即可查询相应的年度调度预案,见图 8-21。

点击"历史洪水信息"下拉菜单中相应的文件资料图标,即可查询相应的历史洪水信息,见图 8-22。

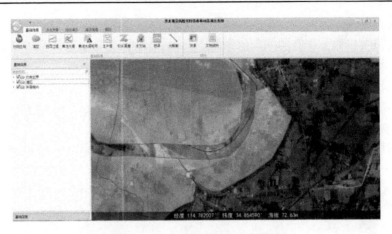

图 8-18　"实景"查询操作步骤图

图 8-19　相应"实景"图片显示图

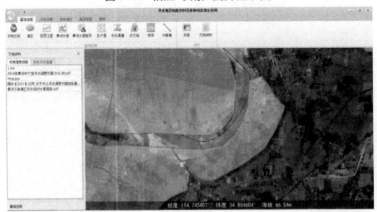

图 8-20　洪水年度调度预案及历史洪水信息查询操作步骤图

8.7.3.5　洪水方案管理

点击菜单栏的"洪水方案"即显示出相应的方案管理的图标,包括新建方案、删除方案、载入方案和关闭方案,见图 8-23。能够导入、删除洪水演进模型计算结果,快速查询方案信息。

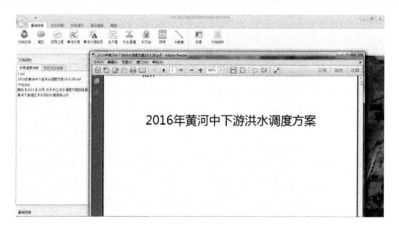

图 8-21　洪水年度调度预案信息查询图

图 8-22　历史洪水信息查询图

图 8-23　洪水方案管理图标

点击"新建方案"图标,即出现相应的对话框,输入相应的信息,导入计算方案("DAT"格式),即可新建洪水方案,见图 8-24。

点击"载入方案"图标,即可将导入的方案载入到系统展示平台上,方案载入后,系统界面出现时间控制条,见图 8-25。

点击"关闭方案"图标,即可关闭载入到系统展示平台上的方案,时间控制条消失,见图 8-26。

点击"删除方案"图标,即出现"是否确实删除方案"对话框,点击"确定"即可删除方案,见图 8-27。

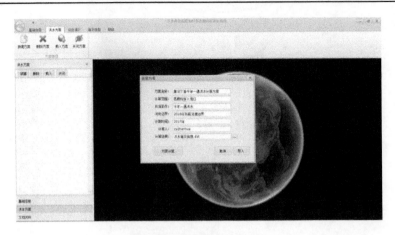

图 8-24　新建洪水方案图

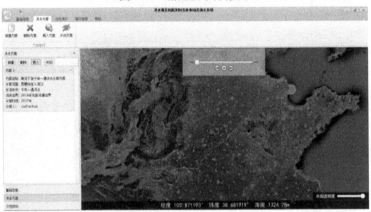

图 8-25　洪水方案载入图

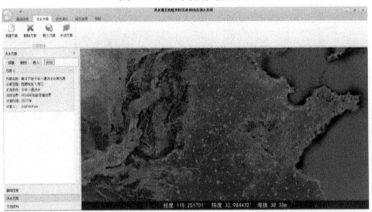

图 8-26　关闭洪水方案图

8.7.3.6　洪水计算结果演示

点击菜单栏的"动态演示"即显示出相应的动态演示管理的图标,包括真实水面、流向示意图、最大淹没水深等,见图 8-28。点击相应的图标可以进行洪水动态过程演示和洪水淹没信息的演示。

图 8-27 删除洪水方案操作图

图 8-28 动态演示图标

载入洪水方案后,可进行洪水淹没过程的动态展示,洪水淹没过程默认从 0 时刻开始,包含播放步长选择(1 h、2 h、5 h、10 h…)、开始、暂停、上一时段、下一时段、结束(复原到初始状态)、时间控制条(可手动拖到时间条到任何时刻)。洪水淹没过程的动态展示图见图 8-29 和图 8-30。

图 8-29 典型洪水方案第 5 小时洪水淹没图

点击"最大淹没水深"图标,即出现洪水方案的最大淹没水深情况,见图 8-31。

点击"洪水达到时间"图标,即出现各个淹没区域洪水到达时间情况,见图 8-32。

点击"淹没历时"图标,即出现各个淹没区域洪水淹没历时情况,见图 8-33。

8.7.3.7 淹没信息统计

点击菜单栏的"淹没信息"即显示出洪水淹没信息的相关图标,包括不同量级洪水总

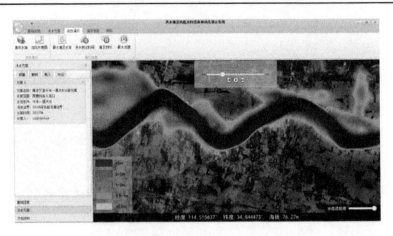

图 8-30　典型洪水方案第 9 小时洪水淹没图

图 8-31　最大淹没水深图

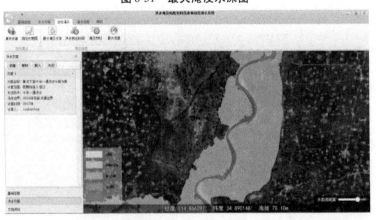

图 8-32　洪水到达时间图

体淹没情况、不同水深淹没情况、不同行政区淹没情况、主要滩区淹没情况等,见图 8-34。

　　载入洪水方案,系统可以展示不同量级洪水总体淹没情况、不同水深淹没情况、不同行政区淹没情况、主要滩区淹没情况等统计报表,点击相应结果选项即可在三维视图中弹出相应统计报表。

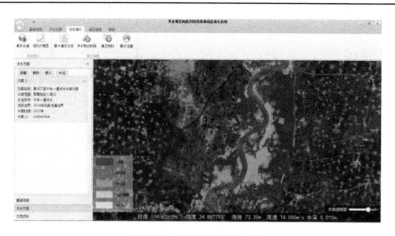

图 8-33 洪水淹没历时图

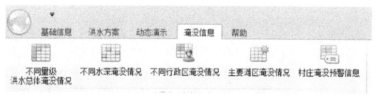

图 8-34 洪水淹没信息图标

点击"不同量级洪水总体淹没情况"图标,即可在三维视图中弹出不同量级洪水总体淹没情况统计报表,见图 8-35。

图 8-35 不同量级洪水总体淹没情况统计报表图

点击"不同水深淹没情况"图标,即可在三维视图中弹出不同水深淹没情况统计报表,见图 8-36。

点击"不同行政区淹没情况"图标,即可在三维视图中弹出不同行政区淹没情况统计报表,见图 8-37。

点击"主要滩区淹没情况"图标,即可在三维视图中弹出主要滩区淹没情况统计报表,见图 8-38。

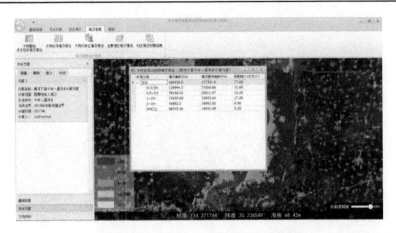

图 8-36　不同水深淹没情况统计报表图

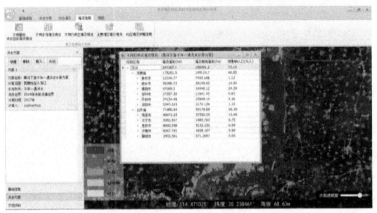

图 8-37　不同行政区淹没情况统计报表图

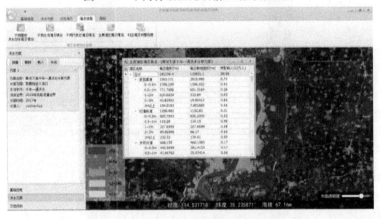

图 8-38　主要滩区淹没情况统计报表图